普通高等教育"十一五"国家级规划教材

运筹学实用教程

（第三版）

宁宣熙　编著

科学出版社
北京

内 容 简 介

本书为普通高等教育"十一五"国家级规划教材，是作者在教授运筹学课程20余年的经验基础上撰写的一本教材，内容包括了运筹学的主要分支。书中重点介绍了各分支数学模型的基本概念和实用算法，并列举实例来说明建模方法和求解步骤，其中包括作者在教学研究中提出的若干已经证明有效的改进算法。

本书写法简明扼要、通俗易懂，可作为高等院校管理工程、信息管理、工商管理、财经等有关专业的教材及管理干部培训用书，也可作为政府部门和企事业单位管理干部、工程技术人员和理工科学生学习现代管理方法和优化方法的自学参考书。

本书配备多媒体教学课件和习题参考答案，可供选用本书的教师参考。

图书在版编目(CIP)数据

运筹学实用教程/宁宣熙编著.—3版.—北京：科学出版社，2013
普通高等教育"十一五"国家级规划教材
ISBN 978-7-03-037528-5

Ⅰ.①运… Ⅱ.①宁… Ⅲ.①运筹学-高等学校-教材 Ⅳ.①O22

中国版本图书馆CIP数据核字(2013)第106457号

责任编辑：兰 鹏/责任校对：李 影
责任印制：张 伟/封面设计：蓝正设计

科学出版社 出版
北京东黄城根北街16号
邮政编码：100717
http://www.sciencep.com
涿州市般润文化传播有限公司 印刷
科学出版社发行 各地新华书店经销
*
2002年8月第一版 开本：787×1092 1/16
2007年4月第二版 印张：16
2013年6月第三版 字数：380 000
2023年8月第三十次印刷

定价：39.00元

(如有印装质量问题，我社负责调换)

第三版序言

《运筹学实用教程》是一本以普通高等院校经济管理类专业学生为主要教学对象的教科书，出版十余年来受到了老师、学生和自学者的好评与欢迎。借本书第三版出版之际，谨向支持本书出版的广大读者表示衷心的感谢。

在第三版中做了如下的补充修改：

(1)第五章中增加了与贝叶斯分析方法相关的章节，以便扩大学生在决策方面的知识面和实用方法。

(2)由朱金福老师制作了教学课件，并放在网上方便大家使用。

(3)在原来本书后面习题的基础上，由吴薇薇老师担任主编，重新编写了《运筹学实用教程习题与解答》，并与本书第三版同步公开出版发行。该习题集对学生更好地掌握课堂教学主要内容、重点和示范解题方法都会有很大的帮助。

宁宣熙

2013 年 3 月

第二版序言

本书的第一版自2002年8月出版发行以来，以其简明、易学、实用为特色，受到了广大读者的欢迎，并被遴选为普通高等院校“十一五”国家级规划教材，使编者深受鼓舞。记得1984年接待美国一个由很多著名专家组成的运筹学代表团时，他们在讲学和交流中，反复强调运筹学是一门实用科学，为了能让管理者乐于在实践中去应用它，首先要用浅显易懂的方式和语言使管理者了解它、熟悉它、掌握它。20余年来，编者一直以此为宗旨，从事运筹学和系统工程的教学和普及工作，得到了广大学生们的认可和欢迎。本书正是这些年来教学的成果。

据不完全统计，到目前为止，已出版的有关运筹学的教科书已不下数百种，它们各有特色，适用于各种不同的教学层次。对于以应用为目标的高等院校管理科学与工程、经济管理类专业的本科生和各类管理干部进修班的学员来说，最重要的是通过本门课程的学习，培养一种系统解决问题的思路和方法、运用模型研究问题的习惯以及掌握如何建模与求解的技术和技巧。为此，在撰写本书时，特别注意深入浅出地讲解各种模型的基本概念，求解的基本思路和模型的应用范围，尽力避免纯粹数学上的推导与证明，讲究用实例去说明各种模型抽象出的实质内容，并给出模型的各种典型实例，以供学生通过“照猫画虎”，来熟悉和掌握建模求解的思路和方法。实践表明，这种写作方法不仅可以使初学者易于入门，也便于读者自学掌握运筹学的基本内容和应用方法。

借助入选为“十一五”国家级规划教材的机会，对本书的第一版进行了适当的修订。为了更能满足这一层次教学的需求，修订前征求了部分使用过第一版教材老师的意见。在他们热情的支持和帮助下，第二版在内容的增删、论述的严谨以及文字打印错误的订正等方面都做了很大改进，这将使新版教材会更加系统、简明和实用。在此谨向这些老师表示衷心的感谢。他们是：党耀国、朱金福、李帮义、方志耕、代逸生、顾平、盛永祥、崔家保、成桂芳、茅中飞、杜斌等老师。此外，吴薇薇老师在编辑和整理习题及其解答工作中做了大量工作，在此也向她致以谢意。遗憾的是，鉴于时间、信息和地理上的不便，编者不能向其他使用过第一版教材的老师们求教，待日后有机会再行弥补吧。期望在大家的共同努力下，这本书能在传播运筹学的基础知识上发挥更大的作用。

本书的第二版，除保持原有内容外，根据部分老师的意见又增加了以下内容：

(1)第一章增加了整数规划的基本概念，并简明介绍了求解的分支定界法。

(2)第三章增加了动态规划的三个基本应用模型，并给出它们的算例详解。

(3)第四章增加了图模型的基本应用例解，图的矩阵表示法和路径问题。

(4)增加了重点章节的习题等。

本书的出版一直得到江苏省系统工程学会、南京航空航天大学、江苏科技大学和南京正德职业技术学院的大力支持，在此对他们表示衷心的感谢！

宁宣熙

2007年1月

第一版序言

一、运筹学的发展简史

运筹学的起源可以追溯到很多世纪以前，随着社会经济活动的日益频繁和企业组织规模的不断扩大，当人们企图应用科学的方法去管理日益复杂的经济活动和企业组织时，应当说就已经具有了古朴的运筹学思想了。但真正把它称为运筹学，一般都认为是在第二次世界大战初期。当时的一个迫切任务是如何把极其紧缺的资源更有效地应用于军事活动中。因此军事部门集中了一大批各科门类的科学家用科学的方法处理各种军事战略和战术上的问题。其中英国比美国早参战两年，因此第一批进行军事“作业研究”或“运作分析”的研究小组就在英国诞生了。其中著名的“布莱克特混合小组”就是由曼彻斯特大学教授 P.M.S.布莱克特领导的英国有名的运筹学小组。它由三位生理学家、两位数学物理学家、一位天体物理学家、一位陆军军官、一位测量员、一位普通物理学家和两位数学家组成，当时被称为布莱克特“马戏团”。1942 年在美国也出现了类似的研究组织。这些研究小组在建立英国有效的空防预警系统、反潜战中深水炸弹的效能研究、护航舰队保护商船队的编队等问题上都起了十分重要的作用，对英美等国赢得英伦三岛空战、太平洋岛战以及北大西洋战争的胜利都做出了重要贡献。

第二次世界大战后，世界经济不断走向新的繁荣，于是人们开始把在二战中发挥过重大作用的运筹学迅速地应用到经济领域。很多从事军事运筹学研究的科学家转向工业和经济发展等新的领域。这一时期，出现了很多重要的运筹学成果，如 1947 年丹捷格(G.B.Dantzig)提出的线性规划等。到 20 世纪 50 年代末，很多标准的运筹学方法，如动态规划、排队论、存储论等都已发展得基本成熟。

促进这一时期运筹学蓬勃发展的另一因素是计算机的发展。因为运筹学中很多复杂问题需要大量的计算，在很多情况下，这些计算用手工进行处理是根本不可能的。因此，能够快速处理大量计算任务的电子模拟计算机的出现和发展，就大大帮了运筹学的忙，促进了运筹学的迅速成长和发展。

运筹学引进中国是 20 世纪 50 年代中期由钱学森等教授首倡的，后来一大批中国学者在推广运筹学及其应用中做了大量工作，并取得了很大成绩，同时也发表了不少专著和论文，在世界上也产生了一定的影响。

目前，经过 50 多年的发展，运筹学已成为一个门类齐全、理论完善、有着重要应用前景的新兴学科。

二、什么是运筹学

回答这个问题一般采用给出定义的方法。根据不同的学术组织从不同角度给出的定义，可以对运筹学有一个比较全面的认识。

大不列颠运筹学会给出的定义是:“运筹学是运用科学的方法,解决工业、商业、政府和国防事业中,由人、机器、材料、资金等构成的大型系统管理中所出现的复杂问题的一门学科。它的一个显著特点是科学地建立系统模型和对机会与风险的评价体系去预测和比较不同的决策策略与控制方法的结果。其目的是帮助管理者科学地确定他的政策和行动。”

美国运筹学会给出的定义更简单,但含义基本相同:“运筹学是一门在紧缺资源的情况下,如何设计与运行一个人—机系统的决策科学。”

莫斯(P.M.Morse)和金博尔(G.E.Kimball)曾对运筹学下过这样的定义:“为决策机构在对其控制下的业务活动进行决策时,提供以数量化为基础的科学方法。”

在其他教科书中还有下面一些定义:如“运筹学是一门应用科学,它广泛应用现有的科学技术知识和数学方法,解决实际中提出的专门问题,为决策者选择最优决策提供定量依据。”等。

从这些定义不难看出,运筹学具有下面几个明显的特点:

(1)它是以研究事物内在规律,探求把事情办得更好的一门事理科学。

(2)它是在有限资源条件下,研究人—机系统各种资源利用最优化的一种科学方法。

(3)它是通过建立所研究系统的数学模型,进行定量分析的一种分析方法。

(4)它是多学科交叉的解决系统总体优化的系统方法。

(5)它是解决复杂系统活动与组织管理中出现的实际问题的一种应用理论与方法。

(6)它是评价比较决策方案优劣的一种数量化决策方法。

总之,科学性、综合性、系统性和实践性是运筹学这门学科的四大特点。当然,运筹学也有它的弱点。其主要问题是,在建立数学模型时,为了能够进行数学上的处理,常常要对实际情况进行简化或假设。因此,如果这种简化稍有过分,就会使模型偏离实际,而失去它的实用价值。

三、运筹学与系统工程

随着人类的各种活动日益变得多样化、复杂化和高级化,为了实现人类的某一目标,不是一个人或少数几个人能够完成的,往往需要大量的人、设备、资源等的高度组织和配合。这种组织的集合体就是实现某一特定目标的人造系统或复合系统。在这样的系统中,包含着人和物的多层次复杂关系,它们之间相互作用、相互影响、相互制约。如果把它们机械地凑合在一起,系统只能是个别事物的集合,丧失应有的功能而成为一堆废物。如果把它们有机地组合起来,协调它们之间的关系,使系统中各元素各部分不仅完成本身应担负的任务,还与其他元素和部分最有效地配合,以最优的方式达到整个系统的目标。“系统工程学就是为了研究多个子系统构成的整体系统所具有的多种不同目标的相互协调,以期系统功能的最优化、最大限度地发挥系统组成部分的能力而发展起来的一门科学。”所以它是一种设计、规划、建立一个最优化系统的科学方法,是一种为了有效地运用系统而采取的各种组织管理技术的总称。

早在2000年前,系统工程的思想就已经在埃及的金字塔、中国的都江堰水利工程等的实施中有所体现。但近代的系统工程应当说是在19世纪初起源于美国,如麻省理工学院的布什(V.Bush)教授在研制机械式微分器时,就把系统工程作为分析的工具。美国贝尔电话公司应用得更早，并在1940年正式采用了系统工程的名称。他们在发展美国微波通讯网时应用了一套系统工程的方法论，并取得了良好的效果。特别是在二次世界大战期间出现的运筹学，为系统工程奠定了理论基础，提供了解决实际问题的有效方法。

实施系统工程的一般程序和步骤如下：

(1)问题定义：通过全面收集有关资料和数据，提出所要解决的问题，弄清问题的实质。

(2)评价系统设计：提出为解决问题所应达到的目标，并按照预期的目标提出应采取的政策、行动和控制方法，制定考核目标完成程度的评价标准。

(3)系统综合：将能够达到目标的政策、行动和控制方法综合成整个系统的概念，形成方案。

(4)系统分析：通过建立模型对系统方案进行分析，研究各种参数、行动方案的变化对达到系统目标所产生的影响。

(5)最优化：精心选择系统参数和行动方案的最佳配合，找到达到系统目标最优的方案。

(6)作决策：进行系统开发。

(7)计划实施：将选定的最优方案付诸实施，并在实践中不断修改。

从系统工程的发展简史和它解决问题的思路与步骤，可以看出运筹学与系统工程的关系极为密切，它是系统工程的主要理论基础。难怪早期的有关系统工程理论的教科书很多都以教授运筹学理论为其主要内容。尽管20世纪90年代以后，系统工程中结构化模型技术、系统分析、系统评价、系统仿真等技术已发展得比较成熟而自成体系，但运筹学的各个分支如数学规划、网络分析、存储论、排队论、决策论、对策论等仍然是处理系统优化的主要技术手段。

四、运筹学的主要分支

运筹学是由解决不同领域优化问题的理论与方法构成的，其主要分支有：

(1)规划论：是运筹学的一个主要分支，它包括线性规划、非线性规划、整数规划、目标规划、动态规划等。它是在满足给定约束要求下，按一个或多个目标来寻找最优方案的数学方法。它的适用领域十分广泛，在工业、农业、商业、交通运输业、军事、经济计划和管理决策中都可以发挥作用。

(2)图论与网络分析：图是研究离散事物之间关系的一种分析模型，它具有形象化的特点，因此，比单用数学模型更容易为人们所理解。由于求解网络模型已有成熟的特殊解法，它在解决交通网、管道网、通讯网等的优化问题上具有明显的优势，因此，其应用领域也在不断扩大。最小生成树问题、最短路问题、最大流、最小费用流问题、中国邮递员问题、旅行推销员问题、网络计划都是网络分析中的重要组成部分，而且应用也很广泛。

(3)排队论：是一种研究公共服务系统的运行与优化的数学理论与方法。它通过对随机服务现象的统计研究，找出反映这些随机现象的平均特性，从而研究提高服务系统水平和工作效率的方法。

(4)决策论：是为了科学地解决带有不确定性和风险性决策问题所发展的一套系统分析方法，其目的是为了提高科学决策的水平，减少决策失误的风险。它广泛地应用在经营管理工作的中高层决策中。

(5)存储论:又称库存论,是研究经营生产中各种物资应当在什么时间,以多少数量来补充库存,才能使库存和采购的总费用最小的一门学科。它在提高系统工作效率、降低产品成本上有重要作用。

(6)对策论:又称博弈论,是一种研究在竞争环境下决策者行为的数学方法。在社会政治、经济、军事活动中,以及日常生活中都有很多竞争或斗争性质的场合与现象。在这种形势下,竞争双方为了达到自己的利益和目标,都必须考虑对方可能采取的各种可能的行动方案,然后选取一种对自己最有利的行动方案。对策论就是研究双方是否都有最合乎理性的行动方案,以及如何确定合理行动方案的理论与方法。

此外运筹学还包括模拟论、可靠性理论、多目标规划、随机规划、组合优化等。近些年来又提出冲突分析,可以说运筹学的研究也出现了定量分析与定性分析相结合的发展趋势。

本书的主要任务是对现在的和未来的管理人才普及与推广运筹学的基本思想、理论和方法,并以把这些理论与方法能够应用于实践为主要目标。因此,全书内容以基本理论与方法为主,讲解由浅入深,通俗易懂,尽量避免烦琐的理论证明与推导。很多算法以实例为引导,便于自学和理解。本书可以作为普通高校经济管理类专业本科生教材,做适当的取舍,也可以作为高等专科院校、企业管理干部培训和自学的教材或参考书。

目 录

第一章

线性规划的基本理论及其应用

第一节　线性规划的数学模型及其标准形式

一、线性规划问题的数学模型

在生产实践和日常生活中，经常会遇到规划问题。所谓规划问题，简单地说，是指如何最合理地利用有限的资源（如资金、劳力、材料、机器、时间等），以便使产出的消耗最小，利润最大。如果利用数学方法来进行这种分析，这就是数学规划。当所建立的模型，都是线性代数方程时，这就是一个线性规划问题。这样的例子在管理和生产的实践中是很多的，我们现举一些例子来加以说明。

【例 1-1】 产品决策问题：某汽车工厂生产大轿车和载重汽车两种型号的汽车，已知生产每辆汽车所用的钢材都是 2 吨/辆，该工厂每年供应的钢材为 1 600 吨；工厂的生产能力是每 2.5 小时可生产一辆载重汽车，每 5 小时可生产一辆大轿车，工厂全年的有效工时为 2 500 小时；已知供应给该厂大轿车用的座椅每年可装配 400 辆。据市场调查，出售一辆大轿车可获利 4 千元，出售一辆载重汽车可获利3 千元。问在这些条件下，工厂应如何安排生产才能使工厂获利最大？

解：这是一个典型的线性规划问题，现建立数学模型如下：

设：x_1 为生产大轿车的数量（辆），

　　x_2 为生产载重汽车的数量（辆）。

全年的利润值 $Z=4x_1+3x_2$（千元）

我们的目标是使利润越大越好，所以这个函数我们称之为目标函数。

约束条件是：

原材料的限制	$2x_1+2x_2\leqslant 1\,600$
工时的限制	$5x_1+2.5x_2\leqslant 2\,500$
大轿车用座椅的限制	$x_1\leqslant 400$
非负限制	$x_1\geqslant 0$；$x_2\geqslant 0$

于是我们的这个例题可以用数学模型表达如下：

目标函数 $\max Z=4x_1+3x_2$

约束条件

$$\begin{cases}2x_1+2x_2\leqslant 1\,600\\5x_1+2.5x_2\leqslant 2\,500\\x_1\leqslant 400\\x_1,x_2\geqslant 0\end{cases}\tag{1-1}$$

【例 1-2】 广告方法的选择问题：某公司要求销售部经理制定一个广告计划，计划用经费 10 000 元，要求尽量多的人能看到广告。该经理选择了三种广告方法：电视、广播电台和报纸。据调查各种广告的费用如下：在地方电视台下午播放 1.5 分钟要 1 000 元，晚上要 2 000 元。该经理决定在电视上做广告至少两次，但不多于四次。在地方报纸上作半页广告费用是 300 元，一页要 1 000 元。在广播电台上做广告的价格是，白天每半分钟 600 元，晚上每半分钟 400 元。公司限制用电台做广告的次数，白天最多不超过 5 次，晚上不超过 3 次。

根据该经理所获得的资料估计，在下午观看电视广告节目的大约有 40 000 人，晚上有 90 000 人。看日报的大约有 60 000 人，并估计其中 1/2 的人看整页的广告，1/3 的人看半页的广告。广播电台的听众白天有 40 000 人，晚上有 30 000 人。

解：现建立数学模型如下：

设：　x_{TA}——在下午用电视做广告的次数

x_{TE}——在晚上用电视做广告的次数

x_{RA}——在白天用电台做广告的次数

x_{RE}——在晚上用电台做广告的次数

x_{NH}——在报纸上登半页广告的数目

x_{NF}——在报纸上登整页广告的数目

其目标要求是尽量多的人能看到广告的宣传，所以目标函数是：

$$\max Z=40\,000x_{\text{TA}}+90\,000x_{\text{TE}}+40\,000x_{\text{RA}}+30\,000x_{\text{RE}}+20\,000x_{\text{NH}}+30\,000x_{\text{NF}}$$

受到的约束条件是：

$$\begin{cases}1\,000x_{\text{TA}}+2\,000x_{\text{TE}}+600x_{\text{RA}}+400x_{\text{RE}}+300x_{\text{NH}}+1\,000x_{\text{NF}}\leqslant 10\,000\\x_{\text{TA}}+x_{\text{TE}}\geqslant 2\\x_{\text{TA}}+x_{\text{TE}}\leqslant 4\\x_{\text{RA}}\leqslant 5\\x_{\text{RE}}\leqslant 3\\x_{\text{TA}},x_{\text{TE}},x_{\text{RA}},x_{\text{RE}},x_{\text{NH}},x_{\text{NF}}\geqslant 0\end{cases}\tag{1-2}$$

【例 1-3】 配料问题：某奶牛场面临着选择两种饲料问题，每种饲料所含的营养成分及价格如表 1-1 所示。

表 1-1

营养成分 \ 饲料	甲(斤)*	乙(斤)
A(单位/斤)	4	2
B(单位/斤)	1	2
C(单位/斤)	1	4
价格(元/斤)	0.15	0.22

* 斤为非法定单位，1 斤=0.5 公斤

已知每头奶牛每天需要三种营养的最低数量是 A=20 单位，B=14 单位，C=16 单位，问如何找一个最经济的配方，以满足奶牛每天的最低营养量。

解:建立其数学模型如下：

设：x_1——甲种饲料所需斤数

x_2——乙种饲料所需斤数

目标函数　　$\min Z=0.15x_1+0.22x_2$

约束条件

$$\begin{cases} 4x_1+2x_2\geqslant 20 \\ x_1+2x_2\geqslant 14 \\ x_1+4x_2\geqslant 16 \\ x_1\geqslant 0,\quad x_2\geqslant 0 \end{cases} \tag{1-3}$$

如果在每种饲料中都含有一种有害的成分 D，甲饲料每斤含 D 0.1 个单位，乙饲料每斤含 D 0.05 个单位。而奶牛每日食用 D 成分不得大于 1 个单位，于是我们又增加了一个约束条件

$$0.1x_1+0.05x_2\leqslant 1$$

则上面的线性规划问题变成

目标函数　　$\min Z=0.15x_1+0.22x_2$

约束条件

$$\begin{cases} 4x_1+2x_2\geqslant 20 \\ x_1+2x_2\geqslant 14 \\ x_1+4x_2\geqslant 16 \\ 0.1x_1+0.05x_2\leqslant 1 \\ x_1,x_2\geqslant 0 \end{cases} \tag{1-4}$$

【例 1-4】　下料问题：某工厂要做 100 套钢架，每套由长 2.9 米，2.1 米和 1.5 米的圆钢各一根组成，已知原料长 7.4 米，问应如何下料使需用的原材料最省。

解:最简单的方法是从每根长 7.4 米的料上各截一根 2.9 米、2.1 米、1.5 米的圆钢，还余 0.9 米。这样共需 100 根原料，余料头 0.9×100=90(米)。

现考虑合理套裁，方法见表 1-2。

表 1-2

下料数(根) 方案 / 长度(米)	一	二	三	四	五
2.9	1	2		1	
2.1			2	2	1
1.5	3	1	2		3
合　计(米)	7.4	7.3	7.2	7.1	6.6
料头长(米)	0	0.1	0.2	0.3	0.8

建立数学模型如下：

设：按各方案下料的根数分别为 x_1, x_2, x_3, x_4, x_5，于是有目标函数

$$\min Z = 0.0x_1 + 0.1x_2 + 0.2x_3 + 0.3x_4 + 0.8x_5$$

约束条件

$$\begin{cases} x_1 + 2x_2 + x_4 = 100 \\ 2x_3 + 2x_4 + x_5 = 100 \\ 3x_1 + x_2 + 2x_3 + 3x_5 = 100 \\ x_1, x_2, x_3, x_4, x_5 \geqslant 0 \end{cases} \tag{1-5}$$

从上面几个例子，可以看出线性规划问题的数学模型有如下特点：

(1)都有一组未知变量($x_1, x_2, \cdots, x_n$)代表某一方案，它们取不同的非负值，代表不同的具体方案。

(2)都有一个目标要求，实现极大或极小。目标函数用未知变量的线性函数表示。

(3)未知变量受到一组约束条件的限制，这些约束条件用一组线性等式或不等式表示。

正是由于目标函数和约束条件都是未知变量的线性函数，所以我们把这类问题称为线性规划问题。

(4)在一般的线性规划模型中，最优解可能会出现分数的情况。当最优解必须是整数(如人数或设备的台数等)才有实际计量价值时，要采用本章后面第八节介绍的整数规划方法去解决。

二、线性规划问题的标准型

从前面的例子我们知道线性规划问题有各种形式，如目标函数有的是求极大值，有的是求极小值；约束条件也有“$\leqslant$”，“$=$”，“$\geqslant$”三种形式。现规定线性规划问题的标准形式为

目标函数　　$\max Z = c_1x_1 + c_2x_2 + \cdots + c_nx_n$

约束条件

$$\begin{cases} a_{11}x_1 + a_{12}x_2 + \cdots + a_{1n}x_n = b_1 \\ a_{21}x_1 + a_{22}x_2 + \cdots + a_{2n}x_n = b_2 \\ \vdots \\ a_{m1}x_1 + a_{m2}x_2 + \cdots + a_{mn}x_n = b_m \\ x_1 \geqslant 0, x_2 \geqslant 0, \cdots, x_n \geqslant 0 \\ b_i \geqslant 0 \quad (i = 1, 2, \cdots, m) \end{cases} \tag{1-6}$$

式中，$c_j(j=1,2,\cdots,n)$称为价值系数；$a_{ij}(i=1,2,\cdots,m;j=1,2,\cdots,n)$称为技术系数；$b_i(i=1,2,\cdots,m)$称为限定系数。

建立标准型的好处在于：我们可以只针对这种标准形式来研究它的求解方法。至于其他各种形式的线性规划问题，我们可以先将非标准型变成标准型，然后再用标准型的求解方法求解。

为书写简便起见，(1-6)式可以写成如下两种形式，其中 s.t.代表约束条件。

1. 简缩形式

目标函数
$$\max Z=\sum_{j=1}^{n}c_jx_j$$

$$\text{s.t.}\quad\begin{cases}\sum_{j=1}^{n}a_{ij}x_j=b_i & i=1,2,\cdots,m\\ x_j\geqslant 0, & j=1,2,\cdots,n\\ b_i\geqslant 0\end{cases}$$

2. 矩阵形式

$$\max Z=CX$$

$$\text{s.t.}\quad\begin{cases}AX=\boldsymbol{b}\\ X\geqslant 0\end{cases}$$

其中
$$C=(c_1,c_2,\cdots,c_n)$$

$$A=\begin{pmatrix}a_{11} & a_{12} & \cdots & a_{1n}\\ a_{21} & a_{22} & \cdots & a_{2n}\\ \vdots & \vdots & & \vdots\\ a_{m1} & a_{m2} & \cdots & a_{mn}\end{pmatrix}$$

$$X=\begin{pmatrix}x_1\\ x_2\\ \vdots\\ x_n\end{pmatrix}\quad \boldsymbol{b}=\begin{pmatrix}b_1\\ b_2\\ \vdots\\ b_m\end{pmatrix}\quad \boldsymbol{0}=\begin{pmatrix}0\\ 0\\ \vdots\\ 0\end{pmatrix}$$

在生产和管理实践中，很多优化问题都可用线性规划模型去解决，这些实际应用的例子见本章第九节。

第二节　线性规划问题的图解法

学习这一节的目的是通过两个变量的线性规划问题的图解法，了解线性规划问题解的特点，从而了解求解线性规划问题的一般方法——单纯形法的基本原理。

一、两个变量的线性规划问题的图解法

仍以前面汽车生产安排为例，它可以用下面的数学模型表示：

目标函数
$$\max Z=4x_1+3x_2 \tag{1-7}$$

约束条件

$$\begin{cases}2x_1+2x_2\leqslant 1\,600\\5x_1+2.5x_2\leqslant 2\,500\\x_1\leqslant 400\\x_1,x_2\geqslant 0\end{cases}\tag{1-8}$$

1. 决策空间的几何表示法

现把所有约束条件都化为等式，即

$$\begin{cases}2x_1+2x_2=1\,600\\5x_1+2.5x_2=2\,500\\x_1=400\end{cases}$$

这些等式约束条件在以 x_1,x_2 为坐标轴的平面内都可以用直线表示(见图1-1)，于是这些约束条件构成了一个区域 $OABCD$。在这个区域里每一点都满足约束条件式(1-8)。我们把满足所有约束条件的解称为可行解，而所有可行解的集合称为可行域。图 1-1 中 $OABCDO$ 所围的区域就是可行域，这个区域里的每一点，包括边界上的点都是可行解。从图上我们可以看到这个可行域是一个凸多边形，我们把它称为凸集。

下面介绍几个有关的数学概念及定理。

(1) 凸集：如果在形体中任意取两点连接一根直线，若线段上所有的点都在这个形体中，则称该形体为凸集。

用数学语言表示就是：

设 k 是 n 维欧空间的一个点集，任取两点 $x_1\in k$，$x_2\in k$。若它们连线上的一切点

$$\alpha x_1+(1-\alpha)x_2\in k \qquad (0<\alpha<1)$$

则称 k 为凸集。

实心圆、实心球体、实心立方体等都是凸集。如图 1-2 中的(a)、(b)图形为凸集，而(c)、(d)图形则不是凸集。

(2) 角顶：设 k 为凸集，$x\in k$，x 若不能用不同的两点 $x_1\in k$，$x_2\in k$ 的线性组合表示为

$$x=\alpha x_1+(1-\alpha)x_2 \qquad (0<\alpha<1)$$

则称 x 为 k 的一个角顶，例如图 1-1 中的点 O,A,B,C,D 是凸域 $OABCD$ 的角顶；点 E、G 是凸域 OEG 的角顶。

(3) 角顶可行解和角顶不可行解：角顶可行解是指一个可行解，但它不在另外两个可行解的连线上。例图 1-1 中的 O,A,B,C,D 都是角顶可行解；而角顶 E,F,G 在不可行域内，所以它们三个是角顶不可行解。

定理 1 线性规划问题所有可行解组成的集合

$$D=\{X\mid AX=\boldsymbol{b},X\geqslant 0\}$$

是凸集，或称凸域。

证明的思路：为了证明这个定理，只需证明 D 中的任意两点 X_1 和 X_2 连线上的点仍然在 D 内即可。

现证明如下：如果 X_1 和 X_2 是 D 内的任意两点，则有

$$AX_1=\boldsymbol{b},AX_2=\boldsymbol{b},\text{及 } X_1,X_2\geqslant 0$$

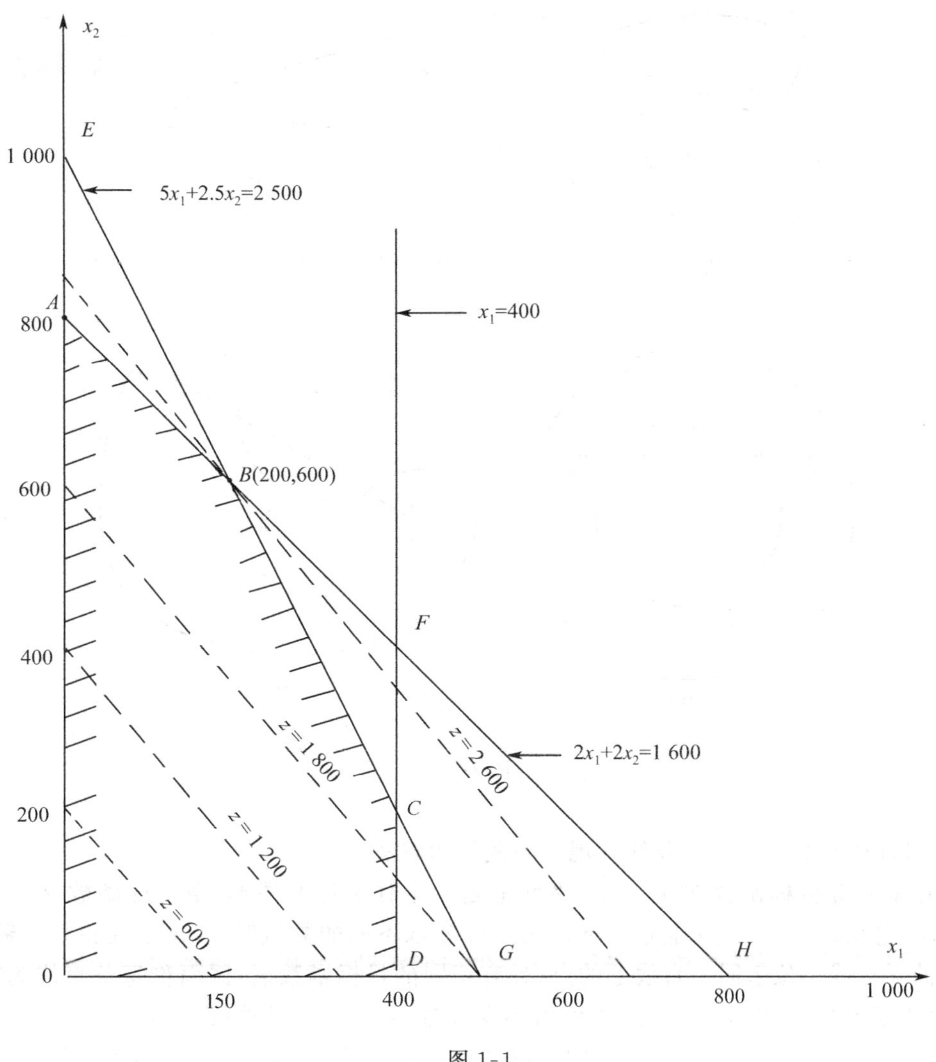

图 1-1

设 X 是 X_1 和 X_2 连线上的任意点，则

$$X=\alpha X_1+(1-\alpha)X_2 \quad (0<\alpha<1)$$

所以

$$\begin{aligned}AX&=A[\alpha X_1+(1-\alpha)X_2]\\&=\alpha AX_1+(1-\alpha)AX_2\\&=\alpha\boldsymbol{b}+AX_2-\alpha AX_2\\&=\alpha\boldsymbol{b}+\boldsymbol{b}-\alpha\boldsymbol{b}\\&=\boldsymbol{b}\end{aligned}$$

即 X 满足约束方程。

又因 $X_1,X_2\geqslant 0$，很显然 $X\geqslant 0$，因此 $X\in D$。证毕。

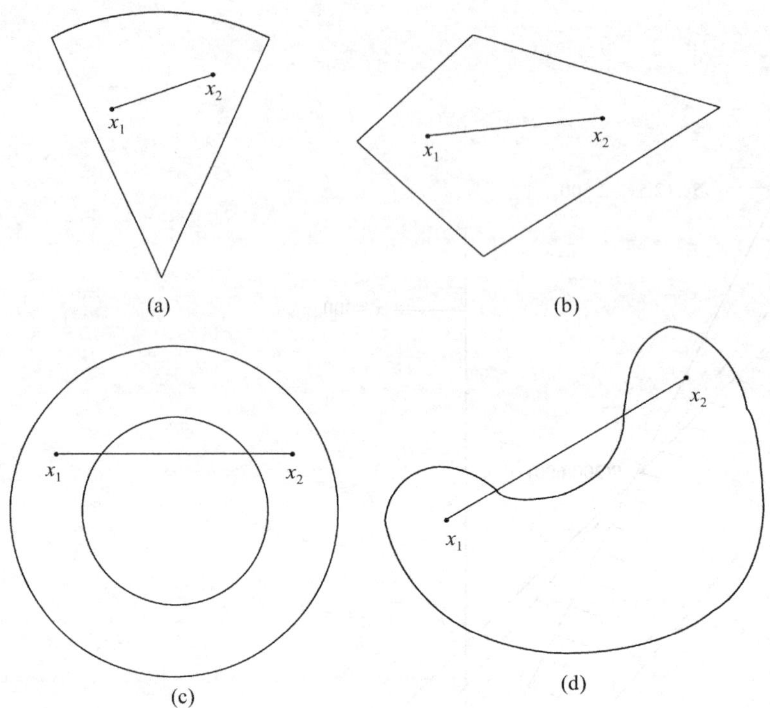

图 1-2

2. 目标函数的图上表示及线性规划问题的图解法

现在来研究目标函数在 x_1-x_2 平面上是一个什么样的图形，由目标函数 $Z=4x_1+3x_2$ 可知，它在 x_1-x_2 平面上是一条直线。当 Z 取不同的数值时，在图上便得到一簇以 Z 为参数的平行线。位于同一直线上的点，具有相同的目标函数值，因而称每条直线为"等值线"。对于 $Z=4x_1+3x_2$ 来说，当 Z 值由小变大时，各直线沿其法线方向向右上方移动，即离坐标原点越远，Z 值也越大。从图中可以看到，当等值线平移到距原点最远且仍与可行域有一交点时，那个交点便是使 Z 值取最大值的可行解，因而它就是最优解。在本例的情况，图中的 B 点是最优解，此时 $x_1=200, x_2=600; Z=2\ 600$.

二、线性规划问题解的特点

由上面的图解法可以直观地看出线性规划问题的解具有如下几个特点：

1. 如果一个线性规划问题确实存在唯一的最优解，那么它必定是一个角顶可行解

这个特点我们可以直观地从图形上看出，如图 1-1 中的 B 点。这个特点很重要，所以有必要从数学上来证明它。假设 x^* 是唯一的最优解，现证明它是角顶解。

证：如果 x^* 是唯一的最优解，但不是角顶解，那么它必定位于另外两个可行解的连线上。也就是说它是另外两个可行解的加权平均值。即 $x^*=\alpha x_1+(1-\alpha)x_2$。如果对应于解 x^*、x_1 和 x_2 的目标函数值分别是 Z^*、Z_1 和 Z_2，则有

$$Z^*=\alpha Z_1+(1-\alpha)Z_2$$

比较 Z^*、Z_1、Z_2 三个值的大小，有如下三种情况：

(1) 当 $Z_1=Z_2$ 时，$Z^*=Z_1=Z_2$。

(2) 当 $Z_1>Z_2$ 时，由 $Z^*=\alpha Z_1+(1-\alpha)Z_2$。

所以

$$Z^* < \alpha Z_1 + (1-\alpha)Z_1$$

即

$$Z^* < Z_1$$

或者

$$Z^* > \alpha Z_2 + (1-\alpha)Z_2$$

因此

$$Z_2 < Z^* < Z_1$$

(3) 当 $Z_2>Z_1$ 时，同理可以得到 $Z_1<Z^*<Z_2$。

综上可知，若 $Z_1=Z_2$，则 Z^* 就不是唯一的最优解。若 $Z_1>Z_2$ 或者 $Z_1<Z_2$，则 Z^* 不是最优解。因此，如果有唯一最优解的话，它必定是角顶可行解。证毕。

2. 如果一个线性规划问题存在多个最优解，那么至少有两个相邻的角顶可行解

这一点也可以从图上清楚地看出。如果把目标函数改为

$$Z=2x_1+x_2$$

那么，所有以 Z 为参量的等值线都平行于可行边界 $5x_1+2.5x_2=2\ 500$ 的直线。显然，可行边界线 $5x_1+2.5x_2=2\ 500$ 上的所有可行解都是最优解。也就是说，最优解是两个相邻角顶连线上所有的点。

3. 只存在有限个角顶可行解

对于两个变量的平面情况，因为每一个角顶解都是两条直线的交点，不难证明，这些交点的数目是有限的。对于 n 维空间的情况，设有 m 个约束条件，这些角顶就是从 $m+n$ 个约束方程中(包括 n 个非负条件)取 n 个联立方程的解。我们把它们称作基本解。因此，在 n 个变量，m 个约束条件的情况下，共有 $C_{m+n}^n=\dfrac{(m+n)!}{m!n!}$ 个基本解。如果基本解是在可行域内，那么它就是基本可行解；否则它就是基本不可行解。

从上面这三个特点我们可以得到求解线性规划问题的一种最简单的方法，这就是把所有的角顶解都求出来，确定其中的角顶可行解，然后代入目标函数求出每一个角顶可行解的目标函数值，并对它们进行比较。显然具有最大目标函数值的解就是最优解。但是，使用这种方法的问题在于角顶太多时算法很不经济。当未知变量和约束条件较多时，例如 $m=50$，$n=50$，就要解 $(100)!/(50!)^2=10^{29}$ 个方程组，这简直是不可能的。为了解决这个问题，我们来看线性规划问题的下一个特点。

4. 如果一个角顶可行解的目标函数值比其相邻的角顶可行解的目标函数值要好的话，那么它就比其他所有角顶可行解的目标函数值都要好，或者说它就是一个最优解

这个特点是由线性规划问题的所有可行解是一个凸集所决定的。因为对一个凸集来说，局部的极点就是总体的极点，如图 1-3 所示。

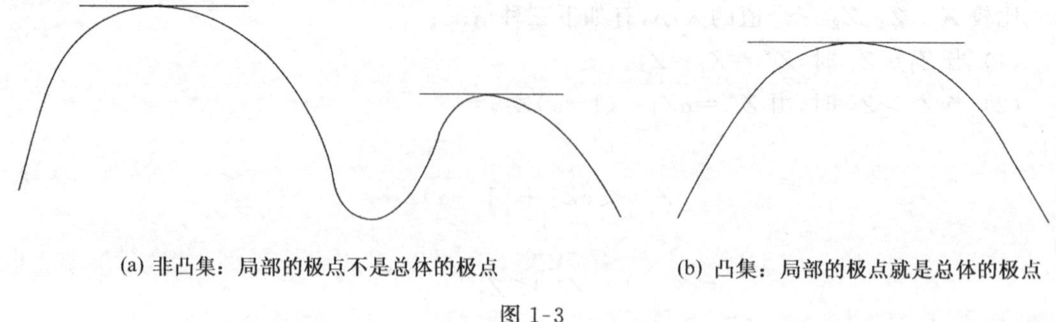

图 1-3

三、线性规划问题解法的要点——单纯形法的思路

从上面图解法所得到的线性规划问题解的特点，我们可以得出求解线性规划问题的一般方法——单纯形法的思路，这就是：

(1)从一个角顶可行解开始——起步；

(2)向邻近的一个使目标值更好(较大或较小)的角顶可行解移动——重复步骤；

(3)检查此角顶可行解是否比所有邻近的角顶可行解都好。如果是，那么它就是最优解——最优性检查规则。

如图 1-1，我们可以从 O 点出发经过两条路线到达最优点 B，即

(1) $O \to D \to C \to B$。

(2) $O \to A \to B$。

第三节　线性规划问题的单纯形解法

一、线性规划问题解的基本概念

上面我们通过一个二维问题的例子从几何上说明了线性规划问题解的特点。这一节我们将从代数上介绍线性规划问题解的基本概念，以及它与几何解的对应关系。

1. 线性规划问题解的基本概念

设：线性规划问题的标准型为

$$\max Z = \sum_{j=1}^{n} c_j x_j \tag{1-9a}$$

$$\text{s.t.} \quad \sum_{j=1}^{n} a_{ij} x_j = b_i \quad i = 1,2,\cdots,m \tag{1-9b}$$

$$x_j \geqslant 0 \qquad j = 1,2,\cdots,n \tag{1-9c}$$

定义 1　可行解：满足约束条件(1-9b)，(1-9c)的解 $X = [x_1, x_2, \cdots, x_n]^T$，称为线性规划问题的可行解，所有可行解的集合称为可行域。

定义 2　最优解：满足目标函数(1-9a)式的可行解，称为线性规划问题的最优解。

定义 3　基：设 A 是约束方程组系数的 $m \times n$ 阶矩阵，

$$A=\begin{pmatrix} a_{11} & a_{12} & \cdots & a_{1n} \\ a_{21} & a_{22} & \cdots & a_{2n} \\ \vdots & \vdots & & \vdots \\ a_{m1} & a_{m2} & \cdots & a_{mn} \end{pmatrix}$$

若 B 是矩阵 A 中的 $m\times m$ 阶非奇异子矩阵(即$|B|\neq 0$)，则称 B 是线性规划问题的一个基。这就是说，矩阵 B 是由 m 个线性独立的列向量组成，

$$B=\begin{pmatrix} a_{11} & a_{12} & \cdots & a_{1m} \\ a_{21} & a_{22} & \cdots & a_{2m} \\ \vdots & \vdots & & \vdots \\ a_{m1} & a_{m2} & \cdots & a_{mm} \end{pmatrix}=(P_1,P_2,\cdots,P_m)$$

式中，$P_j(j=1,2,\cdots,m)$称为基向量。与基向量 P_j 相对应的变量 x 称为基变量，其余 $n-m$个变量则为非基变量。

下面我们来求解约束方程组(1-9b)。它可以写成一般形式

$$\begin{cases} a_{11}x_1+a_{12}x_2+\cdots+a_{1n}x_n=b_1 \\ a_{21}x_1+a_{22}x_2+\cdots+a_{2n}x_n=b_2 \\ \qquad\vdots \\ a_{m1}x_1+a_{m2}x_2+\cdots+a_{mn}x_n=b_m \end{cases} \tag{1-10}$$

假设系数矩阵的秩为 m。因为 $n>m$，所以有无穷多组解，设前面 m 个变量的系数列向量是线性独立的，于是我们可以把(1-10)式写成：

$$\begin{aligned} &\begin{pmatrix} a_{11} \\ a_{21} \\ \vdots \\ a_{m1} \end{pmatrix}x_1+\begin{pmatrix} a_{12} \\ a_{22} \\ \vdots \\ a_{m2} \end{pmatrix}x_2+\cdots+\begin{pmatrix} a_{1m} \\ a_{2m} \\ \vdots \\ a_{mm} \end{pmatrix}x_m \\ &=\begin{pmatrix} b_1 \\ b_2 \\ \vdots \\ b_m \end{pmatrix}-\begin{pmatrix} a_{1,m+1} \\ a_{2,m+1} \\ \vdots \\ a_{m,m+1} \end{pmatrix}x_{m+1}-\cdots-\begin{pmatrix} a_{1n} \\ a_{2n} \\ \vdots \\ a_{mn} \end{pmatrix}x_n \end{aligned} \tag{1-11}$$

这个线性方程组的基是 $B=(P_1,P_2,\cdots,P_m)$，对应的基变量是 $X_B=[x_1,x_2,\cdots,x_m]^T$。

若令(1-11)中的非基变量 $x_{m+1}=x_{m+2}=\cdots=x_n=0$，再用高斯消去法求解方程组 $BX_B=\boldsymbol{b}$，就可以求出(1-11)的一个解：

$$X=[x_1,x_2,\cdots,x_m,\underbrace{0,0,\cdots,0}_{n-m\text{个}}]^T$$

这个解称为基本解。所以有一个基就有一个基本解。

定义 4　基本可行解：满足非负条件(1-9c)的基本解称为基本可行解，否则称为基本不可行解。

定义 5 可行基:对应于基本可行解的基称为可行基。

可行解、不可行解、基本解、基本不可行解之间的关系可用图 1-4 表示。

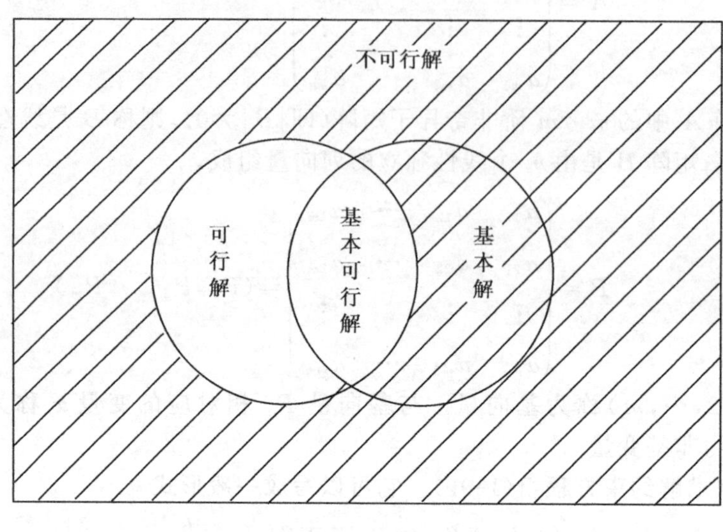

图 1-4

2. 线性规划问题的几何解与代数解之间的对应关系

在第二节中我们已经讲过约束条件(1-8)所构成的区域是一个线性规划问题解的可行域。如果我们假定 x_3 是未用完的钢材,x_4 是未用完的工时,x_5 是未用完的坐椅(套)数,那么可将约束条件写成下面的形式

$$\begin{cases}2x_1+2x_2+x_3=1\ 600\\5x_1+2.5x_2+x_4=2\ 500\\x_1+x_5=400\end{cases}\tag{1-12}$$

于是通过引入三个变量 x_3,x_4,x_5,便把(1-8)式由不等式约束条件变成为等式的线性方程组(1-12)。在这个方程组中有 x_1,x_2,x_3,x_4,x_5 五个未知数,但只有三个方程,所以可以假设其中任意两个变量为任意值而得到无穷多组解。从图解法我们知道,线性规划问题的解是可行域边界上的点,所以我们应当假设五个未知数中的任意两个变量为 0,因为只有在这种情况下,线性方程组(1-12)的解才会在可行域的边界上。例如在式(1-12)中,假设 $x_3=x_4=0$,则线性方程组

$$\begin{cases}2x_1+2x_2+0=1\ 600\\5x_1+2.5x_2+0=2\ 500\\x_1+x_5=400\end{cases}$$

的解(200,600,0,0,200)正是几何图形(见图 1-1)上的角顶 B。它是方程 $2x_1+2x_2=1\ 600$ 和 $5x_1+2.5x_2=2\ 500$ 的交点。不难看出,方程组(1-12)在任意假设两个变量为 0 的情况下的解,与几何图形上的角顶有一一对应的关系(见表 1-3 和表 1-4)。

表 1-3

角顶可行解	定义方程	基本可行解	非基变量
$O(0,0)$	$x_1=0$	(0,0,1 600,2 500,400)	x_1
	$x_2=0$		x_2
$A(0,800)$	$x_1=0$	(0,800,0,500,400)	x_1
	$2x_1+2x_2=1\ 600$		x_3
$B(200,600)$	$2x_1+2x_2=1\ 600$	(200,600,0,0,200)	x_3
	$5x_1+2.5x_2=2\ 500$		x_4
$C(400,200)$	$x_1=400$	(400,200,400,0,0)	x_4
	$5x_1+2.5x_2=2\ 500$		x_5
$D(400,0)$	$x_2=0$	(400,0,800,500,0)	x_2
	$x_1=400$		x_5

表 1-4

角顶不可行解	定义方程	基本不可行解	非基变量
$E(0,1\ 000)$	$x_1=0$	(0,1 000,−400,0,400)	x_1
	$5x_1+2.5x_2=2\ 500$		x_4
$F(400,400)$	$x_1=400$	(400,400,0,−500,0)	x_3
	$2x_1+2x_2=1\ 600$		x_5
$G(500,0)$	$x_2=0$	(500,0,600,0,−100)	x_2
	$5x_1+2.5x_2=2\ 500$		x_4
$H(800,0)$	$x_2=0$	(800,0,0,−1 500,−400)	x_2
	$2x_1+2x_2=1\ 600$		x_3

这样,从图解法引出的单纯形法的要点可以用下面的代数语言表达:先找到一个初始可行基,得到一个初始基本可行解。然后判断该解是否最优。如不是最优解,则施行基变换,找到一个新的可行基,使新的基本可行解比原来的要好。这样迭代下去,直至找到最优解为止。

下面我们将具体介绍如何建立初始可行基,怎样判断所得到的解是最优解和按什么规则进行基交换,才能保证基本可行解的逐步优化。

二、单纯形解法

1. 建立初始基本可行解

在线性规划问题中,约束条件多为不等式,所以我们首先要将其化为标准型,同时建立一个初始基本可行基。对于约束条件全部是"≤"的情况,如我们所举的汽车生产的例子,只要增加三个变量 x_3,x_4,x_5(其物理意义见前)就可化为标准型

$$\max Z=4x_1+3x_2 \tag{1-13a}$$

$$\text{s.t.}\begin{cases}2x_1+2x_2+x_3=1\ 600\\5x_1+2.5x_2+x_4=2\ 500\\x_1+x_5=400\end{cases} \tag{1-13b}$$

$$x_1,x_2,x_3,x_4,x_5\geqslant 0 \tag{1-13c}$$

这新增加的三个变量 x_3, x_4, x_5 称为松弛变量。

现在用增广矩阵的形式表示线性方程组(1-13b)

$$\begin{array}{cccccc} x_1 & x_2 & x_3 & x_4 & x_5 & b \end{array}$$
$$\begin{pmatrix} 2 & 2 & 1 & 0 & 0 & 1\,600 \\ 5 & 2.5 & 0 & 1 & 0 & 2\,500 \\ 1 & 0 & 0 & 0 & 1 & 400 \end{pmatrix} \tag{1-14}$$

很显然,它的初始可行基是

$$B_1 = \begin{pmatrix} 1 & 0 & 0 \\ 0 & 1 & 0 \\ 0 & 0 & 1 \end{pmatrix}$$

即 x_3, x_4, x_5 为初始基变量,x_1, x_2 为非基变量。

由 $x_1 = x_2 = 0$,我们可以很方便地得到初始可行解

$$\begin{cases} x_3 = 1\,600 - 2x_1 - 2x_2 \\ x_4 = 2\,500 - 5x_1 - 2.5x_2 \\ x_5 = 400 - x_1 \end{cases}$$

所以 $X = [0, 0, 1\,600, 2\,500, 400]^T$,它的物理意义是:两种汽车都不生产,因而剩余的材料为 1 600 吨,剩余的工时是 2 500 小时,剩余的座椅是 400 套。

2. 最优解检验规则

找到一个可行解之后,我们要判断它是不是最优解。判断的方法是检查目标函数中是否还有正的系数,若有正系数存在,则说明还有更好的解。例如本例的目标函数

$$Z = 4x_1 + 3x_2 + 0x_3 + 0x_4 + 0x_5 \tag{1-15}$$

说明当减少 x_3, x_4, x_5 时不会使 Z 减少,而增加 x_1 或 x_2 却可以使 Z 增加。因此用非基变量 x_1 或 x_2 来代替基变量 x_3、x_4 或 x_5 都可以使目标值增加。这说明目前的解不是最优解。只有当目标函数中的全部系数为负值或 0 时,说明该解才是最优解。

3. 第一次迭代

(1) 确定换入变量:由目标函数(1-15)可知,生产一辆大轿车可获利 4 千元,生产一辆载重汽车可获利 3 千元,因此,从增加利润大的大轿车的产量开始,即选非基变量 x_1 为换入变量。

(2) 确定换出变量:在确定 x_1 为换入变量后,就要确定哪个基变量是换出变量。决定的方法是用(1-14)中 x_1 列的三个大于 0 的系数分别去除同行的常数项 b,取比值最小的那一行的基变量为换出变量。如式(1-16)中的 θ 项所示。

$$\begin{array}{cccccc|c} x_1 & x_2 & x_3 & x_4 & x_5 & b & \theta \\ 2 & 2 & 1 & 0 & 0 & 1\,600 & \frac{1\,600}{2} = 800 \\ 5 & 2.5 & 0 & 1 & 0 & 2\,500 & \frac{2\,500}{5} = 500 \\ 1 & 0 & 0 & 0 & 1 & 400 & \frac{400}{1} = 400 \end{array} \tag{1-16}$$

其中最小的比值是 400，所以取对应的 x_5 为换出变量。从物理意义来说，对应于 x_1 列的系数是技术系数，分别代表生产一辆大轿车所消耗的材料、工时和座椅套数。而常数项 b 则代表目前工厂所有的资源量。因此比值 θ 是代表增加大轿车生产时，其最大产量所受到的三种资源的限制。可以看出，受到材料限制的最大生产量是 800 辆，受到工时限制的最大产量是 500 辆，受到座椅限制的最大产量是 400 辆，因此大轿车最多能生产 400 辆，否则 x_5 就会出现负值，这是不允许的。

有了换入的非基变量 x_1 和换出的基变量 x_5，我们便得到了一组新的基变量 x_3，x_4，x_1，以它们对应的系数为新的基，求出一组新解。最方便的求解方法是对增广矩阵(1-14)进行行初等变换，使第一列中的第一行和第二行元素为 0，得到

$$\begin{matrix} x_1 & x_2 & x_3 & x_4 & x_5 & b \\ \end{matrix} \quad \theta$$

$$\begin{pmatrix} 0 & 2 & 1 & 0 & -2 & 800 \\ 0 & 2.5 & 0 & 1 & -5 & 500 \\ 1 & 0 & 0 & 0 & 1 & 400 \end{pmatrix} \begin{matrix} \frac{800}{2}=400 \\ \frac{500}{2.5}=200 \\ \\ \end{matrix} \tag{1-17}$$

因此

$$\begin{cases} x_1 = 400 - x_5 \\ x_4 = 500 + 5x_5 - 2.5x_2 \\ x_3 = 800 + 2x_5 - 2x_2 \end{cases} \tag{1-18}$$

由于 $x_2=x_5=0$，得到一组新解 $X=[400,0,800,500,0]^T$，将(1-18)代入目标函数可得

$$\begin{aligned} Z &= 4x_1 + 3x_2 = 4(400 - x_5) + 3x_2 \\ &= 1\,600 + 3x_2 - 4x_5 = 1\,600 \end{aligned} \tag{1-19}$$

同时，从非基变量 x_2 的系数为正，说明增加 x_2 还可以使目标值增加，因此还需进行第二次迭代。

4．第二次迭代

(1) 确定换入变量：选目标函数(1-19)中具有正系数的非基变量 x_2 为换入变量。

(2) 确定换出变量：用(1-17)中 x_2 列的大于 0 的系数去除 b 项，取比值 θ 最小的那一行的基变量 x_4 为换出变量。

于是新的基变量是 x_3，x_2，x_1。对增广矩阵(1-17)施行行初等变换，使第二行第二列的系数为 1 和第一行中第二列的系数为 0，可得

$$\begin{matrix} x_1 & x_2 & x_3 & x_4 & x_5 & b \\ \end{matrix} \quad \theta$$

$$\begin{pmatrix} 0 & 0 & 1 & -0.8 & 2 & 400 \\ 0 & 1 & 0 & 0.4 & -2 & 200 \\ 1 & 0 & 0 & 0 & 1 & 400 \end{pmatrix} \begin{matrix} \frac{400}{2}=200 \\ \\ \frac{400}{1}=400 \end{matrix} \tag{1-20}$$

因此

$$\begin{cases} x_3 = 400 + 0.8x_4 - 2x_5 \\ x_2 = 200 - 0.4x_4 + 2x_5 \\ x_1 = 400 - x_5 \end{cases} \tag{1-21}$$

由

$$x_4 = x_5 = 0$$

所以

$$X = [400, 200, 400, 0, 0]^T$$

将(1-21)代入目标函数可得

$$\begin{aligned} Z &= 4(400 - x_5) + 3(200 - 0.4x_4 + 2x_5) \\ &= 2\,200 - 1.2x_4 + 2x_5 \\ &= 2\,200 \end{aligned} \tag{1-22}$$

目标函数表达式(1-22)中,x_5 的系数为正,说明增加 x_5 还可以使目标函数继续增加,因此需要进行第三次迭代。

5. 第三次迭代

(1) 确定换入变量:取 x_5 为换入变量。

(2) 确定换出变量:用 x_5 列的大于 0 的系数去除同行的常数项,得到最小的比值是 200(见(1-20)式的 θ 项),所以取 x_3 为换出变量。

下面解释一下(1-20)式 x_5 列三个系数的物理意义。x_5 增加一个单位代表剩余的座椅增加了一套,这表明少生产了一辆大轿车,增加了 5 个可用工时。第二行的系数"-2"表明,利用这 5 个工时,可以生产两辆载重汽车。第一行的系数"2"表明,材料又多消耗 2 吨。因此 x_5 增加的限度是材料耗光。

根据新的基变量是 x_5, x_2, x_1 对式(1-20)施行行初等变换,使第二行和第三行中的 x_5 列的系数为 0 可得

$$\begin{array}{cccccc} x_1 & x_2 & x_3 & x_4 & x_5 & b \end{array}$$
$$\begin{pmatrix} 0 & 0 & 0.5 & -0.4 & 1 & 200 \\ 0 & 1 & 1 & -0.4 & 0 & 600 \\ 1 & 0 & -0.5 & 0.4 & 0 & 200 \end{pmatrix} \tag{1-23}$$

因此

$$\begin{cases} x_5 = 200 - 0.5x_3 + 0.4x_4 \\ x_2 = 600 - x_3 + 0.4x_4 \\ x_1 = 200 + 0.5x_3 - 0.4x_4 \end{cases} \tag{1-24}$$

由于 $x_3 = x_4 = 0$,所以 $X = [200, 600, 0, 0, 200]^T$。

将(1-24)代入目标函数可得

$$\begin{aligned} Z &= 4(200 + 0.5x_3 - 0.4x_4) + 3(600 - x_3 + 0.4x_4) \\ &= 2\,600 - x_3 - 0.4x_4 \\ &= 2\,600 \end{aligned} \tag{1-25}$$

由式(1-25)可知，在目标函数中非基变量 x_3 和 x_4 的系数均为负值，说明继续进行基变换对目标值不利，因此目前的解 $X=[200,600,0,0,200]^T$ 就是最优解。

三、解的最优性检验讨论

从前面的例子可以看到，迭代的每一步都要对解的最优性进行检验。方法是把每次迭代得到的基本可行解代入目标函数，然后检查目标函数中非基变量的系数是否大于 0，如果有大于 0 的系数，说明目前的解不是最优解；如果无大于 0 的系数说明该解就是最优解。

下面我们来推导目标函数中非基变量系数的一般表达式，并讨论一下它的物理意义。

以第一次迭代的结果为例，如果把(1-17)式中第三、四两列排为前两列，并用下列的符号代表原来的变量和系数，那么可以得到：

$$\begin{matrix} (x_3) & (x_4) & (x_1) & (x_2) & (x_5) & \\ x'_1 & x'_2 & x'_3 & x'_4 & x'_5 & b' \end{matrix}$$

$$\begin{pmatrix} 1 & 0 & 0 & a'_{14} & a'_{15} & b'_1 \\ 0 & 1 & 0 & a'_{24} & a'_{25} & b'_2 \\ 0 & 0 & 1 & a'_{34} & a'_{35} & b'_3 \end{pmatrix} \tag{1-26}$$

所以

$$\begin{cases} x'_1 = b'_1 - a'_{14}x'_4 - a'_{15}x'_5 \\ x'_2 = b'_2 - a'_{24}x'_4 - a'_{25}x'_5 \\ x'_3 = b'_3 - a'_{34}x'_4 - a'_{35}x'_5 \end{cases} \tag{1-27}$$

将(1-27)代入目标函数

$$Z = c'_1x'_1 + c'_2x'_2 + c'_3x'_3 + c'_4x'_4 + c'_5x'_5$$

经整理可得：

$$\begin{aligned} Z &= \sum_{i=1}^{3} c'_i b'_i + \left(c'_4 - \sum_{i=1}^{3} c'_i a'_{i4}\right) x'_4 + \left(c'_5 - \sum_{i=1}^{3} c'_i a'_{i5}\right) x'_5 \\ &= \sum_{i=1}^{3} c'_i b'_i + \sum_{j=4}^{5} \left(c'_j - \sum_{i=1}^{3} c'_i a'_{ij}\right) x'_j \end{aligned} \tag{1-28}$$

令

$$z'_j = \sum_{i=1}^{3} c'_i a'_{ij} \tag{1-29}$$

所以

$$Z = \sum_{i=1}^{3} c'_i b'_i + \sum_{j=4}^{5} (c'_j - z'_j) x'_j \tag{1-30}$$

由(1-30)式可知，非基变量 x'_j 的系数为 $c'_j - z'_j$，一般记为 σ_j，称为检验数。

在 z'_j 的表达式(1-29)中，a'_{ij} 是非基变量 x'_j 的技术系数，它表示非基变量 x'_j 增加单位值时，对应的 x'_i 应当减少的数量。而 c'_i 是目标函数中 x'_i 的价值系数，因此 $\sum_{i=1}^{3} c'_i a'_{ij}$ 表示

非基变量 x'_j 增加单位值时，所带来的总利润的损失。又因 c'_j 是x'_j的价值系数，它表示x'_j增加单位值时对总利润的贡献值，所以 $\sigma_j=c'_j-z'_j$ 表示x'_j增加单位值时，对总利润的纯贡献。例如(1-26)中的第四列，$a'_{14}=2$，$a'_{24}=2.5$，$a'_{34}=0$，x'_4是载重汽车的产量。这些系数说明增加一辆载重汽车的生产，要消耗 2 吨钢材，2.5 个工时，使总利润的损失为$z'_4=c'_1a'_{14}+c'_2a'_{24}=0\times2+0\times2.5=0$(注：因题中假设资源的价值系数为 0)。而售出一辆载重汽车可获利$c'_4=3$ 千元，所以增加一辆载重汽车的生产可获纯利$c'_4-z'_4=3$ 千元。

很显然，如果某一个非基变量的 σ_j 值大于 0，说明该非基变量 x'_j 换成基变量时可以使目标值增加，因此该解还不是最优解。如果非基变量的 σ_j 都不大于 0，说明该解就是最优解。

对于迭代过程的每一步，都有完全相同的情况。如果线性规划问题有 n 个未知数，m 个约束条件，假设前 m 个变量为基变量，则不难得到

$$Z=\sum_{i=1}^{m}c_ib_i+\sum_{j=m+1}^{n}\left(c_j-\sum_{i=1}^{m}c_ia_{ij}\right)x_j \tag{1-31}$$

令

$$z_j=\sum_{i=1}^{m}c_ia_{ij}$$

所以

$$\sigma=c_j-\sum_{i=1}^{m}c_ia_{ij}=c_j-z_j \tag{1-32}$$

四、表解形式的单纯形法

上面介绍的单纯形计算很麻烦，所以一般采用表解的方法使其规格化。在不同的教科书中，表的格式不一，但基本内容相同。检验数有的书上使用$\sigma_j=c_j-z_j$，有的书上使用$\sigma'_j=z_j-c_j$，它们的实质是一样，检验的规则正好相反。使用$\sigma_j=c_j-z_j$的好处是，检验数的物理意义明确，易于理解；使用 $\sigma'_j=z_j-c_j$ 的好处是σ'_j 正好是对偶线性规划问题的解，在讲解对偶问题时容易处理。本书为了后面讲解对偶线性规划时方便，采用 $\sigma'_j=z_j-c_j$ 为检验数。

1. 例题 1-1 的表解形式如表 1-5 所示

2. 单纯形法的计算步骤

(1) 找出初始可行基(或用增加新变量的方法创造初始可行基)建立初始单纯形表。

(2) 检查所有的 z_j-c_j。如果全部的 $z_j-c_j\geqslant0$，则该解为最优解。如果 z_j-c_j 中有小于 0 的，说明该解不是最优解。

(3) 选择具有最小检验数的非基变量为换入变量。它所对应的那一列称为主列。

(4) 用主列元素中每一个大于 0 的系数去除同行的限定系数(或称右项)，取比值最小的那一行所对应的基变量为换出变量。

(5) 把换出变量的那一行，除以该行主列元素的系数。

(6) 进行行变换，使换出变量那一行之外的全部主列元素变成 0。

(7) 重复第二步，直到没有新的非基变量可以改善目标函数为止。

表 1-5

行	x	c	1 x_1 4	2 x_2 3	3 x_3 0	4 x_4 0	5 x_5 0	b	θ
1	x_3	0	2	2	1	0	0	1 600	$\frac{1\,600}{2}=800$
2	x_4	0	5	2.5	0	1	0	2 500	$\frac{2\,500}{5}=500$
3	x_5	0	(1)	0	0	0	1	400	$\frac{400}{1}=400$
4	z_j		0	0	0	0	0	0	
5	z_j-c_j		−4	−3	0	0	0		
1	x_3	0	0	2	1	0	−2	800	$\frac{800}{2}=400$
2	x_4	0	0	(2.5)	0	1	−5	500	$\frac{500}{2.5}=200$
3	x_1	4	1	0	0	0	1	400	
4	z_j		4	0	0	0	4	1 600	
5	z_j-c_j		0	−3	0	0	4		
1	x_3	0	0	0	1	−0.8	(2)	400	$\frac{400}{2}=200$
2	x_2	3	0	1	0	0.4	−2	200	
3	x_1	4	1	0	0	0	1	400	$\frac{400}{1}=400$
4	z_j		4	3	0	1.2	−2	2 200	
5	z_j-c_j		0	0	0	1.2	−2		
1	x_5	0	0	0	0.5	−0.4	1	200	
2	x_2	3	0	1	1	−0.4	0	600	
3	x_1	4	1	0	−0.5	0.4	0	200	
4	z_j		4	3	1	0.4	0	2 600	
5	z_j-c_j		0	0	1	0.4	0		最优解

五、单纯形解法中的一些问题及其处理方法

1. 换入变量的选择问题

选择换入变量是根据检验数的正负。一般选取负数绝对值最大的检验数所对应的变量为换入变量。但有时这不一定是最佳的选择。进一步计算每一种选择下可能达到的最大利润 Z 值，则有助于选择更好的优化方向。以我们所举汽车生产的例子，如对初始单纯形表按最负的检验数来判断，应选 x_1 为换入变量。这时 x_1 的最大生产限量是 400 辆，总利润是

$Z=400\times4=1\ 600$ 千元。如选 x_2 为换入变量，可得 x_2 的最大生产限量是 800 辆，总利润是 $800\times3=2\ 400$ 千元。由此可知选择 x_2 为换入变量是合适的。从图 1-1 中可以看出选 x_1 为换入变量是经过 D、C 点三次迭代达到最优解 B；而选 x_2 为换入变量时，则经过 A 点，二次迭代得到最优解。

2. 换出变量的选择问题

在确定换出变量时，如果有两个以上比值 θ 相同时，应该如何选择呢？

从理论上讲，选的先后次序是有关系的，因为这时有两个可以换出的变量(或者说有两个变量同时为 0)。因此选择其中之一为非基变量时，另一个基变量也是 0。在线性规划的理论中，我们称取值为 0 的基变量为退化的基变量。如果在以后的某一重复步骤中，该退化基变量被选为换出变量，那么对应的换入变量也必须保持为 0，这样 Z 值保持不变。如果 Z 值在每次迭代中不是增加，而是保持不变，单纯形法就陷入循环或闭环，而不能使解趋向最优解。

但幸运的是，在实际应用中从未遇到或发生过这种情况。这就是说从理论上讲是可能的，也有这种特例，但实际上很少遇到。所以在遇到两个可供选择的换出变量时，可以任选其一。如果真遇到了循环的情况，可以用摄动法去解决，在这里就不详细介绍了。

3. 无换出变量的情况——无界解

当主列中的每一项系数不是 0 就是负值时，说明所有约束条件对换入变量的增加都无约束作用，因此目标函数可以无限地增大。这种情况我们称为无界解。但在实际中，不可能发生可以获得无限利润的事，所以在运用线性规划解决实际问题时发生这种情况，往往是说明运算中或者建模时出现某种错误。

4. 存在多个最优解的情况

在前面图解法中讲过，如果把目标函数改为 $Z=2x_1+x_2$，则会出现多个最优解。用单纯形法也可以求出这多个最优解。这是因为当线性规划问题有多于一个的最优解时，在最终单纯形表中至少有一个非基变量的检验数为 0，因此选择此变量为换入变量而得到一组新解时，其 Z 值保持不变，这样就得到了另一个最优解。根据线性规划问题解的特点可知，这两个最优解连线上的任一个点都是最优解。

第四节　非标准型线性规划问题的解法

第三节讲的是标准型线性规划问题的单纯形法，其要点之一是建立初始基本可行基。从前面的例子，我们知道，对于形如

$$\sum_{j=1}^{n}a_{ij}x_j\leqslant b_i\qquad i=1,2,\cdots,m$$

的约束条件组，我们可以用增加松弛变量来建立初始基本可行基，从而开始单纯形法的迭代计算。

现在研究其他各种非标准型线性规划问题的处理方法。

一、目标函数求极小问题

在标准型中是规定目标函数求极大值。如果在实际问题中遇到的是求极小值，则有两

种处理方法：

(1)将目标函数求极小问题改为等价的求极大问题，即由目标函数

$$\min Z = \sum_{j=1}^{n} c_j x_j$$

变成目标函数

$$\max (-Z) = \sum_{j=1}^{n} (-c_j x_j)$$

这两个目标函数是完全等价的。

(2)目标函数仍然是求极小值，但改变最优解的检验规则，即当全部检验数$z_j - c_j \leqslant 0$时，为最优解。如果检验数中还有正值时，说明还有使目标值减少的解存在。

下面总结一下检验数的两种表示法及用它们判断最优解的规则，见表 1-6。

表 1-6

标准型 / 检验数 σ	$\max Z = CX$ $AX = \boldsymbol{b}, X \geqslant 0$	$\min Z = CX$ $AX = \boldsymbol{b}, X \geqslant 0$
$z_j - c_j$	$\geqslant 0$	$\leqslant 0$
$c_j - z_j$	$\leqslant 0$	$\geqslant 0$

对于目标函数求极小值的问题采用上述任一种处理方法后，单纯形法所有其他步骤都和求极大值时一样。

在这里应当提醒读者注意的是，在阅读有关线性规划的教科书时，要注意该书规定的标准型是目标函数求最大还是求最小，检验数是 $c_j - z_j$ 还是 $z_j - c_j$。不同的组合会使判别最优解的规则不同，但不影响单纯形运算的其他步骤。

二、等式约束——大 *M* 方法

1. 人工变量的引入

如果在约束条件中出现有等式约束，我们用增加人工变量的方法来产生初始可行基。

例如，线性规划

$$\max Z = 3x_1 + 5x_2 \tag{1-33a}$$

$$\text{s.t.} \begin{cases} x_1 \leqslant 4 & \text{(1-33b)} \\ 2x_2 \leqslant 12 & \text{(1-33c)} \\ 3x_1 + 2x_2 = 18 & \text{(1-33d)} \\ x_1, x_2 \geqslant 0 \end{cases}$$

对约束(1-33b)和(1-33c)可以用增加松弛变量的方法而变成

$$x_1 + x_3 = 4 \tag{1-34a}$$

$$2x_2 + x_4 = 12 \tag{1-34b}$$

对第三个约束条件，虽然是等式，但因无初始解，所以增加一个人工变量 $\bar{x}_5$，而

把(1-33d)式换成

$$3x_1+2x_2+\bar{x}_5=18 \tag{1-34c}$$

这样，在方程组(1-34a)，(1-34b)，(1-34c)中就有一个由 x_3，x_4，$\bar{x}_5$ 的系数构成的初始可行基。

增加人工变量 $\bar{x}_5$ 的几何意义是把可行域从一条直线扩大成为一个区域。所以只有当 $\bar{x}_5=0$ 时，约束条件(1-34c)才等于(1-33d)。为了保证在最后的最优解中 $\bar{x}_5=0$，我们采用一种大 M 法。

2. 大 M 法

其原理是在目标函数中，令人工变量的价值系数为 $(-M)$，M 是一个很大的正数。这样在最后的解中，无论 $\bar{x}_5$ 以任何大小的正值出现，都会使总利润受到很大的损失。因此，只有当 $\bar{x}_5=0$ 时才存在最优解。这就保证了最优解仍满足原来的约束条件，于是线性规划问题变为

目标函数 $$\max Z=3x_1+5x_2-M\bar{x}_5$$

$$\text{s.t.}\begin{cases}x_1+x_3=4\\2x_2+x_4=12\\3x_1+2x_2+\bar{x}_5=18\\x_1,x_2,x_3,x_4,\bar{x}_5\geqslant 0\end{cases}$$

用单纯形表求解的过程如表 1-7 所示。在求解中，M 值如同其他系数一样参加运算。

表 1-7

行	列		1	2	3	4	5		
	x		x_1	x_2	x_3	x_4	$\bar{x}_5$	b	θ
		c	3	5	0	0	$-M$		
1	x_3	0	①	0	1	0	0	4	$\frac{4}{1}=4$ ↗
2	x_4	0	0	2	0	1	0	12	
3	$\bar{x}_5$	$-M$	3	2	0	0	1	18	$\frac{18}{3}=6$
4	z_j		$-3M$	$-2M$	0	0	$-M$	$-18M$	
5	z_j-c_j		$-3M-3$ ↑	$-2M-5$	0	0	0		
1	x_1	3	1	0	1	0	0	4	
2	x_4	0	0	2	0	1	0	12	$\frac{12}{2}=6$
3	$\bar{x}_5$	$-M$	0	②	-3	0	1	6	$\frac{6}{2}=3$ ↗
4	z_j		3	$-2M$	$3M+3$	0	$-M$	$-6M+12$	
5	z_j-c_j		0	$-2M-5$ ↑	$3M+3$	0	0		

续表

行	x	c	1: x_1 (3)	2: x_2 (5)	3: x_3 (0)	4: x_4 (0)	5: $\bar{x}_5$ ($-M$)	b	θ
1	x_1	3	1	0	1	0	0	4	$\frac{4}{1}=4$
2	x_4	0	0	0	(3)	1	−1	6	$\frac{6}{3}=2$
3	x_2	5	0	1	−3/2	0	1/2	3	
4	z_j		3	5	−9/2	0	$\frac{5}{2}$	27	
5	z_j-c_j		0	0	−9/2	0	$M+\frac{5}{2}$		
1	x_1	3	1	0	0	−1/3	1/3	2	
2	x_3	0	0	0	1	1/3	−1/3	2	
3	x_2	5	0	1	0	1/2	0	6	
4	z_j		3	5	0	3/2	1	36	最优解
5	z_j-c_j		0	0	0	3/2	$M+1$		

三、大于等于的约束条件

如在约束条件组中有形如

$$3x_1+2x_2\geqslant 18 \tag{1-35}$$

的约束条件，要先减去一个松弛变量 x_3，变成等式约束

$$3x_1+2x_2-x_3=18 \tag{1-36}$$

然后再加一个人工变量 $\bar{x}_4$，来产生初始基本可行基。即变成

$$3x_1+2x_2-x_3+\bar{x}_4=18 \tag{1-37}$$

以后用大 M 法去进行单纯形的迭代运算。

四、常数项为负值的情况

遇到这种情况，则将约束条件的两边乘以(−1)。

如将 $-3x_1-2x_2+x_5=-18$ 的两边乘以(−1)，得到

$$3x_1+2x_2-x_5=18$$

然后按等式约束条件处理。

五、允许变量为负值的情况

在一般的线性规划问题中，决策变量出现负值是没有意义的。但在某些情况下，负值也有其他合理的含义，所以下面讨论一下如何处理允许变量为负值的情况。

假设对第 K 个变量无非负要求，即变量 x_k 可以取正值也可以取负值，为了满足标准型对变量的非负要求，可令 $x_k = x_k' - x_k''$，其中 $x_k', x_k'' \geqslant 0$. 然后将其代入原规划问题进行求解，如果最优解中 $x_k'' > x_k'$，x_k 就出现负值了。因此对变量 x_k', x_k'' 来说有非负要求，而变量 x_k 则可以为正或为负。

通过上面五种对非标准型线性规划问题的处理方法，可以将任何非标准型的线性规划问题化为标准型，然后再用单纯形法求解。

下面举一个较为复杂的例子来说明这五种方法的应用。

【例 1-5】 求解线性规划问题

$$\min Z = -3x_1 + x_2 + x_3$$

$$\text{s.t.} \begin{cases} x_1 - 2x_2 + x_3 \leqslant 11 \\ -4x_1 + x_2 + 2x_3 \geqslant 3 \\ 2x_1 - x_3 = -1 \\ x_1 \geqslant 0, x_2 \geqslant 0, x_3 \text{ 无非负要求} \end{cases} \tag{1-38}$$

解：通过下列几步将式(1-38)化为标准型：

(1) 将目标函数化为求$(-Z)$的极大值；

(2) 在第一个约束条件中加松弛变量 x_4；

(3) 在第二个约束条件中减去一个松弛变量 x_5，再加上人工变量 $\bar{x}_6$；

(4) 将第三个约束条件的两边乘以(-1)，再加上人工变量 $\bar{x}_7$；

(5) 令 $x_3 = x_3' - x_3''$。

最后可得下面标准型线性规划问题：

目标函数

$$\max(-Z) = 3x_1 - x_2 - x_3' + x_3'' + 0x_4 + 0x_5 - M\bar{x}_6 - M\bar{x}_7$$

$$\text{s.t.} \begin{cases} x_1 - 2x_2 + x_3' - x_3'' + x_4 = 11 \\ -4x_1 + x_2 + 2x_3' - 2x_3'' - x_5 + \bar{x}_6 = 3 \\ -2x_1 + x_3' - x_3'' + \bar{x}_7 = 1 \\ x_1, x_2, x_3', x_3'', x_4, x_5, \bar{x}_6, \bar{x}_7 \geqslant 0 \end{cases}$$

初始基变量是 $x_4, \bar{x}_6, \bar{x}_7$。

第五节 对偶问题

无论从理论还是实践观点来看，对偶问题都是线性规划中最重要和最有趣的概念和理论。

一、对偶问题的基本概念

1. 什么是线性规划问题的对偶现象

一般我们把下面的两个现象称为对偶现象，例如“在周长一定的四边形中，以正方形的面积为最大”，或者“在面积为一定的四边形中以正方形的周长为最小”，这实际上是一个现象的两种提法。

对于线性规划问题也有类似的情况，如果把一个求最大值的线性规划定义为“原”问题，那么与其同时则存在一个求最小值的所谓对偶问题，并且原线性规划问题的最优解对应着对偶线性规划问题的最优解。

下面我们用一个实例来解释对偶线性规划的概念。

我们前面所举的汽车生产的例子，是在有限的资源情况下，如何安排两种汽车的生产才能使工厂获得最大利润。现在提出一个新的问题，如果工厂不再打算生产汽车，而是把钢材和座椅以比买价高的价格卖出去，把工厂的生产能力以更高的工时费来接受外协加工，那么材料和工时的定价应当是多少才合算？

在考虑定价时，肯定要和生产汽车时的情况作个比较，起码应当使两种情况下的总利润相等。假设 y_1 表示出售单位钢材的利润，y_2 表示外协加工的工时利润，y_3 表示出售每套大轿车座椅的利润，那么，用于生产一辆载重汽车的材料销售利润和工时利润之和不应低于出售一辆载重汽车所得的利润，即

$$2y_1+2.5y_2\geqslant 3 \tag{1-39}$$

同理，用于生产一辆大轿车的材料销售利润、工时利润和座椅利润之和不应低于出售一辆大轿车所得的利润，即

$$2y_1+5y_2+y_3\geqslant 4 \tag{1-40}$$

工厂的总利润是出售材料的利润、工时利润和座椅利润之和，即

$$W=1\,600y_1+2\,500y_2+400y_3 \tag{1-41}$$

为了使材料的价格和工时费能在市场上有竞争力，对工厂来说最佳的决策是，在满足式(1-39)、式(1-40)的条件下，售价愈低愈好。这就是总利润取最小值的解。于是上面的问题可以用下列线性规划的数学模型表示：

目标函数　$\min W=1\,600y_1+2\,500y_2+400y_3$

$$\text{s.t.}\begin{cases}2y_1+2.5y_2\geqslant 3\\ 2y_1+5y_2+y_3\geqslant 4\\ y_1,y_2,y_3\geqslant 0\end{cases}$$

这就是原来线性规划问题的对偶问题，而 y_1,y_2,y_3 正是对偶问题的解。

很显然，当 $\min W=\max Z$ 时，工厂决策者认为这两种方案具有相同的结果，都是最优解。

2. 影子价格(shadow price)

应当指出的是，对偶问题的解 y_i 并不是第 i 种资源的市场价格，而是代表单位资源，在最优利用的条件下所产生的经济效果。为了和市场价格相区别，我们把它叫做影子价格。它在经济上是一个很有意义的数据，通过它我们可以知道，当增加某种资源(在一定限度内)时，可以使利润增长的大小。另外影子价格还给出了是否应当购进某种资源以增加生产量，而获得更多利润的价格标准。如果市场上某种资源的价格低于影子价格，那么应当购进这

种资源，增加生产，提高利润。如果市场上某种资源的价格高于影子价格，则应考虑售出这种资源，以求得更高的利润。由此可见，影子价格是进行经营决策的一个非常有用的参数。

3. 原问题和对偶问题在形式上的对比

如果我们把线性规划

$$\max Z = c_1x_1 + c_2x_2 + \cdots + c_nx_n$$

$$\text{s.t.} \begin{cases} a_{11}x_1 + a_{12}x_2 + \cdots + a_{1n}x_n \leqslant b_1 \\ a_{21}x_1 + a_{22}x_2 + \cdots + a_{2n}x_n \leqslant b_2 \\ \qquad \vdots \\ a_{m1}x_1 + a_{m2}x_2 + \cdots + a_{mn}x_n \leqslant b_m \\ x_1, x_2, \cdots, x_n \geqslant 0 \end{cases}$$

称为原问题，则必同时存在另一线性规划问题，我们称为对偶问题。

$$\min W = b_1y_1 + b_2y_2 + \cdots + b_my_m$$

$$\text{s.t.} \begin{cases} a_{11}y_1 + a_{21}y_2 + \cdots + a_{m1}y_m \geqslant c_1 \\ a_{12}y_1 + a_{22}y_2 + \cdots + a_{m2}y_m \geqslant c_2 \\ \qquad \vdots \\ a_{1n}y_1 + a_{2n}y_2 + \cdots + a_{mn}y_m \geqslant c_n \\ y_1, y_2, \cdots, y_m \geqslant 0 \end{cases}$$

而且 $\min W = \max Z$

它们之间在形式上有下列关系：

(1) 原问题是求目标函数的最大值，对偶问题是求目标函数的最小值。

(2) 原问题约束条件的右项变成对偶问题目标函数中的价值系数。原问题目标函数中的价值系数变成对偶问题约束条件的右项。

(3) 原问题约束条件是"≤"，对偶问题的约束条件则是"≥"。

(4) 原问题约束条件的每一行正好对应于对偶问题的每一列，所以原问题中约束条件的数目等于对偶问题中变量的数目。

(5) 原问题中约束条件的每一列正好对应于对偶问题的每一行，所以原问题中变量的数目正好等于对偶问题中的约束条件的数目。

(6) 对偶问题的对偶规划正是原问题。

以上关系用表 1-8 可以表示得更加清楚。

表 1-8

y_j \ x_j	x_1	x_2	…	x_n	原关系	minW
y_1	a_{11}	a_{12}	…	a_{1n}	≤	b_1
y_2	a_{21}	a_{22}	…	a_{2n}	≤	b_2
⋮	⋮	⋮		⋮	⋮	⋮
y_m	a_{m1}	a_{m2}	…	a_{mn}	≤	b_m
对偶关系	≥	≥	…	≥	maxZ=minW	
maxZ	c_1	c_2	…	c_n		

二、对称的对偶线性规划

1. 定义

如果一个线性规划具备下面两个条件，则称它具有对称形式。

(1) 所有的变量都是非负的。

(2) 所有的约束条件都是不等式，而且在目标函数是求极大值的情况，不等式具有小于和等于(≤)的符号。在目标函数是求极小值的情况，不等式具有大于和等于(≥)的符号。

具有这样对称形式的原问题和对偶问题叫做对称的对偶线性规划。它们之间的对应关系见表 1-9。

表 1-9

原问题(或对偶问题)	对偶问题(或原问题)
目标函数 max$Z$	目标函数 min$W$
限定向量 b	价值向量 c
价值向量 c	限定向量 b
技术系数 A	技术系数 A^T
约束条件为≤	对偶变量 $y_i \geqslant 0$
约束条件为=	对偶变量无非负条件
变量 x_j 的数目 n 个	约束条件数 n 个
约束条件数 m 个	对偶变量数 m 个
变量 $x_j \geqslant 0$	约束条件为≥
变量 x_j 无非负条件	约束条件为=

表中原问题的约束条件为等式时，对偶变量无非负条件的原因如下：

设有约束条件是等式的线性规划问题

$$\max Z = \sum_{j=1}^{n} c_j x_j$$

$$\text{s.t.} \quad \begin{cases} \sum\limits_{j=1}^{n} a_{ij} x_j = b_i & i = 1, 2, \cdots, m \\ x_j \geqslant 0 & j = 1, 2, \cdots, n \end{cases}$$

我们可以将等式约束条件分解为两个不等式约束条件

$$\sum_{j=1}^{n} a_{ij} x_j \leqslant b_i \tag{1-42}$$

或

$$\sum_{j=1}^{n} a_{ij} x_j \geqslant b_i$$

$$-\sum_{j=1}^{n} a_{ij} x_j \leqslant -b_i \tag{1-43}$$

设：y_i' 是对应(1-42)的对偶变量，y_i'' 是对应(1-43)的对偶变量。于是按对称形式可以写出原问题的对偶问题如下：

$$\min W=\sum_{i=1}^{m}b_i y_i'+\sum_{i=1}^{m}(-b_i y_i'')$$

$$\text{s.t.}\begin{cases}\sum_{i=1}^{m}a_{ij}y_i'+\sum_{i=1}^{m}(-a_{ij}y_i'')\geqslant c_j & j=1,2,\cdots,n\\ y_i',y_i''\geqslant 0 & i=1,2,\cdots,m\end{cases}$$

经整理后可得对偶线性规划

$$\min W=\sum_{i=1}^{m}b_i(y_i'-y_i'')$$

$$\text{s.t.}\ \sum_{i=1}^{m}a_{ij}(y_i'-y_i'')\geqslant c_j$$

令 $y_i=y_i'-y_i''$，因 $y_i',y_i''\geqslant 0$，所以 y_i 无非负条件：

即
$$\min W=\sum_{i=1}^{m}b_i y_i$$

$$\text{s.t.}\begin{cases}\sum_{i=1}^{m}a_{ij}y_i\geqslant c_j & j=1,2,\cdots,n\\ y_i\ \text{无非负条件} & i=1,2,\cdots,m\end{cases}$$

因此原问题中约束条件为等式时，对应的对偶变量无非负要求。

2. 非对称线性规划的对偶问题

对于我们经常遇到的非对称形式的线性规划，我们首先将其化为等价的对称形式的线性规划问题（等式约束保持不变），然后再按表 1-9 原问题与对偶问题之间的对应关系，将其化为对偶问题。

【例 1-6】 原问题 $\min Z=3x_1+5x_2$

$$\text{s.t.}\begin{cases}x_1\leqslant 4\\ 2x_2=12\\ 3x_1+2x_2\geqslant 18\\ x_1\geqslant 0,x_2\geqslant 0\end{cases}$$

求其对偶问题。

解：(1) 首先将原问题化为对称形式，等式约束保持不变。

$$\min Z=3x_1+5x_2$$

$$\text{s.t.}\begin{cases}-x_1\geqslant -4\\ 2x_2=12\\ 3x_1+2x_2\geqslant 18\\ x_1\geqslant 0,x_2\geqslant 0\end{cases}$$

(2) 按表 1-9 将上面的线性规划化为对偶问题。

$$\max W=-4y_1+12y_2+18y_3$$

$$\text{s.t.}\begin{cases}-y_1+0y_2+3y_3\leqslant 3\\ 2y_2+2y_3\leqslant 5\\ y_1\geqslant 0,y_3\geqslant 0,y_2\text{ 无非负要求}\end{cases}$$

三、对偶的基本性质

1. 解的互补松弛关系

我们知道由原问题变成对偶问题时，原来的约束条件"≤"号变成为"≥"号，即

$$\sum_{i=1}^{m}a_{ij}y_i\geqslant c_j$$

在用单纯形法求解对偶问题时，要求把它变成等式，这时要减去一个松弛变量 S，即

$$\sum_{i=1}^{m}a_{ij}y_i-s_j=c_j$$

由于 $z_j=\sum_{i=1}^{m}a_{ij}y_i$（证明见(1-51)式)，所以

$$S_j=\sum_{i=1}^{m}a_{ij}y_i-c_j=z_j-c_j$$

由此可见对偶问题的解是$[y_1,y_2,\cdots,y_m,s_1,s_2,\cdots,s_n]$，即$[y_1,y_2,\cdots,y_m,z_1-c_1,z_2-c_2,\cdots,z_n-c_n]$。这就是说，原问题的检验数 z_j-c_j 对应于对偶问题的一个解。而且原问题的基变量对应于对偶问题松弛变量的检验数；而原问题松弛变量的检验数则对应于对偶问题的基变量。

如例 1-1 的终表(表 1-5 中的最后一个表)，原问题的最优解是(200,600,0,0,200)，而其对偶问题的解就是松弛变量 x_3,x_4,x_5 和变量 x_1,x_2 这五列下面的各检验数 z_j-c_j 的数值，即(1,0.4,0,0,0)。因此在一个单纯形表中实际上是同时进行原问题和对偶问题的求解。在得到原问题的最优解时，同时也得到了对偶问题最优解。

原问题的变量	对偶问题的变量
基 变 量	非基变量
非基变量	基 变 量

原问题和对偶问题解之间的这种关系称为互补关系。

2. 如果$[x_1,x_2,\cdots,x_n]$是原问题的一个可行解，而$[y_1,y_2,\cdots,y_m]$是其对偶问题的一个可行解，那么

$$\sum_{j=1}^{n}c_jx_j\leqslant\sum_{i=1}^{m}b_iy_i \tag{1-44}$$

因为从对偶问题知道

$$\sum_{i=1}^{m}a_{ij}y_i\geqslant c_j$$

所以

$$\begin{aligned}\sum_{j=1}^{n}c_jx_j&\leqslant\sum_{j=1}^{n}x_j\left(\sum_{i=1}^{m}a_{ij}y_i\right)\\&=\sum_{i=1}^{m}y_i\left(\sum_{j=1}^{n}a_{ij}x_j\right)=\sum_{i=1}^{m}b_iy_i\end{aligned}$$

这说明原问题所有可行解的目标函数 Z 值都小于对应的对偶问题所有可行解的目标函数 W 值。

3. 如果$(x_1^*,x_2^*,\cdots,x_{n+m}^*)$是原问题的一个最优解，那么它的补解$(y_1^*,y_2^*,\cdots,y_m^*,z_1^*-c_1,z_2^*-c_2,\cdots,z_n^*-c_n)$必须是个可行解，因而也就是对偶问题最优解。这是因为原问题最优解的条件要求所有这些对偶变量$(y_1^*,y_2^*,\cdots,z_n^*-c_n^*)$都必须大于或等于 0. 因而是对偶问题的第一个基本可行解。这个关系告诉我们，当两个解分别都是最优解时，关系式(1-44)应当取等号。这就是下面的对偶定理。

4. 对偶定理

如果$[x_1^*,x_2^*,\cdots,x_n^*]$和$[y_1^*,y_2^*,\cdots,y_m^*]$分别是原问题和对偶问题的最优解，则

$$\sum_{j=1}^{n} c_j x_j^* = \sum_{i=1}^{m} b_i y_i^*$$

四、对偶单纯形法

在用单纯形法进行迭代时，我们知道在 b 列得到的是原问题的基本可行解，而在检验数(z_j-c_j)行得到的是对偶问题的基本解。通过逐步迭代，当在检验数行得到的对偶问题的解也是可行解时，原问题和对偶问题都达到了最优解。所以单纯形算法的特点是保持原问题解的可行性，通过逐步迭代，使对偶问题的解由基本解变成基本可行解，这时原问题和对偶问题都达到了最优解。

那么根据对偶问题的对称性，我们也可以这样来处理：即保持对偶问题的解是可行解(即 $z_j-c_j\geqslant 0$)，而原问题则从非可行解开始，通过迭代，逐步达到基本可行解。这样也使原问题和对偶问题都达到了最优解。这样做的优点是原问题的初始解，不一定是基本可行解，可以是非可行解。

1. 对偶单纯形法的要点

下面我们仍以汽车生产的例子来说明对偶单纯形法。前面我们已经导出原问题的对偶问题是：

$$\min W = 1\,600y_1 + 2\,500y_2 + 400y_3$$

$$\text{s.t.}\quad \begin{cases} 2y_1 + 5y_2 + y_3 \geqslant 4 \\ 2y_1 + 2.5y_2 \geqslant 3 \\ y_1, y_2, y_3 \geqslant 0 \end{cases} \tag{1-45}$$

如果用前面讲过的单纯形法去解这个线性规划问题，则要将它变成下面的形式，而后用大 M 法去解：

$$\max\,(-W) = -1\,600y_1 - 2\,500y_2 - 400y_3 - M\bar{y}_5 - M\bar{y}_7$$

$$\text{s.t.}\quad \begin{cases} 2y_1 + 5y_2 + y_3 - y_4 + \bar{y}_5 = 4 \\ 2y_1 + 2.5y_2 - y_6 + \bar{y}_7 = 3 \\ y_1, y_2, y_3, y_4, \bar{y}_5, y_6, \bar{y}_7 \geqslant 0 \end{cases}$$

显然这是很麻烦的。

现用对偶单纯形法去解。将(1-45)化成下面形式：

$$\max\ (-W) = -1\ 600y_1 - 2\ 500y_2 - 400y_3$$

$$\text{s.t.} \begin{cases} -2y_1 - 5y_2 - y_3 \leqslant -4 \\ -2y_1 - 2.5y_2 \leqslant -3 \end{cases}$$

用增加松弛变量 y_4, y_5 使约束条件变成等式：

$$\text{s.t.} \begin{cases} -2y_1 - 5y_2 - y_3 + y_4 = -4 \\ -2y_1 - 2.5y_2 + y_5 = -3 \end{cases}$$

于是可得下列初始单纯形表：

行 \ 列			1	2	3	4	5	
行	y		y_1	y_2	y_3	y_4	y_5	b
		c	−1 600	−2 500	−400	0	0	
1	y_4	0	−2	−5	−1	1	0	−4
2	y_5	0	−2	−2.5	0	0	1	−3
3	z_j		0	0	0	0	0	
4	$z_j - c_j$		1 600	2 500	400	0	0	

在这个初始单纯形表中，y_4, y_5 是基变量，其解为 $y_4 = -4, y_5 = -3$ 是不可行解。而全部检验数 $z_j - c_j \geqslant 0$，即对偶问题是可行解。下面的迭代是在保持 $z_j - c_j \geqslant 0$ 的条件下，逐步使 $y_j \geqslant 0, (j = 1, 2, \cdots, 5)$。为了满足上面要求，迭代的要点如下：

(1) 首先确定换出变量：选择 6 列中负数绝对值最大的基变量为换出变量。

(2) 确定换入变量：用换出变量那一行具有负值的系数分别去除同列的检验数，取绝对值最小者所对应的变量为换入变量。

(3) 把换出变量的那一行除以该行主列元素的系数，使主列元素为 1。

(4) 进行行变换，使换出变量那一行之外的全部主列元素变成 0。

(5) 进行最优解检查。如果所得的基本解都是非负的，则此解即为最优解。如果基本解中还有负的数值，则重复第一步继续迭代，直到所有基变量为非负的数值为止。

2. 表解形式的对偶单纯形法(见表 1-10)

最优解是 $y_1 = 1, y_2 = 0.4, y_3 = y_4 = y_5 = 0$。

对照第三节中表 1-5 中的最优解，它们正是 $z_j - c_j$ 行中对应于松弛变量 x_3, x_4, x_5 和决策变量 x_1, x_2 的检验数。

依同理，如果把对偶问题当做原问题，那么它的对偶问题正是原来的线性规划，所以表 1-10 中的最优解对应于松弛变量 y_4, y_5 和决策变量 y_1, y_2, y_3 的检验数，正是原规划问题的解，即

$$x_1 = 200 \quad x_2 = 600 \quad x_3 = 0 \quad x_4 = 0 \quad x_5 = 200$$

表 1-10

行	列 y	c	1 y_1	2 y_2	3 y_3	4 y_4	5 y_5	b
			−1 600	−2 500	−400	0	0	
1	y_4	0	−2	−5	(−1)	1	0	−4
2	y_5	0	−2	−2.5	0	0	1	−3
3	z_j		0	0	0	0	0	
4	z_j-c_j		1 600	2 500	400	0	0	
			$\left\|\frac{1\,600}{-2}\right\|=800$	$\left\|\frac{2\,500}{-5}\right\|=500$	$\left\|\frac{400}{-1}\right\|=400$			
1	y_3	−400	2	5	1	−1	0	4
2	y_5	0	−2	(−2.5)	0	0	1	−3
3	z_j		−800	−2 000	−400	400	0	−1 600
4	z_j-c_j		800	500	0	400	0	
			$\left\|\frac{800}{-2}\right\|=400$	$\left\|\frac{500}{-2.5}\right\|=200$				
1	y_3	−400	(−2)	0	1	−1	2	−2
2	y_2	−2 500	0.8	1	0	0	−0.4	1.2
3	z_j		−1 200	−2 500	−400	400	200	−2 200
4	z_j-c_j		400	0	0	400	200	
			$\left\|\frac{400}{-2}\right\|=200$			$\left\|\frac{400}{-1}\right\|=400$		
1	y_1	−1 600	1	0	−0.5	0.5	−1	1
2	y_2	−2 500	0	1	0.4	−0.4	0.4	0.4
3	z_j		−1 600	−2 500	−200	200	600	−2 600
4	z_j-c_j		0	0	200	200	600	最优解

读者不难验证它们的正确性。

3. 对偶单纯形法的优点及用途

(1) 初始解可以是非可行解，当检验数都是正值时，就可以进行基变换，这样就避免了增加人工变量，使运算简化。

(2) 对变量较少，而约束条件很多的线性规划问题，可先将其变为对偶问题，再用对偶单纯形法求解，简化计算。

(3) 用于灵敏度分析。

第六节 灵敏度分析

在前面讨论的线性规划问题中，是假定各系数 a_{ij}，b_i，c_j 都是常数。但实际上，这些常数也是一些估计和预测值，而且它们也随着某些条件的变化而变化。如市场情况变了，价值系数 c_j 会变化；工艺技术条件的变化会造成 a_{ij} 的变化；资源供应上的变化会造成 b_i 的变化。因此很自然会提出这样的问题，当这些系数中的一个或几个发生变化时，已求得的规划问题的最优解会发生什么变化？如果最优解发生了变化，又怎样用最简便的方法找到新的最优解？解决这些问题就是灵敏度分析的任务。

很显然，最容易的方法是用变化了的系数建立新的初始单纯形表，重新计算，但是这样做很麻烦。事实上，由于单纯形运算的特点，使最终单纯形表和初始单纯形表之间存在一定的关系。下面我们通过单纯形表的矩阵表达式来建立这个关系。

一、单纯形法的矩阵表达式

(1)设有一线性规划问题，用矩阵表示为

$$\max \boldsymbol{Z}=\boldsymbol{CX}$$
$$\text{s.t.}\begin{cases}\boldsymbol{AX}\leqslant \boldsymbol{b}\\ \boldsymbol{X}\geqslant \boldsymbol{0}\end{cases}$$

式中，$\boldsymbol{A}$ 为 $m\times n$ 矩阵，$\boldsymbol{C}$ 为 $1\times n$ 行向量，$\boldsymbol{X}$ 为 $n\times 1$ 列向量，$\boldsymbol{b}$ 为 $m\times 1$ 列向量，$\boldsymbol{0}$ 为$n\times 1$ 列向量。

现引入松弛变量

$$\boldsymbol{X}_S=\begin{pmatrix}x_{n+1}\\ x_{n+2}\\ \vdots\\ x_{n+m}\end{pmatrix}=[x_{n+1},x_{n+2},\cdots,x_{n+m}]^T$$

化为标准型

$$\max Z=\boldsymbol{CX}+\boldsymbol{0}\,\boldsymbol{X}_S$$
$$\text{s.t.}\begin{cases}\boldsymbol{AX}+\boldsymbol{IX}_S=\boldsymbol{b}\\ \boldsymbol{X}\geqslant \boldsymbol{0}\,,\boldsymbol{X}_S\geqslant \boldsymbol{0}\end{cases}$$

其中，$\boldsymbol{I}$ 是 $m\times m$ 阶单位矩阵，约束条件也可写成$[\boldsymbol{A},\boldsymbol{I}]\begin{bmatrix}X\\ X_S\end{bmatrix}=\boldsymbol{b}$ 和$\begin{bmatrix}X\\ X_S\end{bmatrix}\geqslant 0$，$\boldsymbol{0}$ 有 $m+n$ 个元素。

在进行单纯形运算时我们知道，现有 m 个方程，$n+m$ 个变量，所以每次迭代是选取 m 个变量为基本量，求出一个基本解。假设 $\boldsymbol{A}$ 是约束方程组的 $m\times n$ 系数矩阵，其秩为 m。$\boldsymbol{B}$ 是矩阵 $\boldsymbol{A}$ 中 $m\times m$ 阶非奇异子矩阵（$|\boldsymbol{B}|\neq 0$），则 $\boldsymbol{B}$ 是一个可行基，这样我们可以把系数矩阵 $\boldsymbol{A}$ 分为两块，$\boldsymbol{A}=[B,N]$，对应于 $\boldsymbol{B}$ 的变量 $x_{B1},x_{B2},\cdots,x_{Bm}$ 是基变量，用向量 $\boldsymbol{X}_B=[x_{B1},x_{B2},\cdots,x_{Bm}]^T$ 表示，其他的变量则为非基变量，于是将 $\boldsymbol{X}$ 也分为两块：

$$\boldsymbol{X}=\begin{pmatrix}\boldsymbol{X}_B\\ \boldsymbol{X}_N\end{pmatrix}$$

向量 $\boldsymbol{C}$ 也可分为两块 $\boldsymbol{C}=[\boldsymbol{C}_B,\boldsymbol{C}_N]$，其中 $\boldsymbol{C}_B$ 是目标函数中基变量向量 $\boldsymbol{X}_B$ 的系数行向量，$\boldsymbol{C}_N$ 是目标函数中非基变量向量 $\boldsymbol{X}_N$ 的系数行向量。

所以 $$[\boldsymbol{C},\boldsymbol{0}]\begin{pmatrix}\boldsymbol{X}\\ \boldsymbol{X}_S\end{pmatrix}=[\boldsymbol{C}_B,\boldsymbol{C}_N,\boldsymbol{0}]\begin{pmatrix}\boldsymbol{X}_B\\ \boldsymbol{X}_N\\ \boldsymbol{X}_S\end{pmatrix}=\boldsymbol{C}_B\boldsymbol{X}_B+\boldsymbol{C}_N\boldsymbol{X}_N+\boldsymbol{0}\,\boldsymbol{X}_S$$

$$[\boldsymbol{A},\boldsymbol{I}]\begin{pmatrix}\boldsymbol{X}\\ \boldsymbol{X}_S\end{pmatrix}=[\boldsymbol{B},\boldsymbol{N},\boldsymbol{I}]\begin{pmatrix}\boldsymbol{X}_B\\ \boldsymbol{X}_N\\ \boldsymbol{X}_S\end{pmatrix}=\boldsymbol{B}\boldsymbol{X}_B+\boldsymbol{N}\boldsymbol{X}_N+\boldsymbol{I}\boldsymbol{X}_S$$

于是线性规划问题可以写成

$$\max \boldsymbol{Z}=\boldsymbol{C}_B\boldsymbol{X}_B+\boldsymbol{C}_N\boldsymbol{X}_N+\boldsymbol{0}\,\boldsymbol{X}_S \tag{1-46}$$

$$\text{s.t.}\ \begin{cases}\boldsymbol{B}\boldsymbol{X}_B+\boldsymbol{N}\boldsymbol{X}_N+\boldsymbol{I}\boldsymbol{X}_S=\boldsymbol{b}\\ \boldsymbol{X}_B、\boldsymbol{X}_N、\boldsymbol{X}_S\geqslant\boldsymbol{0}\end{cases} \tag{1-47}$$

在单纯形算法的每次迭代中，是用行变换的方法将基矩阵变成单位矩阵。用矩阵方法，则将约束方程(1-47)的两边乘以基矩阵 $\boldsymbol{B}$ 的逆阵 $\boldsymbol{B}^{-1}$，于是可得

$$\boldsymbol{B}^{-1}\boldsymbol{B}\boldsymbol{X}_B+\boldsymbol{B}^{-1}\boldsymbol{N}\boldsymbol{X}_N+\boldsymbol{B}^{-1}\boldsymbol{I}\boldsymbol{X}_S=\boldsymbol{B}^{-1}\boldsymbol{b}$$

即 $$\boldsymbol{I}\boldsymbol{X}_B+\boldsymbol{B}^{-1}\boldsymbol{N}\boldsymbol{X}_N+\boldsymbol{B}^{-1}\boldsymbol{X}_S=\boldsymbol{B}^{-1}\boldsymbol{b} \tag{1-48}$$

所以 $$\boldsymbol{X}_B=\boldsymbol{B}^{-1}\boldsymbol{b}-\boldsymbol{B}^{-1}\boldsymbol{N}\boldsymbol{X}_N-\boldsymbol{B}^{-1}\boldsymbol{X}_S \tag{1-49}$$

将式(1-49)代入目标函数可得

$$\boldsymbol{Z}=\boldsymbol{C}_B\boldsymbol{B}^{-1}\boldsymbol{b}+(\boldsymbol{C}_N-\boldsymbol{C}_B\boldsymbol{B}^{-1}\boldsymbol{N})\boldsymbol{X}_N-\boldsymbol{C}_B\boldsymbol{B}^{-1}\boldsymbol{X}_S$$

或者 $$\boldsymbol{Z}+(\boldsymbol{C}_B\boldsymbol{B}^{-1}\boldsymbol{N}-\boldsymbol{C}_N)\boldsymbol{X}_N+\boldsymbol{C}_B\boldsymbol{B}^{-1}\boldsymbol{X}_S=\boldsymbol{C}_B\boldsymbol{B}^{-1}\boldsymbol{b} \tag{1-50}$$

(2)从(1-48)式可知，在单纯形法的每一次迭代中，表中每次迭代后的系数只和基变量的系数矩阵 $\boldsymbol{B}$ 有关。也就是说，每个变量的系数列向量是 $\boldsymbol{B}$ 的逆阵 $\boldsymbol{B}^{-1}$ 乘以该变量的原始列向量而得到的。而其松弛变量的系数矩阵正好是基矩阵的逆阵 $\boldsymbol{B}^{-1}$。

例如表 1-5 中的最终单纯形表，基变量是 x_5,x_2,x_1，

基矩阵

$$B=\begin{pmatrix}0&2&2\\0&2.5&5\\1&0&1\end{pmatrix}\qquad B^{-1}=\begin{pmatrix}0.5&-0.4&1\\1&-0.4&0\\-0.5&0.4&0\end{pmatrix}$$

所以，对应于 x_1 的列向量是

$$\begin{pmatrix}0.5&-0.4&1\\1&-0.4&0\\-0.5&0.4&0\end{pmatrix}\begin{pmatrix}2\\5\\1\end{pmatrix}=\begin{pmatrix}0\\0\\1\end{pmatrix}$$

对应于 x_2 的列向量是

$$\begin{pmatrix}0.5&-0.4&1\\1&-0.4&0\\-0.5&0.4&0\end{pmatrix}\begin{pmatrix}2\\2.5\\0\end{pmatrix}=\begin{pmatrix}0\\1\\0\end{pmatrix}$$

对应于 b 的列向量是

$$\begin{pmatrix} 0.5 & -0.4 & 1 \\ 1 & -0.4 & 0 \\ -0.5 & 0.4 & 0 \end{pmatrix}\begin{pmatrix} 1\,600 \\ 2\,500 \\ 400 \end{pmatrix}=\begin{pmatrix} 200 \\ 600 \\ 200 \end{pmatrix}$$

(3) 从(1-50)式可知：非基变量的检验数是 $\boldsymbol{C}_B\boldsymbol{B}^{-1}\boldsymbol{N}-\boldsymbol{C}_N$，松弛变量的检验数是 $\boldsymbol{C}_B\boldsymbol{B}^{-1}$。

设 $\boldsymbol{C}_B\boldsymbol{B}^{-1}=\boldsymbol{Y}$，则

$$\boldsymbol{Z}-\boldsymbol{C}=\boldsymbol{YN}-\boldsymbol{C}_N=\sum_{i=1}^{m}a_{ij}y_i-c_j \tag{1-51}$$

二、系数变化的灵敏度分析

系数变化的灵敏度分析是在决策变量和约束条件数目不变时，研究各种系数的变化对最优解的影响。它主要研究两个问题：

第一，这些系数在什么范围内变化时，已得到的最优解保持不变，或者最优解的基变量保持不变(但数值有所改变)。

第二，如果某些系数的变化，引起最优解的变化，如何用最简便的方法求出新的最优解。

下面分别讨论如何确定系数 c_j，b_i，a_{ij} 的变化范围。

1. 目标函数中 c_j 变化范围的确定

假设其他参数不变，仅目标函数中 x_j 的系数 c_j 变成 $c_j+\Delta c_j$，现求不改变最优解的 Δc_j 的大小。这分两种情况：

(1) c_j 是非基变量 x_j 的系数：因为 $z_j=\sum\limits_{i=1}^{m}a'_{ij}c_i$，式中 c_i 是基变量的价值系数，它保持不变，所以 z_j 不变。

所以
$$z_j-c_j=z_j-c_j-\Delta c_j=\sigma'_j-\Delta c_j$$

要想保持最优解不变，即 $\sigma'_j-\Delta c_j\geqslant 0$，则

$$\Delta c_j\leqslant\sigma'_j$$

这种情况比较简单，我们就不举例说明了。

(2) c_j 是基变量 x_j 的价值系数。

【例 1-7】 在汽车生产安排的例子中，如果 x_2 的系数变化了 Δc_2，即由 3 变成 $3+\Delta c_2$，这时，最终单纯形表中，由于 c_2 的变化，使 z_j 也发生相应的变化，具体变化如表 1-11。

解：为使最优解保持不变，Δc_2 必须满足下列不等式

$$1+\Delta c_2\geqslant 0 \tag{1-52}$$

$$0.4-0.4\Delta c_2\geqslant 0 \tag{1-53}$$

由式(1-52)可得
$$\Delta c_2\geqslant -1$$

由式(1-53)可得
$$\Delta c_2\leqslant 1$$

所以
$$-1\leqslant\Delta c_2\leqslant 1$$

表 1-11

行	x	c	x_1	x_2	x_3	x_4	x_5	b
1	x_5	0	0	0	0.5	−0.4	1	200
2	x_2	$3+\Delta c_2$	0	1	1	−0.4	0	600
3	x_1	4	1	0	−0.5	0.4	0	200
4	z_j		4	$3+\Delta c_2$	$1+\Delta c_2$	$0.4-0.4\Delta c_2$	0	$2\,600+600\Delta c_2$
5	z_j-c_j		0	0	$1+\Delta c_2$	$0.4-0.4\Delta c_2$	0	

即 c_2 可在[2,4]间变动，也就是说，当载重汽车的市场销售利润在 2 千元/辆至 4 千元/辆的范围内变化时，不影响原定的汽车生产计划安排。

2. 在约束条件中 b_i 变化范围的确定

初始单纯形表中 b_i 的变化，除了影响最优解的数值之外，不影响最终单纯形表中的任何系数。所以只要保证最后的解仍然是可行解，那么它仍然是最优解。

【例 1-8】 如果例 1-1 中生产汽车用的钢材 1 600 吨变成 1 600＋Δb_1 吨，则最后的解应为

$$X=B^{-1}\boldsymbol{b}=\begin{pmatrix}0.5 & -0.4 & 1\\ 1 & -0.4 & 0\\ -0.5 & 0.4 & 0\end{pmatrix}\begin{pmatrix}1\,600+\Delta b_1\\ 2\,500\\ 400\end{pmatrix}=\begin{pmatrix}200\\600\\200\end{pmatrix}+\begin{pmatrix}0.5\\1\\-0.5\end{pmatrix}\Delta b_1$$

解：为了使最后的解仍为可行解，Δb_1 应满足下列不等式

$$\begin{cases}200+0.5\Delta b_1\geqslant 0 & (1\text{-}54)\\ 600+\Delta b_1\geqslant 0 & (1\text{-}55)\\ 200-0.5\Delta b_1\geqslant 0 & (1\text{-}56)\end{cases}$$

由式(1-54)可得 $\Delta b_1\geqslant -400$

由式(1-55)可得 $\Delta b_1\geqslant -600$

由式(1-56)可得 $\Delta b_1\leqslant 400$

所以 $-400\leqslant\Delta b_1\leqslant 400$

即当 b_1 在[1 200,2 000]之间变动时，原来最优解的基变量不会改变，但要注意的是最优解的值要发生变化。

例如，钢材的供应量是 1 800 吨，在[1 200,2 000]范围之内，则新的最优解是

$$X_B=\begin{pmatrix}0.5 & -0.4 & 1\\ 1 & -0.4 & 0\\ -0.5 & 0.4 & 0\end{pmatrix}\begin{pmatrix}1\,800\\ 2\,500\\ 400\end{pmatrix}=\begin{pmatrix}300\\800\\100\end{pmatrix}$$

即 $x_1=100, x_2=800, x_5=300, x_3=x_4=0$。

如果 b_1 的变化超出了[1 200,2 000]的范围，这时最优解的基就要发生变化。在这种情况下要用对偶单纯形法继续求出新的最优解。

例如，$b_1=2\,200$ 吨，这时最终单纯形表变成表 1-12。

表 1-12

行	x	c	x_1	x_2	x_3	x_4	x_5	b
1	x_5	0	0	0	0.5	−0.4	1	500
2	x_2	3	0	1	1	−0.4	0	1 200
3	x_1	4	1	0	(−0.5)	0.4	0	−100
4	z_j		4	3	1	0.4	0	3 200
5	z_j-c_j		0	0	1	0.4	0	

因 $x_1=-100$，所以是不可行解，下面按对偶单纯形法继续迭代。选 x_1 为换出变量，x_3 为换入变量，经行变换可得最终单纯形表(见表 1-13)。

表 1-13

行	x	c	x_1	x_2	x_3	x_4	x_5	b
1	x_5	0	1	0	0	0	1	400
2	x_2	3	2	1	0	0.4	0	1 000
3	x_3	0	−2	0	1	−0.8	0	200
4	z_j		6	3	0	1.2	0	3 000
5	z_j-c_j		2	0	0	1.2	0	

很显然，这是最优解。新的最优解是 $x_1=0, x_2=1\,000, x_3=200, x_4=0, x_5=400, Z=3\,000$。

在这里我们看到了对偶单纯形法的用途及优点。

3. 技术系数 a_{ij} 的变化对最优解的影响

当 a_{ij} 是非基变量的系数时，它的变化不会改变 $\boldsymbol{B}^{-1}$，所以计算还比较简单。如果 a_{ij} 是基变量的系数，它的变化会引起 $\boldsymbol{B}^{-1}$ 的改变，所以最终单纯形表也要发生变化。下面先讨论 a_{ij} 是基变量系数的情况。

【例 1-9】 假定在例 1-1 中生产大轿车所用的钢材由 2 吨/辆变成 3 吨/辆，试求最优解有什么变化。

解：当 a_{11} 由 2 变成 3 时，原最终单纯形表中，x_1 的系数列向量变成

$$\begin{pmatrix} 0.5 & -0.4 & 1 \\ 1 & -0.4 & 0 \\ -0.5 & 0.4 & 0 \end{pmatrix}\begin{pmatrix} 3 \\ 5 \\ 1 \end{pmatrix}=\begin{pmatrix} 0.5 \\ 1 \\ 0.5 \end{pmatrix}$$

原最终单纯形表变成表 1-14。

表 1-14

行	x	c	x_1	x_2	x_3	x_4	x_5	b
1	x_5	0	0.5	0	0.5	−0.4	1	200
2	x_2	3	1	1	1	−0.4	0	600
3	x_1	4	0.5	0	−0.5	0.4	0	200
4	z_j							
5	z_j-c_j							

由 x_1 的系数列向量可知，到此尚未完成基交换。所以继续施行行变换，使 x_1 的系数列向量变成单位列向量，于是得到表 1-15。

表 1-15

行	x	c	x_1	x_2	x_3	x_4	x_5	b
1	x_5	0	0	0	1	−0.8	1	0
2	x_2	3	0	1	2	−1.2	0	200
3	x_1	4	1	0	−1	(0.8)	0	400
4	z_j		4	3	2	−0.4	0	2 200
5	z_j-c_j		0	0	2	−0.4	0	

因为 $z_4-c_4\leqslant 0$，所以它不是最优解。用单纯形法继续迭代可得表 1-16。

表 1-16

行	x	c	x_1	x_2	x_3	x_4	x_5	b
1	x_5	0	1	0	0	0	1	400
2	x_2	3	1.5	1	0.5	0	0	800
3	x_4	0	1.25	0	−1.25	1	0	500
4	z_j		4.5	3	1.5	0	0	2 400
5	z_j-c_j		0.5	0	1.5	0	0	最优解

新的最优解是 $x_1=0,x_2=800,x_3=0,x_4=500,x_5=400,Z=2\ 400$。

在例 1-9 中，x_1 变成了非基变量，现在试求保持新的最优解不变的 a_{11} 的变化范围。

由例 1-9 的最终单纯形表(表 1-16)可知

$$\boldsymbol{B}^{-1}=\begin{pmatrix} 0 & 0 & 1 \\ 0.5 & 0 & 0 \\ -1.25 & 1 & 0 \end{pmatrix}$$

因为现在 a_{11} 不是基变量的系数，所以它的改变不会使 $\boldsymbol{B}^{-1}$ 发生变化，而只改变 x_1 的检验数的大小。由式(1-51)

$$\sigma_1'=z_1-c_1=[y_1,y_2,y_3]\begin{pmatrix} a_{11} \\ a_{21} \\ a_{31} \end{pmatrix}-c_1$$

$$=[1.5,0,0]\begin{pmatrix}3+\Delta a_{11}\\5\\1\end{pmatrix}-4=\sigma_1+[1.5,0,0]\begin{pmatrix}\Delta a_{11}\\0\\0\end{pmatrix}$$

$$=0.5+1.5\Delta a_{11}$$

为使最优解保持不变，应当使 Δa_{11} 满足不等式

$$0.5+1.5\Delta a_{11}\geqslant 0$$

所以

$$\Delta a_{11}\geqslant -\frac{1}{3}$$

这就是说，大轿车所用的钢材由 3 吨/辆减少到 2.67 吨/辆时，仍然是只生产载重汽车为好。但当 a_{11} 减少到比 2.67 吨/辆还少时，生产大轿车就开始有利了。

三、决策变量增减的灵敏度分析

决策变量的增加或减少，相当于在原约束方程组中增加（或减少）一个列向量。例如，在汽车生产安排的例子中，如果除大轿车和载重汽车外，又研制出一种新产品——小型旅行车。每辆旅行车用钢材 1.5 吨，工时 1.25 小时，座椅 0.25 套。利润也是 3 千元，试问新产品该不该投产，生产计划应当如何安排。

增加一个新产品相当于在原模型中增加了一个新列，所以最终单纯形表中也相应增加一个新列，假设旅行车的产量为 x_6，则原线性规划中增加一列 $[1.5,1.25,0.25]^T$ 它在最终单纯表中则变成：

$$\begin{pmatrix}0.5&-0.4&1\\1&-0.4&0\\-0.5&0.4&0\end{pmatrix}\begin{pmatrix}1.5\\1.25\\0.25\end{pmatrix}=\begin{pmatrix}0.5\\1\\-0.25\end{pmatrix}$$

于是最终单纯形表变成下表（见表 1-17）。

表 1-17

行	x	c	x_1	x_2	x_3	x_4	x_5	x_6	b	
1	x_5	0	0	0	0.5	−0.4	1	(0.5)	200	$\frac{200}{0.5}=400$ ↗
2	x_2	3	0	1	1	−0.4	0	1	600	$\frac{600}{1}=600$
3	x_1	4	1	0	−0.5	0.4	0	−0.25	200	
4	z_j		4	3	1	0.4	0	2	2 600	
5	z_j-c_j		0	0	1	0.4	0	−1		

由表 1-17 可以看出，增加变量 x_6 后，原来的最终单纯形表不再是最优解了。为了寻求新的最优解，应继续用单纯形法迭代（见表 1-18）。

表 1-18

行	x	c	x_1	x_2	x_3	x_4	x_5	x_6	b	
1	x_6	3	0	0	1	−0.8	2	1	400	
2	x_2	3	0	1	0	(0.4)	−2	0	200	$\frac{200}{0.4}=500$
3	x_1	4	1	0	−0.25	0.2	0.5	0	300	$\frac{300}{0.2}=1\,500$
4	z_j		4	3	2	−0.4	2	3	3 000	
5	z_j-c_j		0	0	2	−0.4	2	0		

行	x	c	x_1	x_2	x_3	x_4	x_5	x_6	b
1	x_6	3	0	2	1	0	−2	1	800
2	x_4	0	0	2.5	0	1	−5	0	500
3	x_1	4	1	−0.5	−0.25	0	1.5	0	200
4	z_j		4	4	2	0	0	3	3 200
5	z_j-c_j		0	1	2	0	0	0	最优解

最后得到最优解 $x_1=200, x_2=x_3=0, x_4=500, x_5=0, x_6=800, Z=3\,200$。

四、约束条件增减的灵敏度分析

约束条件的增加(或减少)是指在原规划问题中增加(或减少)一个约束条件。例如在汽车生产安排的例子中,如果发动机的供应每年只有 600 台,这相当于增加一个约束条件

$$x_1+x_2\leqslant 600$$

设 x_7 是未用完的发动机,则得到

$$x_1+x_2+x_7=600$$

因为 x_7 为基变量,这样在最终单纯形表中也增加一行和一列,见表 1-19。

表 1-19

行	x	c	x_1	x_2	x_3	x_4	x_5	x_7	b
1	x_5	0	0	0	0.5	−0.4	1	0	200
2	x_2	3	0	1	1	−0.4	0	0	600
3	x_1	4	1	0	−0.5	0.4	0	0	200
4	x_7	0	1	1	0	0	0	1	600
5	z_j								
6	z_j-c_j								

这时基变量 x_1 和 x_2 的系数列向量不再是单位向量了,所以,继续进行变换,将它们变为单位列向量,得到表 1-20。

表 1-20

行	x	c	x_1	x_2	x_3	x_4	x_5	x_7	b
1	x_5	0	0	0	0.5	−0.4	1	0	200
2	x_2	3	0	1	1	−0.4	0	0	600
3	x_1	4	1	0	−0.5	0.4	0	0	200
4	x_7	0	0	0	(−0.5)	0	0	1	−200
5	z_j		4	3	1	0.4	0	1	2 600
6	z_j-c_j		0	0	1	0.4	0	1	

因基变量 $x_7=-200$，所以它不再是最优解。用对偶单纯形法继续迭代可得表 1-21。

表 1-21

行	x	c	x_1	x_2	x_3	x_4	x_5	x_7	b
1	x_5	0	0	0	0	−0.4	1	0	0
2	x_2	3	0	1	0	−0.4	0	2	200
3	x_1	4	1	0	0	0.4	0	−1	400
4	x_3	0	0	0	1	0	0	−2	400
5	z_j		4	3	0	0.4	0	2	2 200
6	z_j-c_j		0	0	0	0.4	0	2	最优解

所以最优解是 $x_1=400, x_2=200, x_3=400, x_4=x_5=0, Z=2\ 200$。

五、灵敏度分析小结

综上所述，我们可以将灵敏度分析的步骤总结如下：

(1)根据给定的系数，变量或约束条件的变化，按(1-48)，(1-49)，(1-50)式直接计算出最终单纯形表中的相应变化。

(2)如果变换后的最终单纯形表中，基变量的系数向量，不再是单位向量，则首先施行行变换，将它变成单位向量。同时得到修正后的最终单纯形表。

(3)检查所得到的解是否为最优解。如果是最优解，则停止迭代，如果不是最优解，则根据具体情况，用单纯形法或对偶单纯形法继续迭代。

总括起来，修正后的最终单纯形表可能出现下列四种情况，对它们要分别采取四种不同的处理方法。

(1) 原问题和对偶问题的解都是可行解，则修正后的结果仍然是最优解。

(2) 原问题是可行解，而对偶问题是不可行解，则用单纯形法继续迭代求出最优解。

(3) 原问题是不可行解，而对偶问题是可行解，则用对偶单纯形法继续迭代求出最优解。

(4) 原问题和对偶问题都是不可行解，这时要引进人工变量，建立初始基本可行解，再用单纯形法继续迭代求出最优解。

为了清楚起见，将上面四种情况总结如表1-22。

表 1-22

	(1)	(2)	(3)	(4)
原问题	可行解	可行解	不可行解	不可行解
对偶问题	可行解	不可行解	可行解	不可行解
处理方法	是最优解停止迭代	用单纯形法继续迭代	用对偶单纯形法继续迭代	引进人工变量，建立初始基本可行解

第七节 运输规划问题

在国民经济的各个领域中都存在运输问题，大至国家如何安排全国物资的调运工作，小至一个工厂如何把生产的产品运到各个销售点，都离不开运输的调度安排。那么如何利用现有的交通条件，以最低的运费安排计划，就是一个线性规划问题。一般运输问题的线性规划都包含大量的变量和约束条件，直接运用单纯形法求解相当复杂烦琐。因此发展了一种简便的表上作业法来求解运输规划问题。现以一个例子来说明如何建立一个运输问题的线性规划模型及其解法。

一、供求平衡的运输规划问题

1. 数学模型

【例 1-10】 设某电视机工厂有三个分厂，生产同一种彩色电视机，供应该厂在市内的四个门市部销售。已知三个分厂的日生产能力分别是50、60、50台，四个门市部的日销量分别是40、40、60、20台。从各个分厂运往各门市部的运费如表1-23所示。试安排一个运费最低的运输计划。

表 1-23 (单位：元/台)

工厂＼门市部	1	2	3	4	供应量总计
1	9	12	9	6	50
2	7	3	7	7	60
3	6	5	9	11	50
需求量总计	40	40	60	20	

解：因为三个分厂的生产能力总和是50+60+50=160台，而四个门市部的总需求量也是40+40+60+20=160台，所以这是一个供求平衡的运输规划问题。

假设 x_{ij}——由第 i 个工厂运到第 j 门市部的电视机台数

c_{ij}——由第 i 个工厂运到第 j 个门市部的运费(元/台)

所以目标函数是

$$\min Z = 9x_{11} + 12x_{12} + 9x_{13} + 6x_{14} + 7x_{21} + 3x_{22} + 7x_{23} + 7x_{24} + 6x_{31} + 5x_{32} + 9x_{33} + 11x_{34}$$

$$\text{s.t.}\begin{cases} x_{11} + x_{12} + x_{13} + x_{14} = 50 \\ x_{21} + x_{22} + x_{23} + x_{24} = 60 \\ x_{31} + x_{32} + x_{33} + x_{34} = 50 \\ x_{11} + x_{21} + x_{31} = 40 \\ x_{12} + x_{22} + x_{32} = 40 \\ x_{13} + x_{23} + x_{33} = 60 \\ x_{14} + x_{24} + x_{34} = 20 \\ x_{ij} \geqslant 0 (i = 1,2,3; j = 1,2,3,4) \end{cases}$$

对于一般情况，如果供应方有 m 个，需求方有 n 个，则运输规划的一般数学模型如下：

$$\min Z = \sum_{i=1}^{m}\sum_{j=1}^{n} c_{ij}x_{ij} \tag{1-57}$$

$$\text{s.t.}\begin{cases} \sum_{j=1}^{n} x_{ij} = s_i & i = 1,2,\cdots,m \\ \sum_{i=1}^{m} x_{ij} = d_j & j = 1,2,\cdots,n \\ x_{ij} \geqslant 0 \end{cases} \tag{1-58}$$

式中，s_i 为第 i 个工厂的生产量，d_j 为第 j 个门市部的需求量。

上面约束方程共有 $m+n$ 个。因为 $\sum_{i=1}^{m} s_i = \sum_{j=1}^{n} d_j$，所以上面 $m+n$ 个方程中只有 $m+n-1$ 个方程是线性独立的。因此运输问题的基本可行解有 $m+n-1$ 个分量。

2. 求解运输规划问题的表上作业法

按照前面讲的单纯形法，首先将目标函数式(1-57)由求最小值化为等价的求最大值，即

$$\max(-Z) = -\sum_{i=1}^{m}\sum_{j=1}^{n} c_{ij}x_{ij}$$

然后建立初始基本可行解。按处理等式约束条件的方法，每一个约束条件增加一个人工变量，然后按单纯形算法进行迭代，最后可以得到最优解。但是可以预料，计算十分烦琐。如 $m=3, n=4$；则总共有 $m \times n = 3 \times 4 = 12$ 个变量，$m+n=7$ 个约束条件。再加上人工变量，总的变量数为 $m+n+m\times n=19$ 个。所以计算工作量很大。仔细研究运输规划问题的系数矩阵，可以发现其元素都是 1 或 0。根据这个特点可以找到一种简便的特殊解法，这就是表上作业法。

表上作业法的求解过程与单纯形法相类似，首先建立初始基本可行解。然后检验初始解是否最优。如果不是最优，则对初始解进行调整，变换基变量。如此反复迭代下去直到得到最优解为止。下面仍以例 1-10 为例，来说明表上作业法的具体步骤。

首先按表 1-24 的格式作表，表中每一方格内的左上角标有供应方到需求方的运费。

表 1-24

产地＼销地	1	2	3	4	供应量 S
1	9 (40)	12 (10)	9	6	50
2	7	3 (30)	7 (30)	7	60
3	6	5	9 (30)	11 (20)	50
需求量 d	40	40	60	20	

(1) 寻找初始基本可行解——建立初始方案。根据运输规划问题供等于求的特点，可以用下面方法找到初始基本可行解作为初始方案。

西北角法：所谓西北角法就是从表 1-24 中西北角上第一格(1-1)开始安排运输计划。方法是：取其相应的供应量和需求量中的最小值作为初始基本可行解的第一个分量。这就是说，如果第一个工厂的生产量大于第一个销售点的需求，那么就由第一个工厂全部满足第一个销售点的需要，工厂商品的剩余部分运入第二个销售点。相反，如果第一个工厂的产量小于第一个销售点的需求量，则先将第一个工厂的全部产品运往第一个销售点，不足的需要量由第二个工厂补足。按照这个原则，所举例题的空格 1-1 应填上 40，并用圆圈圈上。依此顺序进行，便可以得到第一个基本可行解，见表 1-24. 因 $m=3$，$n=4$，所以初始可行解有 $3+4-1=6$ 个元素。

西北角法是一种最简单易行的建立初始方案的方法。但是它没有考虑运费的因素。所以距离最优解很远，须要经过多次迭代才能达到最优解。因此很多人研究建立更接近最优解的初始方案的方法，以便减少迭代次数和计算工作量。下面介绍以运价作为指导信息的最小费用法。

最小费用法：最小费用法的基本思想是就近供应。即从单位运价表中选取最低运价的空格开始供求分配。当供应量大于需求量时就取值为需求量，划去该空格所在的列(说明该销售点已满足需要)。当需求量大于供应量时，就取值为供应量，划去该空格所在的行(说明该工厂的产品已全部运完)。然后根据划去一行或一列后的单位运价表再选择最小运价的空格继续进行，直到把全部空格都划去为止。如果这样选出的空格共有 $m+n-1$ 个，则构成一个初始基本可行解。例如上面的例题，按最小费用法建立的初始方案见表 1-25。其具体步骤如下：① 先选费用最小的空格 2-2，填入数字 40，划去第二列。② 选空格 3-1，填入数字 40，划去第一列。③ 选空格 1-4，填入数字 20，划去第四列。④ 选空格 2-3，填入数字 20，划去第二行。⑤ 选空格 1-3，填入数字 30，划去第一行。⑥ 选空格 3-3，填入数字 10，划去第三列，同时划去第三行。

(2) 最优解检验。按照单纯形法，要计算每个变量的检验数 $\sigma_j=z_j-c_j$，来检查初始解是不是最优解。下面介绍在运输规划中求检验数的两种方法——位势法和闭合回路法。

位势法：假设表 1-24 上的每一行都有一个位势 $u_i(i=1,2,3)$，每一列都有一个位势 v_j $(j=1,2,3,4)$，作出表 1-26。可以证明(见"运筹学"，李德，钱颂迪主编，1982)

表 1-25

产地＼销地	1	2	3	4	S_i
1	9	12	9 (30)	6 (20)	50
2	7	3 (40)	7 (20)	7	60
3	6 (40)	5	9 (10)	11	50
d_j	40	40	60	20	

表 1-26

产地＼销地	1	2	3	4	u_i
1	9 (40)	12 (10)	9 −7	6 −12 ★	0
2	7 7	3 (30)	7 (30)	7 −2	−9
3	6 4	5 0	9 (30)	11 (20)	−7
v_j	9	12	16	18	

如果 x_{ij} 是基变量，则

$$c_{ij}-u_i-v_j=0 \tag{1-59}$$

如果 x_{ij} 是非基变量，则

$$c_{ij}-u_i-v_j=\sigma_{ij} \tag{1-60}$$

下面来看 σ_{ij} 的具体求法。根据初始基本可行解共有 $m+n-1$ 个基变量。由式(1-59)，可有 $m+n-1$ 个方程。但 $u_i(i=1,2,\cdots,m)$，$v_j(j=1,2,\cdots,n)$共有 $m+n$ 个。所以从这$m+n$ 个变量中任设其一为任意值，便可求出其他所有的 u_i 和 v_j 值。再利用式(1-60)，便可以计算出所有非基变量的检验数 σ_{ij}。

对于表 1-24 上的初始基本可行解，有如下的计算过程。

第一步，根据基变量 $c_{ij}-u_i-v_j=0$，计算 u_i，v_j 的值。假设 $u_1=0$，

由 $c_{11}-u_1-v_1=0$，可得 $v_1=c_{11}=9$

由 $c_{12}-u_1-v_2=0$，可得 $v_2=c_{12}=12$

由 $c_{22}-u_2-v_2=0$，可得 $u_2=c_{22}-v_2=-9$

由 $c_{23}-u_2-v_3=0$，可得 $v_3=c_{23}-u_2=16$

由 $c_{33}-u_3-v_3=0$，可得 $u_3=c_{33}-v_3=-7$

由 $c_{34}-u_3-v_4=0$，可得 $v_4=c_{34}-u_3=18$

实际计算时，一般都在表上进行。由 $u_1=0$，找到第一行基变量所在的格$(1-j)$，求出对应的 v_j 值。再由 v_j 列中除$(1-j)$以外的基变量所在格$(i-j)$，求出对应的 u_i 值。如此反复进行就可以很方便地找到 u_i，v_j 的值。所得结果列在表1-26中。

第二步，根据已知的 u_i，v_j 值，计算非基变量的 σ_{ij} 值。

$$\sigma_{13}=c_{13}-u_1-v_3=9-0-16=-7$$

$$\sigma_{14}=c_{14}-u_1-v_4=6-0-18=-12$$

$$\sigma_{21}=c_{21}-u_2-v_1=7-(-9)-9=7$$

$$\sigma_{24}=c_{24}-u_2-v_4=7-(-9)-18=-2$$

$$\sigma_{31}=c_{31}-u_3-v_1=6-(-7)-9=4$$

$$\sigma_{32}=c_{32}-u_3-v_2=5-(-7)-12=0$$

实际计算时也在表上进行。根据非基变量所在空格$(i-j)$的 u_i，v_j 值，求出该非基变量的检验数 σ_{ij}。

将这些检验数值分别填入表 1-26 的相应空格内，不加圆圈以示与解的区别。

除了位势法还有一种求检验数的闭合回路法，用它可以间接地说明所求出的检验数的经济含义。

闭回路法：所谓形成闭合回路的概念如下：例如，原来工厂 1 的产品全部送往门市部 1 和 2。现在假定要往销售点 4 送，这就打破了原来的供求平衡关系，而要建立新的平衡关系。如果空格 1-4 增加单位运输量，那么空格 1-2 要减少单位运输量才能维持供应的平衡。与此同时，空格 2-2 要增加单位运输量才能保证销售点 2 的需要量，而空格 2-3 要减少单位运输量才能保持工厂 2 的供应平衡等。这样，能够相互反应的一个闭合回路是：空格 1-4⇒空格 1-2⇒空格 2-2⇒空格 2-3⇒空格 3-3⇒空格 3-4⇒空格 1-4，见表 1-26 虚线构成的回路。

不难算出，采用新的运输方案后，运费的变动值 $\Delta=6-12+3-7+9-11=-12$。也就是说采用新方案后，运送单位产品的费用可降低 12。这就是空格 1-4 的检验数 $\sigma_{14}=-12$，与用位势法求出的结果一样。这说明每个空格的检验数代表该空格变成基变量时可能引起的单位运费的变化。检验数都是正值说明不再存在使运费降低的新方案，因此就是最优解。

(3) 确定换入变量：选取检验数负值最大的变量为换入变量，如本例中的 x_{14}。

(4) 确定换出变量：首先以 x_{14}所在的空格 1-4 为始点形成闭合回路(见表1-26)。为了保证新的解是可行解，应当选择闭合回路中，第二，第四，……偶数空格中数值最小的基变量为换出变量。例如上面回路中的空格 1-2，其值 $x_{12}=10$。然后在回路中的奇数空格上都加上这个最小值，而偶数空格都减去这个最小值。这样就形成了一个新表(见表 1-27)，得到了一个新解。

(5) 重复前面(2)～(4)的步骤：根据表 1-27 的新解，用位势法或闭合回路法重新计算每个非基变量的检验数，记在表 1-27 相应的空格内。选空格 3-1，即 x_{31} 为新的换入变量，构成新的闭合回路：空格 3-1⇒空格 3-4⇒空格 1-4⇒空格 1-1⇒空格 3-1。选闭合回路偶数空格中的最小数值 $x_{34}=10$ 作为换出变量，然后从偶数空格减去 10，在奇数空格加上 10，于是又得到了一个新表(见表 1-28)和一个新解。

表 1-27

产地＼销地	1	2	3	4	u_i
1	9　(40)	12　12	9　5	6　(10)	0
2	7　−5	3　(40)	7　(20)	7　−2	3
3	6　−8★	5	9　(40)	11　(10)	5
v_j	9	0	4	6	

表 1-28

产地＼销地	1	2	3	4	u_i
1	9　(30)	12　4	9　−3★	6　(20)	0
2	7　3	3　(40)	7　(20)	7　6	−5
3	6　(10)	5　0	9　(40)	11　8	−3
v_j	9	8	12	6	

(6) 重复(2)～(5)步:求得的检验数列在表 1-28 中。选空格 1-3,即 x_{13} 为换入变量,形成闭合回路:空格 1-3⇒空格 1-1⇒空格 3-1⇒空格 3-3⇒空格 1-3。选择回路偶数空格中数值最小的空格 1-1 为换出变量,数值为 30。经变换得到一个新解(见表 1-29)。

表 1-29

产地＼销地	1	2	3	4	u_i
1	9　3	12　7	9　(30)	6　(20)	0
2	7　3	3　(40)	7　(20)	7　3	−2
3	6　(40)	5　0	9　(10)	11　5	0
v_j	6	5	9	6	

(7) 按新的解计算检验数值,并记入表 1-29 相应的空格内。

检查所有空格内的检验数,发现它们都大于或等于 0。所以表 1-29 上的解就是最优解,即

$$x_{13}=30,x_{14}=20,x_{22}=40,x_{23}=20,x_{31}=40,x_{33}=10$$

这种最优方案的运费 $Z=30\times9+20\times6+40\times3+20\times7+40\times6+10\times9=980$ 元。

因空格内有一个非基变量 x_{32} 的检验数为 0,所以选它为换入变量后还可以求出另一组最优解,其目标函数 z 的值是相同的(见表 1-30)。

表 1-30

产地＼销地	1	2	3	4
1	9	12	9 (30)	6 (20)
2	7	3 (30)	7 (30)	7
3	6 (40)	5 (10)	9	11

从表 1-29 上的最优解可以看出,它和用最小费用法建立的初始解完全一样。由此可以明显看出,用西北角法建立的初始解与最优解相差甚远,要迭代多次才能达到最优解。而用最小费用法建立的初始解则在一般情况下都比较接近最优解(上面例子的情况就是最优解),但建立初始方案时比西北角法麻烦。

3. 解的退化问题

在用任一种方法建立初始基本可行解和进行迭代的过程中有时会出现解的退化问题,即基本可行解中的一个或数个分量为 0。这时基本可行解的非零分量数目少于 $m+n-1$ 个,使得无法用位势法或闭合回路法计算检验数。例如表 1-31 所示的最简单的运输规划问题,$m=2,n=2$。按西北角法得到的初始基本可行解也列在表中。当选 x_{21} 为换入变量进行迭代时,可以得到如表 1-32 所示的退化基本可行解,其解的非零分量数目为 2 个。这给计算其他非基变量空格的检验数带来困难。

表 1-31

产地＼销地	1	2	s_i	u_i
1	8 (20)	7 (10)	30	0
2	6 −4	9 (20)	20	2
d_j	20	30		
v_j	8	7		

表 1-32

产地＼销地	1	2	s_i	u_i
1	8	7 (30)	30	
2	6 (20)	9	20	
d_j	20	30		
v_j				

解决的办法是，将退化为零的两个空格中的任一个填入一个零，把它当做退化的基本解，然后按以前的步骤进行迭代计算。例如本例题可以有两种解决办法，分别用表 1-33 和表 1-34 表示。可以看出它们都是最优解。

表 1-33

产地 \ 销地	1	2	u_i
1	8　(0)	7　(30)	0
2	6　(20)	9　4	−2
v_j	8	7	

表 1-34

销地 \ 产地	1	2	u_i
1	8　4	7　(30)	0
2	6　(20)	9　(0)	2
v_j	4	7	

当初始方案是退化的基本可行解时，也可以用加零的方法解决退化问题。但应当注意的是，零要加在不可估值的空格中。例如表 1-35 的运输规划问题。表中的解是一个退化的初始基本可行解。表中空格 2-5 就是一个可估值空格。因为它可以和空格 2-4，空格 3-4，空格 3-5 构成闭合回路。而表中空格 1-5 是一个不可估值空格。因为增加这个基变量后仍不能和其他基变量的空格构成闭合回路。依同理，空格 1-3，1-4，2-1，2-2，3-1，3-2 都是不可估值空格，而空格 3-3 则是一个可估值空格。将零加在任何不可估值的空格上都可以解决退化问题带来的计算困难。

表 1-35

产地 \ 销地	1	2	3	4	5	s
1	7　(2)	6　(3)	9	3	5	5
2	8	2	3　(5)	5　(1)	7	6
3	5	4	10	6　(1)	9　(4)	5
d_j	2	3	5	2	4	

二、供求不平衡运输问题的解法

前面讨论的是供求平衡的情况。如果供求不平衡，则采用设立虚供应地或虚需求点的方法，先把问题化成上面的供求平衡的标准形式，然后按标准形式的解法去解。

1. 供大于求的情况

这时的数学模型变为

$$\min Z = \sum_{i=1}^{m} \sum_{j=1}^{n} c_{ij} x_{ij}$$

$$\begin{cases}\sum_{j=1}^{n} x_{ij} \leqslant s_i & i=1,2,\cdots,m \\ \sum_{i=1}^{m} x_{ij} = d_j & j=1,2,\cdots,n \\ x_{ij} \geqslant 0 \end{cases}$$

由于供应量大于需求量，即 $\sum_{i=1} s_i > \sum_{j=1} d_j$，就要考虑多余的产量在各产地的储存问题。因此假设一个虚的销售点 $j=n+1$，各产地向此虚销售点的运费为零。虚销售点的需求量为 $\sum_{i=1}^{m} s_i - \sum_{j=1}^{n} d_j = d_{n+1}$。这样，增加虚销售点后的供求就达到了平衡，即

$$\sum_{i=1}^{m} s_i = \sum_{j=1}^{n+1} d_j$$

于是供求不平衡运输问题的数学模型变成下列供求平衡的运输规划问题，可以用表上作业法求解：

$$\min Z = \sum_{i=1}^{m}\sum_{j=1}^{n} c_{ij} x_{ij}$$

$$\text{s.t.} \begin{cases}\sum_{j=1}^{n+1} x_{ij} = s_i & i=1,2,\cdots,m \\ \sum_{i=1}^{m} x_{ij} = d_j & j=1,2,\cdots,n+1 \\ x_{ij} \geqslant 0 \end{cases}$$

2. 供小于求的情况

当供小于求时，就假设一个虚的产地 $i=m+1$。该地的产量为 $\sum_{j=1}^{n} d_j - \sum_{i=1}^{m} s_i = s_{m+1}$，由该产地运往各销售点的运费为零。这样也变成一个供求平衡的数学模型。

$$\min Z = \sum_{i=1}^{m}\sum_{j=1}^{n} c_{ij} x_{ij}$$

$$\text{s.t.} \begin{cases}\sum_{i=1}^{m+1} x_{ij} = d_j & j=1,2,\cdots,n \\ \sum_{j=1}^{n} x_{ij} = s_i & i=1,2,\cdots,m+1 \\ x_{ij} \geqslant 0 \end{cases}$$

三、运输规划问题的应用举例

【例 1-11】 设有三个化肥厂供应四个地区的农用化肥。除第四个地区不宜用第三个厂生产的化肥之外，假定各厂的化肥在这些地区使用的效果是一样的。各化肥厂的年产量、各地区的年需要量以及各化肥厂到各地区运送化肥的单价如表 1-36。试求出总费用最少的化肥调拨方案。

表 1-36 (运价:万元/万吨)

化肥厂＼需求地	1	2	3	4	产量(万吨)
1	16	13	22	17	50
2	14	13	19	15	60
3	19	20	23	M	50
最低需求量(万吨)	30	70	0	10	
最高需求量(万吨)	50	70	30	不限	

解:这个问题的困难是不知道每个地区的化肥需要量究竟是多少。根据题意只知道各地区需求量的上限和下限,但在求解运输规划问题时要求各点的需求量是固定的。下面我们来看如何处理这样的问题。

(1) 首先假定取消最低需求量的限制,而把最大需求量当做各地区的需求量。那么第四个地区的最大需求量是多少呢?根据题意是无限大。但从实际来看,三个产地的总产量是 50+60+50=160(万吨)。如果满足其他三个地区的最低需求,即 30+70+0=100(万吨),那么供应第四个地区的最大量也不过是 160−100=60(万吨)。所以第四个地区的最大需求量只能是 60 万吨。这样四个地区的最大需求量分别是 50、70、30、60 万吨,共计 210 万吨,而三个产地的总产量是 160 万吨,所以供小于求。这时要假设一个虚产地(第四个产地),其产量为 210−160=50(万吨)。

(2) 下面来看如何满足各地区的最低需求。以第一个地区为例。它的最低需求量是 30 万吨,最大需求量是 50 万吨。为此,我们把需求量分为两部分。第一部分为 30 万吨,第二部分为 20 万吨。为了保证第一部分的 30 万吨化肥全部从实产地获得,令从虚产地向该地区第一部分运输的单价为大 M。这样就保证了第一个地区的最低需求量。而第二部分,则根据优化结果,可以从实产地获得,也可以从虚产地获得。其他地区的情况均可按上述方法处理,于是得到表 1-37。

表 1-37

化肥厂＼需求地	1		2	3	4		产量(万吨)
	Ⅰ	Ⅱ			Ⅰ	Ⅱ	
1	16	16	13	22	17	17	50
2	14	14	13	19	15	15	60
3	19	19	20	23	M	M	50
4(虚)	M	0	M	0	M	0	50
需求量(万吨)	30	20	70	30	10	50	

注:第四个地区也可以不分成两部分,因为虚产地的最大产量是 50 万吨,而第四个地区的最大需求量是 60 万吨。所以该地区至少可以从其他三个实产地获得 10 万吨化肥,满足该地区的最低需要量

用最小费用法可以找到初始基本可行解，如表 1-38 所示。根据计算出的检验数，应选空格 2-5 为换入变量继续进行迭代。经过三次迭代便可以求得最优解，见表 1-39。

因此最佳运输方案是

$$x_{12}=50, x_{22}=20, x_{24}=40, x_{31}=30+20=50$$

总运费 $Z=50\times13+20\times13+40\times15+50\times19=2\ 460$（万元）

表 1-38

需求地 / 化肥厂	1		2	3	4	产量（万吨）
	Ⅰ	Ⅱ				
1	16 / 2	16 / 2	13 / (50)	22 / 4	17 / $-M+22$	50
2	14 / (30)	14 / (10)	13 / (20)	19 / 1	15 / $-M+20$	60
3	19 / 0	19 / (10)	20 / 2	23 / (30)	M / (10)	50
4（虚）	M / $2M-19$	0 / $M-19$	M / $2M-18$	0 / $M-23$	0 / (50)	50
需求量（万吨）	30	20	70	30	60	

表 1-39

需求地 / 化肥厂	1		2	3	4
	Ⅰ	Ⅱ			
1			(50)		
2			(20)		(40)
3	(30)	(20)			
4（虚）				(30)	(20)

第八节 整数规划问题

一、整数规划模型及其求解方法

在实际的管理决策中，很多情况下要求决策变量必须是整数值（$x=0,1,2,3,\cdots$），但在采用前面介绍的线性规划模型去求解时，并不能保证解的整数性。为了解决这一类要求变量为整数型的实际问题，出现了整数规划的模型。如果模型中的全部变量都必须是整数，则称其为纯整数规划，若其中部分变量是整数、部分变量可以是实数，则称其为混合型整数规划。

求解整数规划最易想到的方法，是将其线性规划的非整数解进行“化整”处理后得到最临近的整数解。但这样得到的整数解并不是最优的整数解，特别是当该整数变量所代表的资源具有很大价值的情况时，可能差别还很大。另一方面，这种简单方法行不通的原因还在于：当线性规划模型中的变量很多时，其计算工作量也是难以接受的。设想一个有 n 个变量的纯整数规划模型，其线性规划模型的最优解中有 k 个是非整数值。用简单的“化整”方法将这些变量简化为其临近的整数解，很可能会不满足某些限制条件，而成为非可行解。为了保证这些处理后的整数变量的可行性，必须在保持 $n-k$ 个整数决策变量为现有值的情况下，系统地调整 k 个变量中的每一个数值为其“最小整数值”和“最大整数值”后，去评价每一个解的可行性。这样的评价工作要进行 2^k 次，再从中找出目标函数最优的解。很显然这是一个非常麻烦的工作，例如 $k=16$ 时，共有 65 536 个解要去进行可行性的验证。

为了解决上面的计算复杂性问题，出现了很多种求解整数规划的方法。典型的有分支定界法、割平面法等，在本章内将详细介绍分支定界法。对割平面法感兴趣的读者可参考相关的文献。

二、求解整数规划的分支定界法

【例 1-12】 某汽车工厂的一条混装生产线上生产两种豪华型轿车 A 和 B。生产 A 型车需钢材 2 千公斤，工时 3 小时；生产 B 型车需钢材 4 千公斤，工时 2 小时。已知每周工厂可提供的钢材为 80 千公斤，工时 55 小时。根据目前市场情况，A 型车每周最大销售量为 16 辆，每辆车可获利 60 千元，B 型车每周最大销售量为 18 辆，每辆车可获利 50 千元。

试制定该厂的周生产计划以使利润最大。由于汽车是以整数量上市才具有市场价值，因此这是一个整数规划问题。

解：设每周生产 A 型车 x 辆；B 型车 y 辆，则整数规划模型为

$$\max Z=60x+50y$$

$$\text{s.t.}\begin{cases}2x+4y\leqslant 80\\3x+2y\leqslant 55\\x\leqslant 16\\y\leqslant 18\\x,y\geqslant 0,1,2,3,\cdots\end{cases}\tag{D}$$

1. 用线性规划模型求解

在整数规划中，如果先不考虑整数条件，而将其放松为一般的实数条件，那么该模型就成为一般的线性规划模型，并称其为整数规划问题的松弛问题。

整数规划 D 的松弛问题为

$$\max Z=60x+50y$$

$$\text{s.t.}\begin{cases}2x+4y\leqslant 80\\3x+2y\leqslant 55\\x\leqslant 16\\y\leqslant 18\\x,y\geqslant 0\end{cases}\tag{$\bar{D}$}$$

利用图解法和单纯形法可以很快得到其最优解为(7.5,16.25),利润值为$Z=1\,262.5$千元,见图1-5。

很显然这个最优解是不合理的,因为A型生产7.5辆,B型生产16.25辆是无法计量的。从具有实际市场价值的观点来看,汽车的产量必须是整数才具有市场价值。

采用最容易的办法去解决这个问题是将上面的最优解进行整数化,即A型车或者生产7辆、或者生产8辆;而B型车或者生产16辆、或者生产17辆。在这种情况下,生产计划可以有如下$2^2=4$种,见表1-40。

表 1-40

	A	B	是否可行解	Z
1	7	16	是	1 220
2	7	17	否	0
3	8	16	否	0
4	8	17	否	0

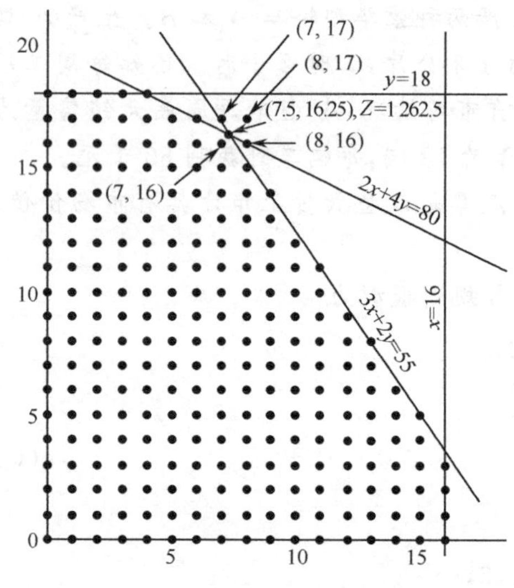

图 1-5 整数规划 D 的可行解域

每种解的可行性可以从图1-5判断。其最优整数解为(7,16),利润为1 220。

现在的问题是,这个最优解是原整数规划问题的最优解吗?

2. 求解整数规划的分支定界法

(1)整数规划模型与相应松弛问题之间的关系。显然,在整数规划中,x,y是整数的限制比其松弛模型$\overline{D}$中x,y是实数的限制要严格。在图1-5中,整数规划模型中的可行解是由所有黑点(即x,y整数坐标的交点)构成的集合。不难理解,整数规划的最优解不会大于其松弛问题的最优解。

(2)分支方法。现在把松弛问题分解为两个新的子问题。分支时,要遵守下面三个原则:

i. 对原问题的每一个可行的整数解正是其中某一个子问题的可行的整数解。

ii. 对一个子问题的任意一个可行的整数解,也是对原始问题的一个可行整数解。

iii. 对松弛模型的某些非整数可行解不再是任何一个子问题松弛模型的非整数可行解。

换句话说,我们把原整数规划问题的松弛模型线性规划的可行解集合分成为两个子集,使得全部的整数可行解保留在这两个子集中的任一个中,而某些非整数的可行解却被排除在外了。分支的方法是:增加新的约束条件。其规则是:在线性规划模型解中任取一个非整数解$x_j=b$,分别增加约束条件$x\leqslant[b]$和$x\geqslant[b]+1$(其中[b]为对实数b取整)。例如图1-6,取线

性规划的非整数解 $x=7.5$，用 $x\leqslant 7$ 和 $x\geqslant 8$ 两个新的约束条件将可行域分成为两个区域。其中全部整数点(黑点)都保留在两个可行域的任一子域中，而 $7<x<8$ 的非整数值，排除在两个新的可行域之外。

上面这种把原问题分成两个子问题的过程称为分支过程，新的子问题称为分支。每一个分支的产生是增加新的约束条件的结果。例如上面的原问题是分别增加 $x\leqslant 7$ 和 $x\geqslant 8$ 两个约束条件完成分支过程的。它们是：

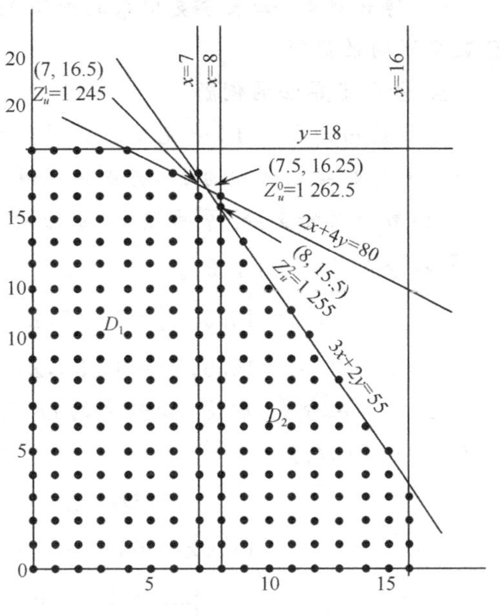

图 1-6 分支 D_1 和 D_2 的可行解域

子问题 D_1：

$$\max Z=60x+50y$$

$$\text{s. t.}\begin{cases}2x+4y\leqslant 80\\3x+2y\leqslant 55\\x\leqslant 16\\y\leqslant 18\\x\leqslant 7\end{cases}$$

$x,y=0,1,2,3,\cdots$

子问题 D_2：

$$\max Z=60x+50y$$

$$\text{s. t.}\begin{cases}2x+4y\leqslant 80\\3x+2y\leqslant 55\\x\leqslant 16\\y\leqslant 18\\x\geqslant 8\end{cases}$$

$x,y=0,1,2,3,\cdots$

从图 1-6 可以看出：这种分支完全满足前面指出的分支三个原则。

如果这样的分支不断进行下去，非整数可行解不断被排除。当非整数的可行解被排除到足够数量时，最优的整数可行解就可以找到了。

(3)定界与分支停止规则。对各子问题寻找其目标值上界的方法是对各子问题的松弛问题(线性规划方程)用单纯形法求最优解，并记非整数解的上界的目标值为 Z_u，整数解的目标值为 Z_L。

例：子问题 D_1 的最优解 $x=7,y=16.5$。因其中一个变量仍为非整数，故 $Z_u^1=1\ 245$；(见图 1-6)

子问题 D_2 的最优解 $x=8,y=15.5$。因其中一个变量仍为非整数，故 $Z_u^2=1\ 255$。(见图 1-6)

为了减少搜索最优整数解的工作量，必须对每一个子问题的结果进行评审，确定是否有必要将该子问题(k)的分支过程继续下去。判断的原则是：

i. 如果 $Z_u^k\leqslant Z_L$，则其分支停止。

ii. 该子问题不存在可行解，则分支停止。

iii. 如在该子问题中得到了最优的整数解 Z_u^k。如果 $Z_L<Z_u^k$，则令 $Z_L=Z_u^k$，并将其作为到目前为止的最优整数解，保持到其他分支中出现新的更好的整数解时再行更新。

如果 $Z_u^k\leqslant Z_L$，则该子问题 k 无须再继续分支。因为继续分支后的子问题中不会产生比 Z_L 更好的整数解。

iv. 停止规则:如果分支出来的所有的子问题都不需要继续分支了,则当前的 Z_L 即是整数规划的最优解。

3. 分支定界法的例解

下面就用例题 1-12 来完整地说明整数规划问题的分支定界方法。

设原整数规划问题为 D,其松弛问题为 $\overline{D}$。

(1)第一次分支:将原问题 D 分为两个子问题 D_1 和 D_2,它们对应的松弛问题 $\overline{D}_1$ 和 $\overline{D}_2$ 的解分别是(见图 1-6)。

$\overline{D}_1: x_1=7, y_1=16.5; Z_u^1=1\ 245, Z_L=0$。

$\overline{D}_2: x_2=8, y_2=15.5; Z_u^2=1\ 255, Z_L=0$。

(2)第二次分支:取 Z_u 值较大的 D_2 进行分支。分别增加约束 $y\leqslant 15$ 和 $y\geqslant 16$,将 D_2 分支为 D_3 和 D_4。

D_3

$$\max Z=60x+50y$$

$$\text{s.t.}\begin{cases}2x+4y\leqslant 80\\3x+2y\leqslant 55\\x\leqslant 16\\y\leqslant 18\\x\geqslant 8\\y\leqslant 15\end{cases}$$

$$x, y\geqslant 0,1,2,3,\cdots$$

D_4

$$\max Z=60x+50y$$

$$\text{s.t.}\begin{cases}2x+4y\leqslant 80\\3x+2y\leqslant 55\\x\leqslant 16\\y\leqslant 18\\x\geqslant 8\\y\geqslant 16\end{cases}$$

$$x, y\geqslant 0,1,2,3,\cdots$$

用图解法(或单纯形法)求出它们的松弛问题的解(见图 1-7)。

$\overline{D}_3: x=8.33, y=15; Z_u^3=1\ 250, Z_L=0$。

$\overline{D}_4$:无可行解,$Z_L=0$,$\overline{D}_4$ 分支停止。

(3)在现有的分支 D_1,D_3 中选择 Z_u^1 和 Z_u^3 两者中大的子问题 D_3 继续进行分支。分别增加约束 $x\leqslant 8$ 和 $x\geqslant 9$,产生子问题 D_5 和 D_6(见图 1-8)。

D_5

$$\max Z=60x+50y$$

$$\text{s.t.}\begin{cases}2x+4y\leqslant 80\\3x+2y\leqslant 55\\x\leqslant 16\\y\leqslant 18\\x\geqslant 8\\y\leqslant 15\\x\leqslant 8\end{cases}$$

$$x, y\geqslant 0,1,2,3,\cdots$$

D_6

$$\max Z=60x+50y$$

$$\text{s.t.}\begin{cases}2x+4y\leqslant 80\\3x+2y\leqslant 55\\x\leqslant 16\\y\leqslant 18\\x\geqslant 8\\y\leqslant 15\\x\geqslant 9\end{cases}$$

$$x, y\geqslant 0,1,2,3,\cdots$$

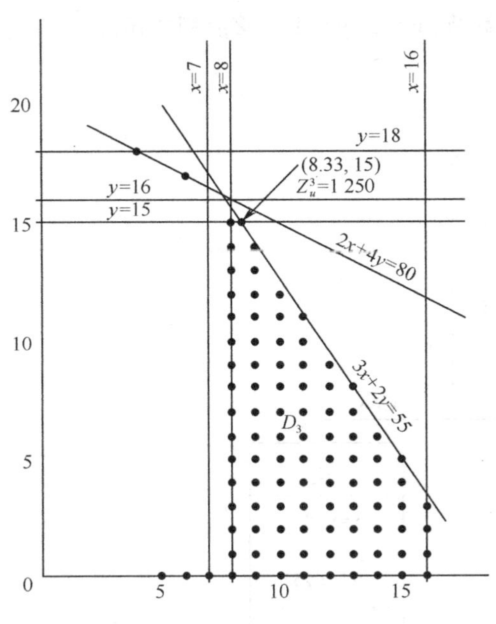

图 1-7　分支 D_3 的可行解域

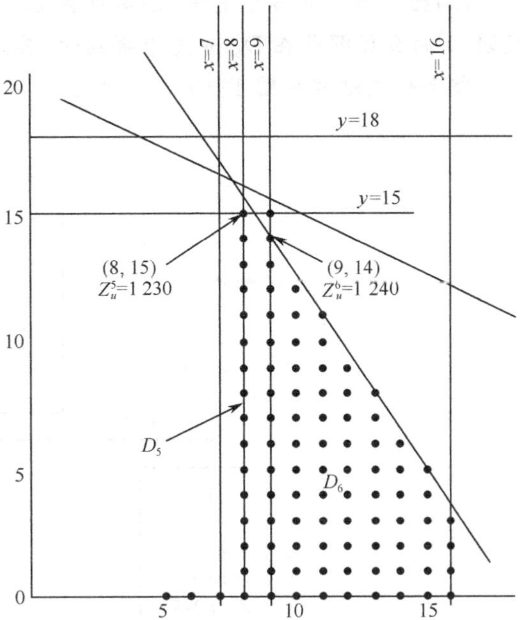

图 1-8　分支 D_5 的可行解域

用图解法或单纯形法求出它们的松弛问题 $\overline{D}_5$,$\overline{D}_6$ 的解是：

$\overline{D}_5: x=8, y=15; Z_u^5=1\ 230, Z_L=1\ 230$。

$\overline{D}_6: x=9, y=14; Z_u^6=1\ 240, Z_L=1\ 240$。

(4) 在现有的分支 D_1,D_5 和 D_6 中，因 $Z_u^5<Z_L$，故 D_5 子问题停止分支；而 $Z_u^1>Z_L$，故仍继续对子问题 D_1 进行分支。现增加约束 $y\leqslant 16$,$y\geqslant 17$，将 D_1 分支为 D_7 和 D_8(见图 1-9)。

D_7

$$\max Z = 60x + 50y$$

$$\text{s. t.}\begin{cases} 2x + 4y \leqslant 80 \\ 3x + 2y \leqslant 55 \\ x \leqslant 16 \\ y \leqslant 18 \\ x \leqslant 7 \\ y \leqslant 16 \end{cases}$$

$x, y \geqslant 0, 1, 2, 3, \Lambda$

D_8

$$\max Z = 60x + 50y$$

$$\text{s. t.}\begin{cases} 2x + 4y \leqslant 80 \\ 3x + 2y \leqslant 55 \\ x \leqslant 16 \\ y \leqslant 18 \\ x \leqslant 7 \\ y \geqslant 17 \end{cases}$$

$x, y \geqslant 0, 1, 2, 3, \Lambda$

用图解法或单纯形法对它们的松弛问题求最优解，得到：

$\overline{D}_7: x=7, y=16; Z_u^7=1\ 220, Z_L=1\ 240$。

$\overline{D}_8: x=6, y=17; Z_u^8=1\ 210, Z_L=1\ 240$。

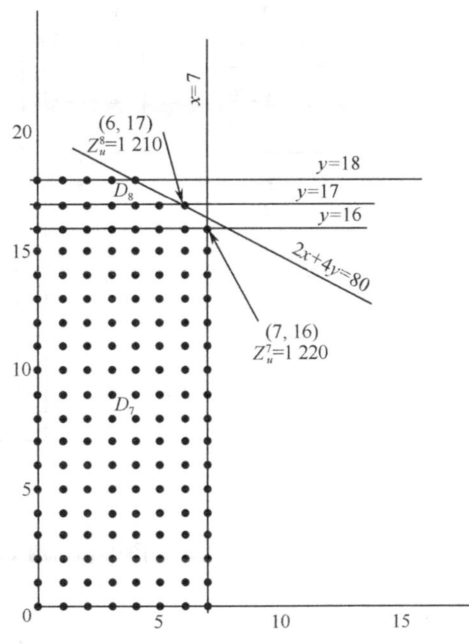

图 1-9　分支 D_7 和 D_8 的可行解域

(5)检查现有的各分支中,已不存在 Z_u 大于 Z_L 的分支,故整个分支过程停止。该整数规划 D 的最优解是在 D_6 分支中得到的,其最优解为:$x=9,y=14$。$Z_L=1\ 240$。

整个分支过程见图 1-10:

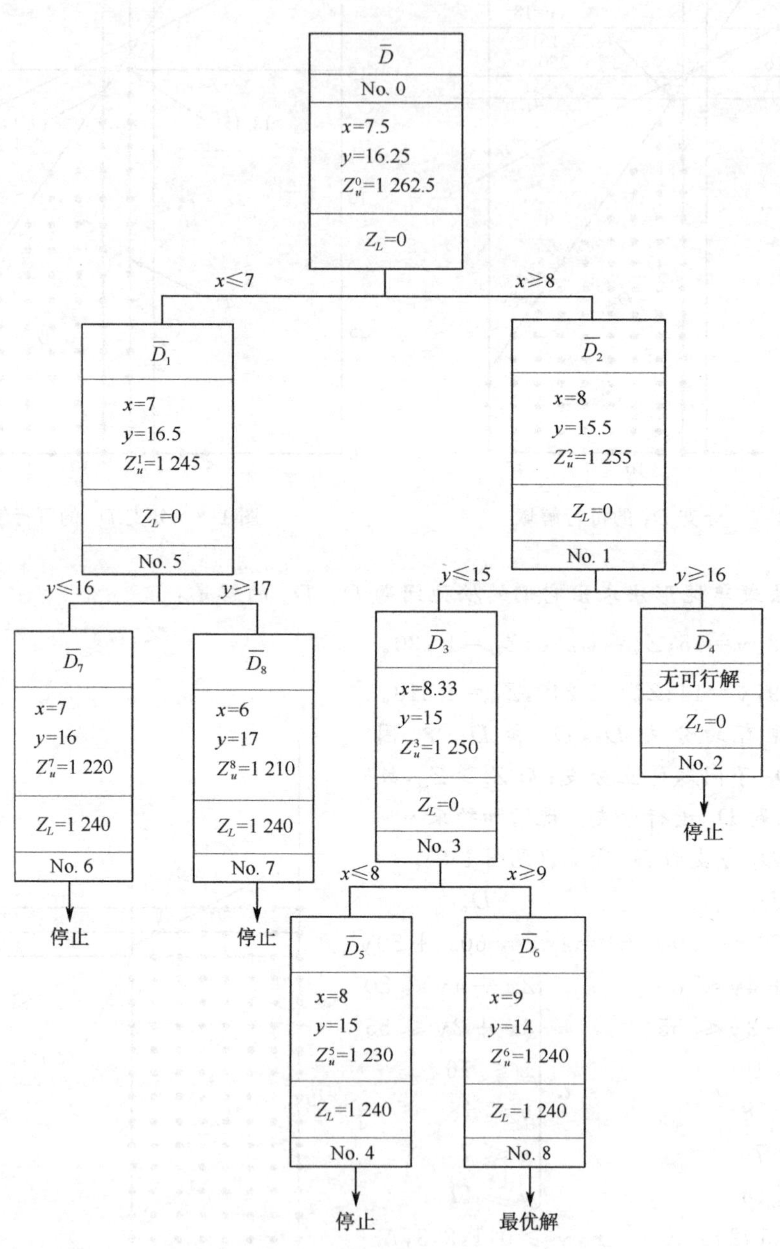

图 1-10 例 1-12 的分支定界解法过程

第九节　工作指派问题

工作指派问题是这样一类问题，现在有 n 项工作，恰好有 n 个人可以分别去完成其中的每一项，试问如何根据工作的性质和每个人的特点去分配工作，才能使工作效率最高或者使消耗最少？

工作指派问题的第一个特点是一对一，即一个人只能做一项工作；或者，某一项工作也只能由一个人去做。第二个特点是，任何一种工作分配方案，都与一定资源(例如工资、时间等)的消耗有关。这样就有一个如何合理分配工作，以使资源消耗最少的优化问题。

除了人的工作分配问题之外，机器的工作分配，选址等问题都属于同一类型的问题。

一、工作指派问题的数学模型

【例 1-13】 某工厂买了四台不同类型的新机器，可以把它们安装在四个不同的地点。由于对特定的机器而言，某些地方可能安装起来特别方便且合适，所以不同的机器安装在不同地点的费用是不同的。估计的费用见表 1-41。

表 1-41　　(费用单位:元)

机器＼地点	1	2	3	4	机器总数
1	10	9	8	7	1
2	3	4	5	6	1
3	2	1	1	2	1
4	4	3	5	6	1
需要量	1	1	1	1	

设

$$x_{ij}=\begin{cases}1,\text{如果机器 } i \text{ 安装在地点 } j\\0,\text{如果机器 } i \text{ 没安装在地点 } j\end{cases}$$

c_{ij}——机器 i 安装在地点 j 所需要的费用。

解：建立它的数学模型如下：

(1) 目标函数

$$\min Z=\sum_{i=1}^{4}\sum_{j=1}^{4}c_{ij}x_{ij}$$

(2) 约束条件

(a) 每一部机器只分配在一个地点，即

$$x_{i1}+x_{i2}+x_{i3}+x_{i4}=1$$

或

$$\sum_{j=1}^{4}x_{ij}=1\qquad i=1,2,3,4$$

(b) 每一个地点只能有一台机器,即

$$x_{1j}+x_{2j}+x_{3j}+x_{4j}=1$$

或

$$\sum_{i=1}^{4}x_{ij}=1 \qquad j=1,2,3,4$$

(c) $x_{ij}=0$ 或 1。

工作指派问题的一般数学模型。

设有 n 项工作,n 个人,每个人作不同工作的费用见表 1-42。

设 $$x_{ij}=\begin{cases}1,\text{如果指派第 } i \text{ 个人去做第 } j \text{ 项工作}\\0,\text{如果不指派第 } i \text{ 个人去做第 } j \text{ 项工作}\end{cases}$$

可得一般数学模型如下:

目标函数

$$\min Z=\sum_{i=1}^{n}\sum_{j=1}^{n}c_{ij}x_{ij}$$

$$\text{s.t.}\begin{cases}\sum_{j=1}^{n}x_{ij}=1 & i=1,2,\cdots,n\\\sum_{i=1}^{n}x_{ij}=1 & j=1,2,\cdots,n\\x_{ij}=1 \text{ 或 } 0\end{cases}$$

表 1-42

	J_1	J_2	$\cdots$	J_n	
M_1	C_{11}	C_{12}	$\cdots$	C_{1n}	1
M_2	C_{21}	C_{22}	$\cdots$	C_{2n}	1
$\vdots$	$\vdots$	$\vdots$	$\vdots$	$\vdots$	$\vdots$
M_n	C_{n1}	C_{n2}	$\cdots$	C_{nn}	1
	1	1	$\cdots$	1	

工作指派问题的数学模型可以看成是运输规划问题的特殊情况,即有 m 个工厂,n 个需求点。每个工厂的生产量是 1,每个需求点的需求量也是 1. 即 $s_i=1(i=1,2,\cdots,m)$,$d_j=1(j=1,2,\cdots,n)$。

如果工作数目和人数相等,即相当于供求平衡($m=n$)的标准形式。

如果工作数目和人数不相等,即相当于供求不平衡,这时也要用虚设的工作或虚设的人,设法把不平衡问题变成平衡问题。例如 $m>n$,即人的数目大于工作数目,这时我们要设定 $m-n$ 个虚工作,并令任何人作虚工作的费用为零,被指派去做虚工作的人,实际上是处于休息状态。如果 $n>m$,表明工作多,而人手少。这时假定有 $n-m$ 个虚设的人,虚设的人做任何工作的费用都是零,分配给虚设人的工作实际上表示该工作无法安排。

如果某人不宜从事(或不允许从事)某种工作,则令该人做这项工作的费用为大 M。

作了上面的处理之后,可以用运输问题的单纯形法去解决各种类型的工作指派问题,但是算法仍很麻烦。匈牙利数学家克尼格利用指派问题的特点,给出了一种更为简便的方法,俗称匈牙利法。

二、求解工作指派问题的匈牙利法

1. 匈牙利法的基本原理

匈牙利法是利用指派问题最优解的下列性质:如果从系数矩阵(c_{ij})的一行(或一列)各元素,分别减去一个任意常数 K,得到新的矩阵(b_{ij}),那么以(b_{ij})为系数矩阵的指派问题的最优解和原问题的最优解相同。

例如前面所举的例题，将其费用表(表 1-41)写成下面的矩阵表格形式(表1-43)。

假定第一台机器无论装在任何地点都减少费用 2 元(这相当于同一行的元素都减去 2)，那么很容易说明，这种变动不会改变最佳的安装方案。因为第一台机器只能安装在一个地方，而它无论安装在任何地方都节约相同的费用，所以这种费用的变动并不改变第一台机器在四个位置中的最佳选择，只不过是总的费用也同时减少 2 元罢了。如果某一地点对任何机器的安装也都减少 2 元(这相当于同一列的元素都减去 2)，这种费用的变动，也不会改变最佳的安装方案，道理也是相同的。如果每行(或每列)都减去该行(或列)的最小元素，表中就会出现很多 0 元素，按 0 元素来选最佳方案就容易得多了。

现在将表 1-43 中的第一行元素都减去 7，第二行元素都减去 3，第三行元素都减去 1，第四行元素都减去 3，而得到表 1-44。

表 1-43

10	9	8	7
3	4	5	6
2	1	1	2
4	3	5	6

表 1-44

3	2	1	0
0	1	2	3
1	0	0	1
1	0	2	3

那么，根据匈牙利法的基本原理，按费用表 1-44 安排的最优方案与按表 1-43 安排的最优方案应当是一致的。

由于在表 1-44 中出现了很多 0 元素，所以很容易找到最优方案。这就是$x_{21}=1$，$x_{42}=1$，$x_{33}=1$，$x_{14}=1$。

总安装费用是 $Z=3+3+1+7=14$ 元。

2. 匈牙利法的计算步骤

下面通过一个具体例子介绍匈牙利法的具体步骤。

【例 1-14】 现有四项不同的任务，分别由四个人去完成。因四个人的专长不同，所以每个人完成不同任务所需的时间也不同(见表 1-45)。试问如何安排他们的工作才能使总的工作时间最少？

表 1-45　　(单位:小时)

M \ J	1	2	3	4
甲	10	9	7	8
乙	5	8	7	7
丙	5	4	6	5
丁	2	3	4	5

解：(1) 将表 1-45 列成一个矩阵表格，如表 1-46 所示。如有 n 项任务，则列出一个 n 阶矩阵表格。

(2) 进行行约简和列约简，使每一行和每一列都出现 0 元素。方法是：对没有 0 的行

(或列)减去该行(或列)中的最小元素。

例如表1-46,从第一行减去7,第二行减去5,第三行减去4,第四行减去2,然后再从第四列减去1,得到表1-47。

表 1-46

10	9	7	8
5	8	7	7
5	4	6	5
2	3	4	5

表 1-47

3	2	◎	0
0	3	2	1
1	◎	2	0
◎	1	2	2

(3) 检查能否找到最优解。在每行每列都有0元素之后,要找出4个(如有n项任务,要找出n个)位于不同行不同列的0元素。如能找到,令这些0元素对应的$x_{ij}=1$,其余$x_{ij}=0$,这样就得到了原问题的最优解。

试找最优解的方法如下:

由有0元素最少的行(或列)开始,圈出一个0元素,用◎表示,然后划去同行同列的其他元素,这样依次对各行(或列)进行,已划去的0元素就不能再圈了。如果能得到n个◎,就得到了最优解。如果圈出的0元素少于矩阵的阶数n,则说明求解过程尚未完成,继续进行下一步。例1-14的最优解元素只找到了3个,小于阶数4,故要进行下一步。

(4) 画0元素的最少覆盖线。此处画最少覆盖线的含义是:要用最少的覆盖线将矩阵表格中的所有0元素都覆盖住。如果覆盖线的条数低于矩阵的阶数,说明找不到最优解,要继续变换矩阵,使0元素增加。如果覆盖线的条数等于矩阵的阶数,则说明可以从矩阵表格的0元素中找出最优解。

画最小覆盖线的方法如下:① 对没有◎的行打√号;② 对打√号行上的所有有0元素的列打√号;③ 再对打√号的列上有◎的行打√号;④ 重复②,③两步直到得不出新的打√号的行或列为止。⑤ 对没有打√号的行画横线,将所有打√号的列画纵线,这些横线和纵线就是能把全部0元素都覆盖住的最少覆盖线。按上法,表1-47的最少覆盖线如表1-48所示。

表 1-48

√				
3	2	◎	0	
0	3	2	1	√
1	◎	2	0	
◎	1	2	2	√

因为覆盖线条数为3，少于阶数4，故进行下一步，进行增0变换。

(5) 变换矩阵，增加0元素。具体方法是：

(a) 在没被直线覆盖的元素中找出最小元素。

(b) 从没被覆盖的各元素中减去这个最小元素。

(c) 被两条线覆盖的各元素都加上这个最小元素。

上面(b)，(c)两步相当于从没被覆盖的行中减去这个最小元素，然后用列增值的方法使出现负值的元素恢复为0。这样，就在没被覆盖的元素中又出现了新的0元素。

按上法，表1-48中未被覆盖的元素都减1，第一列中被两条线覆盖的两个元素3和1都加上1，最后得到表1-49。

表 1-49

4	2	0	0
0	2	1	0
2	0	2	0
0	0	1	1

(6) 重复第(3)步找最优解，如能找到，则结束，否则重复(4)～(5)步。

本题按试求最优解的方法求出表1-49的最优解如下(见表1-50a和1-50b)，最后得到两个最优解。

表 1-50a

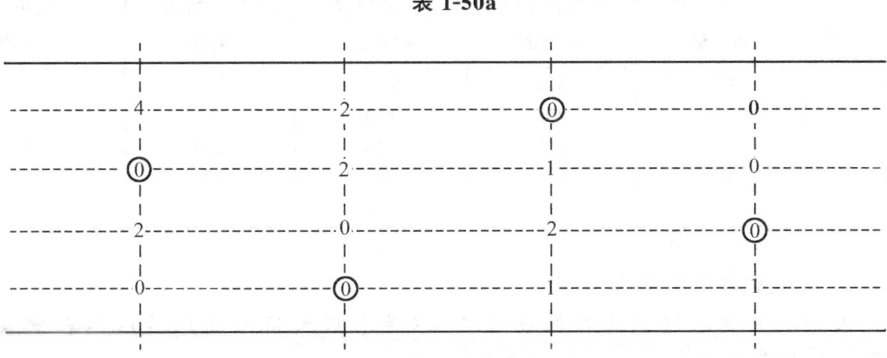

4	2	⓪	0
⓪	2	1	0
2	0	2	⓪
0	⓪	1	1

表 1-50b

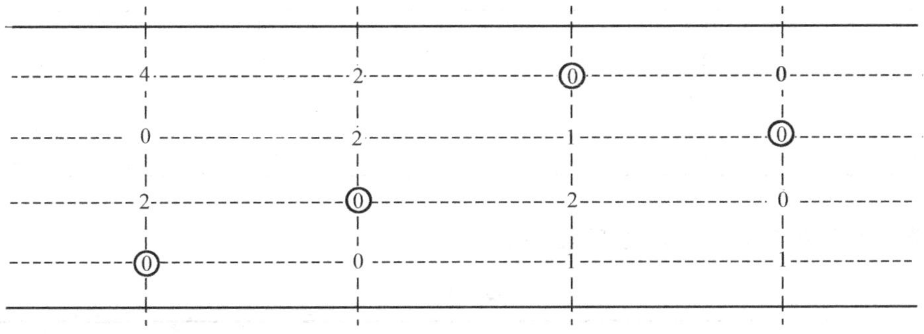

4	2	⓪	0
0	2	1	⓪
2	⓪	2	0
⓪	0	1	1

最优方案1：$x_{13}=1, x_{21}=1, x_{34}=1, x_{42}=1, Z=7+5+5+3=20$。

最优方案2：$x_{13}=1, x_{24}=1, x_{32}=1, x_{41}=1, Z=7+7+4+2=20$。

3. 求极大值的匈牙利法

上面介绍的具体方法是用于目标函数求极小值的情况。当目标函数为求极大值时，要建立一个新的矩阵数表 $B=(b_{ij})$，使 $b_{ij}=M-c_{ij}$，其中 M 是足够大的数，一般取 c_{ij} 中的最大值即可。

这样，求目标函数 $\min Z=\sum_{i=1}^{n}\sum_{j=1}^{n}b_{ij}x_{ij}$ 的极小解就相当于求原问题 $\max Z=\sum_{i=1}^{n}\sum_{j=1}^{n}c_{ij}x_{ij}$ 的极大解。

因为
$$\sum\sum b_{ij}x_{ij}=\sum\sum(M-c_{ij})x_{ij}$$
$$=\sum\sum Mx_{ij}-\sum\sum c_{ij}x_{ij}=nM-\sum\sum c_{ij}x_{ij}$$

所以使 $\sum\sum b_{ij}x_{ij}$ 为最小的解，必定是使 $\sum\sum c_{ij}x_{ij}$ 为最大的解。

三、工作指派问题的应用举例

【例 1-15】 上海港务局第五装卸区第七装卸队在安排所属五个班组进行五条作业线的配工时，先把以往各班组完成某项作业的实际效率的具体数据列出，如表 1-51 所示。

表 1-51 （单位：吨）

项目 / 组别	"风益"4 舱卸钢材	"铜川"1 舱卸化肥	"风益"2 舱卸卷纸	"汉川"5 舱装砂	"汉川"3 舱装杂
1 组	400	315	220	120	145
2 组	435	295	240	220	160
3 组	505	370	320	200	165
4 组	495	310	250	180	135
5 组	450	320	310	190	100

试安排一个效率最高的配工方案。

解：(1)因为我们要求得到装卸的最大吨位（是求极大值问题），所以用表中最大的数 505 减去每一个元素后得到下列 5 阶矩阵表格（见表 1-52）。

表 1-52

105	190	285	385	360
70	210	265	285	345
0	135	185	305	340
10	195	255	325	370
55	185	195	315	405

(2)进行行约简和列约简后得到表 1-53。

表 1-53

0	0	40	65	0
0	55	55	0	20
0	50	45	90	85
0	100	105	100	105
0	45	0	45	95

(3)试求最优解,如表 1-54 所示。因为圈出的 0 元素数目为 4 个,小于 5,故画最小覆盖线,如表中虚线所示,共 4 条。

表 1-54

✓					
0	0	40	65	(0)	
0	55	55	(0)	20	
(0)	50	45	90	85	✓
0	100	105	100	105	✓
0	45	(0)	45	95	

因覆盖线数少于矩阵的阶数,所以变换矩阵,增加 0 元素。

(4)变换矩阵,增加 0 元素。从未被覆盖的元素中选出最小元素 45,然后从未被覆盖的每个元素中减去 45,两条覆盖线相交的元素加上 45,得到表 1-55。再试找最优解,只能圈出 4 个 0 元素。因为少于 5 个,故再用前法画最少覆盖线(见表 1-55)。

表 1-55

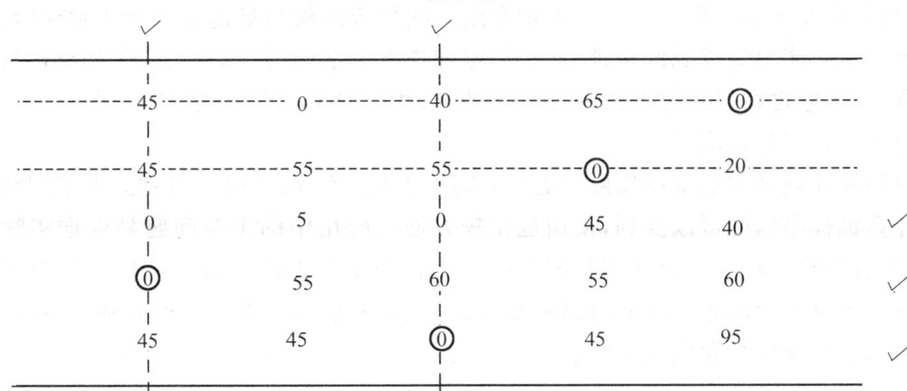

✓		✓			
45	0	40	65	(0)	
45	55	55	(0)	20	
0	5	0	45	40	✓
(0)	55	60	55	60	✓
45	45	(0)	45	95	✓

因覆盖线的数目仍少于矩阵的阶数,继续变换矩阵增加 0 元素。从未被覆盖的每个元素中减去 5,两条覆盖线相交的 4 个元素加 5 后得到表 1-56。

表 1-56

50	0	45	65	(0)
50	55	60	(0)	20
0	(0)	0	40	35
(0)	50	60	50	55
45	40	(0)	40	90

(5)试求最优解如表1-56。取的顺序是x_{24},x_{41},x_{53},x_{32},x_{15},共5个0元素,因此找到了最优解,算法结束。

即最优配工方案是:1组在“汉川”3舱装杂货145吨;2组在“汉川”5舱装砂220吨;3组在“铜川”1舱卸化肥370吨;4组在“风益”4舱卸钢材495吨;5组在“风益”2舱卸卷纸310吨。5个组完成的总吨位是145+220+370+495+310=1 540吨。

(6)经济效益。以前该装卸队凭经验配工,五条作业线能安排的总装卸量是1 440吨。按上面的科学配工方法,该装卸队每天可多完成100吨。平均每吨装卸费以6元计算,每月可增收1 800元。此外,由于效率提高,缩短了船期,加快了船舶的周转,增加了运输能力,所取得的经济效益还更为显著。

第十节 线性规划在管理决策中的应用

前面我们介绍了线性规划的数学模型及其解法,从这一节开始重点介绍线性规划在管理决策中的应用。一般来说,我们把决策分为三个层次,即战略决策、战术决策和业务决策。第一类战略决策是与管理总的方针和开发企业所需要的资源有关的决策,它属于长远规划,对企业的发展具有深远的影响,决策过程中要考虑很多不确定和冒风险的因素。第二类决策称为战术决策,是在物质资源、设备等决策之后,规划如何最有效地分配所获得的资源(如生产能力、资金、材料、劳力等),以便获得最大的效益。第三类叫业务决策,是在资源合理分配后,进行日常业务和计划的决策。本章介绍的线性规划模型最适于进行战术决策,解决诸如劳动力和生产能力等资源的合理分配,运输和指派方案的最优选择、广告和推销费用的预算等问题,同时它也在投资方案选择、配料、选址、生产计划、环境(如空气、水)污染控制、下料等优化方面有广泛的应用。

在应用线性规划方法解决实际问题时,求解方法已不存在问题,各种大型求解线性规划问题的计算机程序到处可以找到,使用也比较方便。应用中的主要问题是根据实际情况建立合理的线性规划模型,这是从事系统分析工作者的主要工作。为了使初学者能正确运用线性规划去解决实际问题,我们下面将介绍线性规划模型的特点和建模的基本步骤,并列举若干实例来说明线性规划模型在管理决策中的应用。

一、线性规划模型的假设条件

在上面的数学模型中,已经隐含着线性规划问题的实质及建立这种模型的假设条件。为了更加明确起见,把它们归纳为下列四条,以便使我们很容易判断所遇到某一个实际问题能否用一个线性规划模型去求最优解。

(1)比例性:指对每个单独的活动而言,“因”“果”成正比例关系。对于目标函数来说,如果出售一辆大轿车可获利4千元的话,那么出售两辆则可获利2×4=8千元。对于约束条件来说,如果生产一辆大轿车用2吨钢材的话,那么生产两辆大轿车就要用4吨钢材,等等。

(2)可加性:是指相同的“因”或“果”之间的可加性。汽车厂总的利润是出售大轿车的利润和出售载重汽车的利润之和。同样,全厂消耗掉的钢材量是生产两种汽车各自用掉钢材数量的总和。

(3)可分性:在有些情况下,未知变量只有是整数时才有物理意义。然而用线性规划计算的结果却经常是非整数。所以可分性是假定每个未知变量所代表的实际活动可以分成为两部分,允许结果出现非整数的数值。对于未知变量只有是整数时才有物理意义的情况,要用整数规划才能得到满意的最优解。

(4)确定性:假定模型内所有的系数都是已知的常数。

二、建立线性规划模型的步骤

(1)确定决策变量:决策变量是指决策人可以控制的变量,也是线性规划问题的解。

(2)确定目标函数 Z:目标函数是决策人用来评价解的优劣的标准,它是决策变量的函数,可以预测出决策变量的取值对目标的影响。

(3)确定约束条件:约束条件是由给定问题的特点加在变量取值上面的限制。另外还规定线性规划中所有变量都满足非负的条件。

完成上面三步的分析工作,就可以建立一个完整的线性规划模型,下面通过实例来说明这个建模的具体过程和方法。

三、应用举例

【例 1-16】 配料问题:某铸造厂接到一笔订货,要生产 1 000 公斤铸件,其成分是锰至少达到 0.45%,硅达到 3.25%~5.50%。铸件的售价是 4.5 元/公斤。工厂现存三种可利用的生铁,存量很多,其性质如表 1-57。此外,生产过程允许把锰直接加到熔化金属中。

表 1-57

元素	生铁种类		
	A	B	C
硅	4%	1%	0.6%
锰	0.45%	0.5%	0.4%

各种可能的炉料费用如下:生铁 A—210 元/吨,生铁 B—250 元/吨,生铁 C—150 元/吨,锰 80 元/公斤。每熔化一公斤生铁要花费 0.05 元,试问工厂在生产该铸件时,应如何选择炉料才能使利润最大。

解:1. 确定决策变量

设:x_1=生铁 A 的用量(吨)

x_2=生铁 B 的用量(吨)

x_3=生铁 C 的用量(吨)

x_4=纯锰的用量(公斤)

2. 确定目标函数

$$\begin{aligned}\text{总利润} &= \text{总收入} - \text{总成本}\\ &= 4.5\times 1\,000 - 210x_1 - 250x_2 - 150x_3\\ &\quad - 80x_4 - 50(x_1 + x_2 + x_3)\end{aligned}$$

3. 约束条件

生产总量约束：$1\,000x_1+1\,000x_2+1\,000x_3+x_4=1\,000$

成分约束：锰：$4.5x_1+5.0x_2+4.0x_3+x_4\geqslant 4.5$

硅：$40x_1+10x_2+6x_3\geqslant 32.5$

$40x_1+10x_2+6x_3\leqslant 55.0$

非负约束：$x_1\geqslant 0, x_2\geqslant 0, x_3\geqslant 0, x_4\geqslant 0$

最后可整理成下列线性规划模型：

目标函数 $\max Z=4\,500-260x_1-300x_2-200x_3-80x_4$

$$\text{s.t.}\begin{cases}1\,000x_1+1\,000x_2+1\,000x_3+x_4=1\,000\\4.5x_1+5.0x_2+4.0x_3+x_4\geqslant 4.5\\40x_1+10x_2+6x_3\geqslant 32.5\\40x_1+10x_2+6x_3\leqslant 55.0\\x_1,x_2,x_3,x_4\geqslant 0\end{cases}$$

【例 1-17】 连续投资问题：某部门在今后五年内考虑给下列项目投资，已知：

项目 A：从第一年到第四年年初需要投资，并于次年末回收本利 115%。

项目 B：第三年初需要投资，到第五年末能回收本利 125%。但规定最大投资额不超过 4 万元。

项目 C：第二年初需要投资，到第五年末能回收本利 140%。但规定最大投资额不超过 3 万元。

项目 D：五年内每年年初可购买公债，于当年末归还，并加利息 6%。

该部门现有资金 10 万元，问它应如何确定这些项目每年的投资额，使到第五年末拥有的资金的本利总额为最大？

解：1. 确定决策变量

设 $x_{iA}, x_{iB}, x_{iC}, x_{iD}(i=1,2,\cdots,5)$ 分别表示第 i 年年初给项目 A，B，C，D 的投资额。

2. 建立资金流动图

根据题意可建立图 1-11 所示的资金流动图，箭头向上的方向表示资金回收，向下的方向表示投资。

3. 建立目标函数

问题是要求在第五年末该部门手中拥有的资金额达到最大，所以目标函数是

$$\max Z=1.15x_{4A}+1.25x_{3B}+1.40x_{2C}+1.06x_{5D}$$

4. 约束条件

由于项目 D 每年都可以投资，并且当年末即能回收本息。所以该部门每年应把资金全部投出去。这样每年年初的投资额应等于上一年年末回收的资金总额。而第一年年初的投资额应等于该部门期初拥有的资金额 100 000 元。因此根据题意和上面的资金流动图可得如下约束条件。

第一年：$x_{1A}+x_{1D}=100\,000$

第二年：$x_{2A}+x_{2C}+x_{2D}=1.06x_{1D}$

第三年：$x_{3A}+x_{3B}+x_{3D}=1.15x_{1A}+1.06x_{2D}$

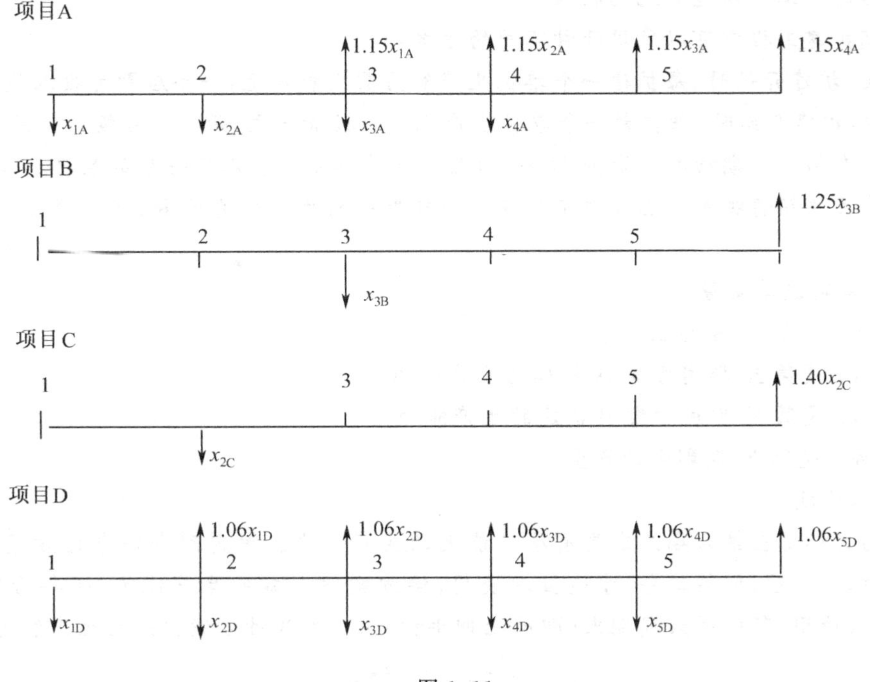

图 1-11

第四年：$x_{4A}+x_{4D}=1.15x_{2A}+1.06x_{3D}$

第五年：$x_{5D}=1.15x_{3A}+1.06x_{4D}$

此外，由于项目 B、C 的投资有限额的规定，所以又有约束条件

$$x_{3B}\leqslant 40\ 000$$

$$x_{2C}\leqslant 30\ 000$$

经过以上分析，可建立线性规划的数学模型如下。

目标函数：

$$\max Z=1.15x_{4A}+1.25x_{3B}+1.40x_{2C}+1.06x_{5D}$$

$$\text{s.t.}\begin{cases}x_{1A}+x_{1D}=100\ 000\\-1.06x_{1D}+x_{2A}+x_{2C}+x_{2D}=0\\-1.15x_{1A}-1.06x_{2D}+x_{3A}+x_{3B}+x_{3D}=0\\-1.15x_{2A}-1.06x_{3D}+x_{4A}+x_{4D}=0\\-1.15x_{3A}-1.06x_{4D}+x_{5D}=0\\x_{2C}\leqslant 30\ 000\\x_{3B}\leqslant 40\ 000\\x_{iA},x_{iB},x_{iC},x_{iD}\geqslant 0\qquad i=1,2,3,4,5\end{cases}$$

【例 1-18】 工厂扩建投资方案

某工厂只生产一种产品，工厂希望分六期来扩大它的生产能力，每期一年。工厂的目标是希望在第六期期末具有尽可能大的生产能力。

已知生产一个产品需费用 d 元，耗费工厂一个单位生产能力，同时每个产品可以在下一期的开始时为工厂创造 r 元的收入。

在每期扩建工程中可以采用两种不同的方案：

A 方案：扩建开始时，每扩建一个单位生产能力需投资 b 元，一年后即可投入使用。

B 方案：扩建开始时，每扩大一个单位生产能力需投资 c 元，两年后可投入使用。

该工厂在第一期期初共有资金 D 元，可用于生产和扩建。以后每期的生产和扩建费用完全依靠产品的销售收入。已知该工厂在第一期期初的生产能力为 R，试用线性规划进行决策。

解：1. 确定决策变量

设： X_K 是第 K 期的生产量

A_K 是第 K 期用方案 A 扩建的生产能力

B_K 是第 K 期用方案 B 扩建的生产能力

W_K 是第 K 期剩余的资金

2. 目标函数

工厂的目标是在第六期期末具有尽可能大的生产能力。考虑到在每期按方案 A 扩建的生产能力，一年后（即第二年）才能投入使用，按方案 B 扩建的生产能力，两年后（即第三年）才能投入使用，所以第六期期末（即第七期年初）工厂按两种方案扩建的生产能力总计是

$$R+\sum_{K=1}^{6}A_K+\sum_{K=1}^{5}B_K$$

因为 R 是常数，所以目标函数可以写成

$$\max Z=\sum_{K=1}^{6}A_K+\sum_{K=1}^{5}B_K$$

3. 约束条件

根据题意，每一期都有两个方面的约束。一方面是生产能力的限制：每期的生产能力应等于工厂用于生产产品的能力和剩余生产能力之和。另一方面是资金的限制：对于第一期来说，用于生产、扩建和剩余资金的总和应等于第一期期初工厂拥有的资金总额。第二期到第六期用于生产和扩建的资金应等于上一期产品的销售总额和上一期剩余的资金总和。

按每一期分别考虑，有下面的约束条件：

时期	开发量	生产量	剩余资金	可用资金
第一期	A_1 B_1	x_1	W_1	D
约束条件	$A_1b+B_1c+x_1d+W_1=D$			
		$x_1\leqslant R$		
第二期	A_2 B_2	x_2	W_2	x_1r+W_1
约束条件	$A_2b+B_2c+x_2d+W_2=x_1r+W_1$			
		$x_2\leqslant R+A_1$		
第三期	A_3 B_3	x_3	W_3	x_2r+W_2
约束条件	$A_3b+B_3c+x_3d+W_3=x_2r+W_2$			
		$x_3\leqslant R+A_1+B_1+A_2$		

续表

时期	开发量	生产量	剩余资金	可用资金
第四期	A_4　B_4	x_4	W_4	x_3r+W_3
约束条件	$A_4b+B_4c+x_4d+W_4=x_3r+W_3$			
	$x_4\leqslant R+A_1+B_1+A_2+B_2+A_3$			
第五期	A_5　B_5	x_5	W_5	x_4r+W_4
约束条件	$A_5b+B_5c+x_5d+W_5=x_4r+W_4$			
	$x\leqslant R+A_1+B_1+A_2+B_2+A_3+B_3+A_4$			
第六期	A_6　B_6	x_6	W_6	x_5r+W_5
约束条件	$A_6b+B_6c+x_6d+W_6=x_5r+W_5$			
	$x_6\leqslant R+A_1+B_1+A_2+B_2+A_3+B_3+A_4+B_4+A_5$			

将它们综合在一起，数学模型如下：

目标函数：　$\max Z=\sum_{K=1}^{6}A_K+\sum_{K=1}^{5}B_K$

约束条件：　$x_1\leqslant R$

$$x_K-\sum_{t=2}^{K}(A_{t-1}+B_{t-2})\leqslant R \qquad K=2,3,\cdots,6$$

$$A_1b+B_1C+x_1d+W_1=D$$

$$A_Kb+B_KC+x_Kd+W_K=rx_{K-1}+W_{K-1} \qquad K=2,3,\cdots,K$$

$$x_k\geqslant 0,A_K\geqslant 0,B_K\geqslant 0,W_K\geqslant 0 \qquad K=1,2,\cdots,6$$

$$A_0=B_0=0$$

【例 1-19】　战术决策模型

某战略轰炸机队指挥官接到了摧毁敌方坦克生产能力的命令。根据情报，敌方有四个生产坦克部件的工厂，位于不同地方。只要破坏其中任一个工厂的生产设施就可以有效地停止敌方坦克的生产。根据分析，执行该项任务的最大困难是汽油短缺，为此项任务只能提供 48 000 加仑汽油。而对于任何一种轰炸机来说，不论去轰炸哪一个工厂都必须要有足够往返的燃料和 100 加仑备余燃料。

该轰炸机队现有重型和中型两种轰炸机，其燃油消耗量及数量见表 1-58。

表 1-58

编号	飞机类型	每公里耗油量(加仑)	飞机架数
1	重　型	1/2	48
2	中　型	1/3	32

注：英制 1 加仑=4.546 升

根据情报分析,各工厂距离空军基地的距离和摧毁目标的概率如表1-59。

表1-59

工厂	距离(公里)	摧毁目标的概率	
		重型	中型
1	450	0.10	0.08
2	480	0.20	0.16
3	540	0.15	0.12
4	600	0.25	0.20

试问:指挥官应向四个工厂派遣每种类型的飞机各多少架去执行任务才能使成功的概率最大。

解:设 x_{ij} 为派遣第 i 型飞机去第 j 个工厂执行任务的飞机数量 $i=1,2;j=1,2,3,4$。

1. 目标函数

我们的目标是希望至少摧毁一个工厂的概率最大。这相当于不摧毁任何工厂的概率最小,假设用 Q 代表这个概率,则

$$Q=(1-0.10)^{x11}(1-0.20)^{x12}(1-0.15)^{x13}(1-0.25)^{x14}$$
$$(1-0.08)^{x21}(1-0.16)^{x22}(1-0.12)^{x23}(1-0.20)^{x24}$$

很显然,Q 的表达式不是线性的,为此将上式改写为

$$\begin{aligned}\lg Q=&x_{11}\lg(1-0.10)+x_{12}\lg(1-0.20)\\&+x_{13}\lg(1-0.15)+x_{14}\lg(1-0.25)\\&+x_{21}\lg(1-0.08)+x_{22}\lg(1-0.16)\\&+x_{23}\lg(1-0.12)+x_{24}\lg(1-0.20)\end{aligned}$$

所以目标函数为

$$\begin{aligned}\min\lg Q=&0.045\,7x_{11}+0.096\,9x_{12}+0.070\,41x_{13}\\&+0.124\,8x_{14}+0.036\,23x_{21}+0.065\,58x_{22}\\&+0.055\,38x_{23}+0.096\,91x_{24}\end{aligned}$$

2. 约束条件

燃料限制

$$\begin{aligned}&\frac{2\times450}{2}x_{11}+\frac{2\times480}{2}x_{12}+\frac{2\times540}{2}x_{13}\\&+\frac{2\times600}{2}x_{14}+\frac{2\times450}{3}x_{21}+\frac{2\times480}{3}x_{22}+\frac{2\times540}{3}x_{23}+\frac{2\times600}{3}x_{24}\\&+100(x_{11}+x_{12}+x_{13}+x_{14}+x_{21}+x_{22}+x_{23}+x_{24})\leqslant48\,000\end{aligned}$$

即

$$\begin{aligned}&550x_{11}+580x_{12}+640x_{13}+700x_{14}+400x_{21}\\&+420x_{22}+460x_{23}+500x_{24}\leqslant48\,000\end{aligned}$$

飞机数量限制

$$x_{11}+x_{12}+x_{13}+x_{14}\leqslant 48$$
$$x_{21}+x_{22}+x_{23}+x_{24}\leqslant 32$$

变量的非负限制

$$x_{ij}\geqslant 0\qquad i=1,2;j=1,2,3,4$$

【例 1-20】 农业生产规划模型

某家庭农场拥有 1 000 亩土地和 3 万元资金，在冬季时有 3 500 人时的劳力，在夏季有 4 000 人时的劳力。当该家庭农场不需要这么多的劳力时，可以到邻近的农场做工，在冬季每小时工资 1.8 元，在夏季每小时工资 2.10 元。

该农场有三种农产品和两种畜牧产品(奶牛和蛋鸡)，它们的有关数据见表 1-60。

表 1-60

品种	需用土地数(亩/头)	需要劳动量(人时)		投资数 元/单位	纯利润
		冬季	夏季		
奶牛	1.5	100	150	400	400 元/年・单位产品
蛋鸡	0	0.6	0.3	3	2 元/年・单位产品
大豆	—	20	50	—	175 元/年・亩
小麦	—	35	75	—	300 元/年・亩
大米	—	10	40	—	120 元/年・亩

又知鸡舍最多可养 3 000 只，牛舍最大可容 32 头牛，试问该家庭农场如何安排生产才能使年纯收入最多？

解：设：x_1 代表种植大豆的亩数

x_2 代表种植小麦的亩数

x_3 代表种植大米的亩数

x_4 代表奶牛的头数

x_5 代表蛋鸡的只数

x_6 代表在冬天多余的劳动量

x_7 代表在夏天多余的劳动量

1. 目标函数

$$\max Z=175x_1+300x_2+120x_3+400x_4+2x_5+1.80x_6+2.10x_7$$

2. 约束条件

土地约束　$x_1+x_2+x_3+1.5x_4\leqslant 1\ 000$

资金限制　$400x_4+3x_5\leqslant 30\ 000$

劳动量限制

在冬季　$20x_1+35x_2+10x_3+100x_4+0.6x_5+x_6=3\ 500$

在夏季　$50x_1+75x_2+40x_3+150x_4+0.3x_5+x_7=4\ 000$

容量限制

$$x_4\leqslant 32$$
$$x_5\leqslant 3\ 000$$
$$x_j\geqslant 0\qquad j=1,2,\cdots,7$$

【例 1-21】 生产计划模型

某厂生产 A 型电冰箱，销售部门预测来年的月销量如下：

1 月	2 000 台	7 月	10 000 台
2 月	3 000 台	8 月	6 000 台
3 月	4 000 台	9 月	4 000 台
4 月	6 000 台	10 月	3 000 台
5 月	8 000 台	11 月	2 000 台
6 月	10 000 台	12 月	2 000 台

如果从某月开始增加产量，每台电冰箱要增加成本 10 元，如果减少产量则每台增加成本 5 元。本年度 12 月份的生产计划是 2 000 台，预测下一年度的 1 月份将有库存 1 000 台。仓库的最大容量是 5 000 台。

试为该厂制定一个年度的月生产计划，要求因产量变化引起的成本增加总额最少，同时又保证有足够的库存来满足各月份的销售需求量。

解：1. 确定决策变量

设：p_i 为第 i 个月的生产量

u_i 为第 i 个月比第 $i-1$ 个月减少的产量

v_i 为第 i 个月比第 $i-1$ 个月增加的产量

2. 目标函数

根据题意，要求因产量变化引起的成本增加最少，即

$$\min Z=\sum_{i=1}^{12}5\times u_i+\sum_{i=1}^{12}10v_i$$

3. 约束条件

(1) 每月的销售量要求：设 s_i 是第 i 个月的销售需求量。

为了满足第 i 个月的销售量，在第 i 个月末的电冰箱数量(该月月初的库存量+该月的生产量)要大于该月的销售需求量。

对于 1 月份

$$1\,000+P_1\geqslant S_1$$

对于 2 月份

$$1\,000+P_1-S_1+P_2\geqslant S_2$$

即

$$1\,000+P_1+P_2\geqslant S_1+S_2$$

或者

$$1\,000+\sum_{K=1}^{2}P_K\geqslant\sum_{K=1}^{2}S_K$$

$$\vdots$$

写成综合形式

$$1\,000+\sum_{K=1}^{i}P_K\geqslant\sum_{K=1}^{i}S_K\qquad i=1,2,\cdots,12$$

(2) 仓库最大贮量限制：为了使库存量不超过仓库容量，每月的月初库存量加上当月生产量不大于仓库最大容量与当月销量之和。

对于1月份

$$1\ 000+P_1-S_1\leqslant 5\ 000$$

对于2月份

$$1\ 000+P_1-S_1+P_2-S_2\leqslant 5\ 000$$

$$\vdots$$

写成综合形式

$$1\ 000+\sum_{K=1}^{i}P_K-\sum_{K=1}^{i}S_K\leqslant 5\ 000\qquad i=1,2,\cdots,12$$

(3) 决策变量之间的关系：上面的决策变量 P_i、u_i、v_i 之间存在下面关系：

$$P_i=P_{i-1}+v_i-u_i$$

对于1月份

$$P_1=2\ 000+v_1-u_1$$

对于2月份

$$P_2=2\ 000+v_1-u_1+v_2-u_2$$

$$\vdots$$

写成综合形式

$$P_i=2\ 000+\sum_{K=1}^{i}v_K-\sum_{K=1}^{i}u_K\qquad i=1,2,\cdots,12$$

(4) 非负要求，$P_i,u_i,v_i,S_i\geqslant 0$。

综合以上得到线性规划模型如下：

$$\min Z=\sum_{i=1}^{12}5u_i+\sum_{i=1}^{12}10v_i$$

$$\text{s.t.}\begin{cases}\sum\limits_{K=1}^{i}P_K\geqslant\sum\limits_{K=1}^{i}S_K-1\ 000 & i=1,2,\cdots,12\\ \sum\limits_{K=1}^{i}P_K\leqslant 4\ 000+\sum\limits_{K=1}^{i}S_K & i=1,2,\cdots,12\\ \sum\limits_{K=1}^{i}u_K-\sum\limits_{K=1}^{i}v_K+P_i=2\ 000 & i=1,2,\cdots,12\\ P_i,u_i,v_i,S_i\geqslant 0\end{cases}$$

第二章

目标规划

上面我们介绍了线性规划模型及其解法。这种数学模型除了要求目标函数和约束条件是线性函数外,还要求决策者只能建立一个目标函数,例如利润最大或者费用最小,或者其他某一种目标。但在实际的管理决策中,决策者往往要遇到很多相互矛盾的目标,这就很难再用上面的线性规划模型进行求解,而要借助于线性规划的新发展——目标规划模型。

第一节　目标规划的数学模型

一、目标规划的基本概念

在管理工作中,决策者常常遇到一些相互矛盾的目标,而且在现有的约束条件下,这些目标不可能达到。在这种情况下,决策者总是希望尽可能达到这些目标。

例如,现有线性规划问题

$$\max Z = x_1 + \frac{1}{2}x_2$$

$$\text{s.t.} \begin{cases} 3x_1 + 2x_2 \leqslant 12 \\ 5x_1 \leqslant 10 \\ x_1 + x_2 \geqslant 8 \\ -x_1 + x_2 \geqslant 4 \\ x_1, x_2 \geqslant 0 \end{cases}$$

利用图解法(见图 2-1)很容易发现该问题的可行解域是一个空集。这就是说利用线性规划不可能得到最优解。为了解决这个难题,我们可以做下面的考虑:假定把前两个约束条件看成现有资源的限制,而后两个约束条件看成是管理目标,同时把原来使利润 Z 为最大的目标函数改为要求达到的目标 A,那么,尽管在现有的资源约束条件下不可能达到这些目标,但我们的目的总是希望尽可能在现有条件下能接近我们想要达到的管理目标。也就是说使优化的结果与目标的偏差值越小越好,即目标函数改为

$$d_1 = \left| x_1 + \frac{1}{2}x_2 - A \right|$$

$$d_2 = |x_1 + x_2 - 8|$$

$$d_3 = |-x_1 + x_2 - 4|$$

$$\min Z = d_1 + d_2 + d_3$$

这就是目标规划的基本概念。

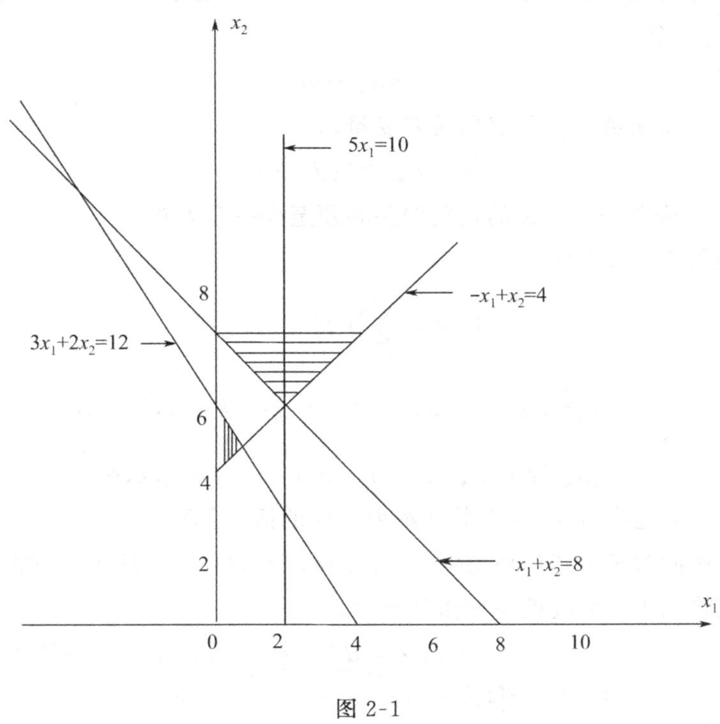

图 2-1

二、目标规划的数学模型

假定某线性规划问题有 m 个目标函数：

目标 1　　$\sum_{j=1}^{n} c_{j1} x_j = g_1$

目标 2　　$\sum_{j=1}^{n} c_{j2} x_j = g_2$

$\vdots$

目标 m　　$\sum_{j=1}^{n} c_{jm} x_j = g_m$

式中，$\sum_{j=1}^{n} c_{jm} x_j$ 是第 m 个目标函数的数学表达式，它是决策变量 $X = (x_1, x_2, \cdots, x_n)$ 的函数。g_m 是第 m 个目标的理想数值。

在一般情况下，不可能同时都达到 m 个目标，因此我们希望能尽可能接近这些目标。

假定这 m 个目标对决策者来说是同等重要的，那么目标函数可写为

$$\min Z=\sum_{k=1}^{m}\left|\sum_{j=1}^{n}c_{jk}x_j-g_k\right|$$

令偏差变量
$$d_k=\sum_{j=1}^{n}c_{jk}x_j-g_k \qquad k=1,2,\cdots,m$$

所以
$$Z=\sum_{k=1}^{m}|d_k|$$

d_k 的绝对值表示 d_k 可以取正数也可以取负数，模仿前面线性规划中处理可以取负值的变量的方法，我们令

$$d_k=d_k^{+}-d_k^{-}$$

其中，d_k^{+} 代表正偏差变量，d_k^{-} 代表负偏差变量，且

$$d_k^{+},d_k^{-}\geqslant 0;d_k^{+}\cdot d_k^{-}=0$$

其中，$d_k^{+}\cdot d_k^{-}=0$，表明一个目标的正负偏差必须至少一个为 0。

于是目标规划的模型变成

$$\min Z=\sum_{k=1}^{m}(d_k^{+}+d_k^{-})$$

$$\text{s.t.}\quad\begin{cases}\sum_{j=1}^{n}c_{jk}x_j-(d_k^{+}-d_k^{-})=g_k & k=1,2,\cdots,m\\ d_k^{+}\geqslant 0,d_k^{-}\geqslant 0,x_j\geqslant 0 & j=1,2,\cdots,n\end{cases}$$

如果在原规划问题中对 x_j 还有其他约束条件的话，则仍保留为约束条件。

例如第一章举的汽车生产计划的例子，如果该厂计划目标要达到 2 600 千元的利润，则可以用目标规划将例 1-1 的线性规划模型改写为

$$\min Z=d^{+}+d^{-}$$

$$\text{s.t.}\quad\begin{cases}4x_1+3x_2+d^{-}-d^{+}=2\ 600\\ 2x_1+2x_2\leqslant 1\ 600\\ 5x_1+2.5x_2\leqslant 2\ 500\\ x_1\leqslant 400\\ x_1,x_2,d^{-},d^{+}\geqslant 0\end{cases}$$

如果给定的目标具有 $\sum_{j=1}^{n}c_{jk}x_j\leqslant g_k$ 的形式，即要求尽量不超过规定指标时，则目标函数中具有 $\min d_k^{+}$ 项。

如果给定的目标具有 $\sum_{j=1}^{n}c_{jk}x_j\geqslant g_k$ 的形式，即要求尽量超过规定指标时，则目标函数中具有 $\min d_k^{-}$ 项。

例如前面汽车生产计划的例子中，如果除了利润要达到 2 600 千元之外，还希望尽量保持正常生产，避免开工不足，这时目标规划应改为

$$\min Z = d_1^+ + d_1^- + d_2^-$$

$$\text{s.t.} \begin{cases} 4x_1 + 3x_2 + d_1^- - d_1^+ = 2\ 600 \\ 5x_1 + 2.5x_2 + d_2^- - d_2^+ = 2\ 500 \\ 2x_1 + 2x_2 \leqslant 1\ 600 \\ x_1 \leqslant 400 \\ x_1, x_2, d_1^-, d_2^-, d_1^+, d_2^+ \geqslant 0 \end{cases}$$

以上建立的是目标规划的标准形式。

在实际应用中，当对某一个目标的要求比较严格时，也可以采用下面的目标规划形式：

当必须超过规定目标时，令 $d_k^- = 0$，在目标函数中设 $\min d_k^+$；当不能超过某规定目标时，令 $d_k^+ = 0$，在目标函数中设 $\min d_k^-$ 项。

三、目标的优先级问题

在有多个目标的管理决策中，经常遇到的情况是，决策者并不认为多个目标有同等的重要地位。当出现互相矛盾的多目标时，决策者往往要根据实际情况，运用自己的判断能力确定各目标的重要性。首先考虑达到最重要的目标，然后再依次考虑其他的目标。为适应这种实际情况，在目标规划中，要将目标按其重要性分成等级，并按等级的大小赋予各目标的偏差变量（$d^+ + d^-$ 或 d^+，或 d^-）以一定的权重，且使 $P_j >>> P_{j+1}$（式中符号“$>>>$”说明 P_j 要绝对大于 P_{j+1}）。用这样的方法来保证在求解中首先满足比较重要目标的实现。

例如，在例 1-1 的问题中，我们假定座椅的供应量充足，但大轿车的市场需求量有所下降，而载重汽车的需求量增加。到经理决策时，大轿车的订单不足 200 辆。为此，经理确定以下四个目标，并按其重要程度的顺序排列如下：①经理希望总利润为 2 600 千元；②为了不使产品滞销，他决定大轿车的产量不超过 300 辆；③保持正常生产，避免加班加点；④钢材的消耗量不要超过库存量。

按上面排列的目标重要顺序，将：最高优先级因子 P_1 赋予利润的正负偏差量 d_1^- 和 d_1^+；第二优先级因子 P_2 赋予大轿车生产的负偏差量 d_2^-；第三优先级因子 P_3 赋予开工不足的负偏差变量 d_3^-；第四优先级因子 P_4 赋予钢材用量的负偏差量 d_4^-。

于是其目标规划应为

$$\min Z = P_1(d_1^- + d_1^+) + P_2 d_2^- + P_3 d_3^- + P_4 d_4^-$$

$$\text{s.t.} \begin{cases} 4x_1 + 3x_2 + d_1^- - d_1^+ = 2\ 600 \\ x_1 + d_2^- = 300 \\ 5x_1 + 2.5x_2 + d_3^- = 2\ 500 \\ 2x_1 + 2x_2 + d_4^- = 1\ 600 \\ x_1, x_2, d_1^-, d_2^-, d_3^-, d_4^-, d_1^+ \geqslant 0 \end{cases} \tag{2-1}$$

第二节 目标规划的单纯形法

一、目标规划单纯形法的特点

由于目标规划和线性规划模型在本质上是相同的，因此也可以用单纯形法求解，只不过在求解过程中要注意下面几个特点：

(1)目标规划的目标函数中一般只有各目标的偏差变量，而没有决策变量，因此目标函数总是要求这些偏差变量的总和最小。这和线性规划的标准型中总是求目标函数的最大值相反，因此用检验数z_j-c_j判断最优解的准则也相反。

(2)在目标规划中没有线性规划中的价值系数，而是在各偏差变量前加上级别不同的优先权因子。由于不同级的优先权因子不能进行比较，这样使得求解目标规划时，检验数z_j-c_j不能像线性规划那样写成一行，而是一个$m\times n$矩阵，其中m是优先等级的数目，n是变量(包括决策变量和偏差变量两种)的数目。

(3)如果给定优先权等级$P_j>>>P_{j+1}$，在进行单纯形运算中，要严格按优先等级逐级考虑。也就是说，先从优先权等级最高的z_j-c_j行开始选择主列，当这一优先级的z_j-c_j全部满足最优条件后再考虑次一级，依此顺序直到m行检验数全部检查完毕为止。

二、目标规划的单纯形法

现以式(2-1)的目标规划为例来说明目标规划单纯形法的具体步骤。

$$\min Z=P_1(d_1^-+d_1^+)+P_2d_2^-+P_3d_3^-+P_4d_4^-$$

$$\text{s.t.}\begin{cases}4x_1+3x_2+d_1^--d_1^+=2\,600\\x_1+d_2^-=300\\5x_1+2.5x_2+d_3^-=2\,500\\2x_1+2x_2+d_4^-=1\,600\\x_1,x_2,d_1^-,d_1^+,d_2^-,d_3^-,d_4^-\geqslant 0\end{cases}$$

(1)建立目标规划的单纯形表：目标规划的单纯形表和一般线性规划的单纯形表相类似，只不过z_j-c_j行是一个$m\times n$矩阵。式(2-1)目标规划的单纯形表见表2-1。

(2)建立初始基本可行解：与线性规划相同，取原点为目标规划的初始基本可行解。这时所有决策变量的值均为0，而各约束方程中的负偏差变量起线性规划中松弛变量的作用，作为初始基变量。

(3)本例中的检验数z_j-c_j是4×7矩阵(见表2-1)，其中4表示4个优先等级数，7为变量数(两个决策变量和5个偏差变量)。z_j-c_j矩阵中每个元素的求法与线性规划相同，然后分不同优先级排在不同行中。例如第一列：

表 2-1

行	X	C	1 x_1 0	2 x_2 0	3 d_1^- p_1	4 d_1^+ p_1	5 d_2^- p_2	6 d_3^- p_3	7 d_4^- p_4	b	θ
1	d_1^-	p_1	4	3	1	−1	0	0	0	2 600	$\frac{2\,600}{4}=650$
2	d_2^-	p_2	(1)	0	0	0	1	0	0	300	$\frac{300}{1}=300$
3	d_3^-	p_3	5	2.5	0	0	0	1	0	2 500	$\frac{2\,500}{5}=500$
4	d_4^-	p_4	2	2	0	0	0	0	1	1 600	$\frac{1\,600}{2}=800$
z_j-c_j		p_4	2	2	0	0	0	0	0	1 600	
		p_3	5	2.5	0	0	0	0	0	2 500	
		p_2	1	0	0	0	0	0	0	300	
		p_1	4	3	0	−2	0	0	0	2 600	

$$Z_1-C_1=4\times P_1+1\times P_2+5\times P_3+2\times P_4-0$$
$$=4P_1+P_2+5P_3+2P_4$$

将 P_4,P_3,P_2,P_1 的系数 2,5,1,4 分别列在 Z_j-C_j 矩阵中第一列的相应行中。在单纯形表中 Z_j-C_j 矩阵是将最高优先级放在最下面一行,这是在计算时要注意的地方。

在线性规划中,检验数行的右项(b 项)是目标函数值,在目标规划的情况下,这些右项是说明目标函数值尚未达到的部分。例如在表 2-1 中,$P_1=2\ 600$ 说明利润值距目标差 2 600千元,$P_2=300$ 说明大轿车生产的负偏差量为 300……等等。随着迭代的进行,现行解逼近最优解,检验数行的右项将逐渐变小,直到达到最小值。

(4)选择换入变量:按照线性规划的单纯形法,要根据 Z_j-C_j 的数值选择换入变量。在这一步,实施目标规划的单纯形法时,有两点与线性规划不同:①目标规划总是求目标函数 Z 的最小值,所以要选择具有最大正检验数的列作为换入变量,当检验数都小于或等于 0 时,现行解就是最优解。②在目标规划中,每一列的检验数有 m 行,所以必须从下向上寻找。先从最高优先级的 P_1 行开始寻找最大的正检验数,然后和线性规划的单纯形法一样进行迭代,直到 P_1 行内检验数没有正值时再转入到 P_2 行寻找最大正检验数,如此继续下去,直到最低优先级的 P_m 行检验数全部检查完毕为止。

(5) 确定换出变量:确定换出变量的方法与线性规划相同,用主列元素中每一个大于 0 的系数去除同行的右项,取比值最小的那一行所对应的基变量作为换出变量。

以下的步骤和线性规划一样进行迭代计算,在这里就不重复了。

对于表 2-1 的目标规划例子,首先检查出 Z_j-C_j 行中 P_1 行的最大正检验数为 4,于是确定 x_1 为换入变量,经计算 θ 值可知 d_2^- 为换出变量,迭代后可得表2-2。以后的迭代过程见表 2-3 和表 2-4。

表 2-2

行	X	C	x_1	x_2	d_1^-	d_1^+	d_2^-	d_3^-	d_4^-	右项 (b)	θ
列			1	2	3	4	5	6	7		
		C	0	0	p_1	p_1	p_2	p_3	p_4		
1	d_1^-	p_1	0	3	1	−1	−4	0	0	1 400	$\frac{1\,400}{3}=466$
2	x_1	0	1	0	0	0	1	0	0	300	
3	d_3^-	p_3	0	(2.5)	0	0	−5	1	0	1 000	$\frac{1\,000}{2.5}=400$
4	d_4^-	p_4	0	2	0	0	−2	0	1	1 000	$\frac{1\,000}{2}=500$
z_j-c_j		p_4	0	2	0	0	−2	0	0	1 000	
		p_3	0	2.5	0	0	−5	0	0	1 000	
		p_2	0	0	0	0	−1	0	0	0	
		p_1	0	3	0	−2	−4	0	0	1 400	

表 2-3

行	x	c	x_1	x_2	d_1^-	d_1^+	d_2^-	d_3^-	d_4^-	b	θ
1	d_1^-	p_1	0	0	1	−1	(2)	$-\frac{3}{2.5}$	0	200	$\frac{200}{2}=100$
2	x_1	0	1	0	0	0	0	0	0	300	$\frac{300}{1}=300$
3	x_2	0	0	1	0	0	−2	$\frac{1}{2.5}$	0	400	
4	d_4^-	p_4	0	0	0	0	2	$-\frac{2}{2.5}$	1	200	$\frac{200}{2}=100$
z_j-c_j		p_4	0	0	0	0	2	$-\frac{2}{2.5}$	0	200	
		p_3	0	0	0	0	0	−1	0	0	
		p_2	0	0	0	0	−1	0	0	0	
		p_1	0	0	0	−2	+2	$-\frac{3}{2.5}$	0	200	

表 2-4

行	x	c	x_1	x_2	d_1^-	d_1^+	d_2^-	d_3^-	d_4^-	b	θ
1	d_2^-	p_2	0	0	$\frac{1}{2}$	$-\frac{1}{2}$	1	$-\frac{3}{5}$	0	100	
2	x_1	0	1	0	$-\frac{1}{2}$	$\frac{1}{2}$	0	$+\frac{3}{5}$	0	200	
3	x_2	0	0	1	1	−1	0	$-\frac{2}{2.5}$	0	600	
4	d_4^-	p_4	0	0	−1	1	0	$\frac{1}{2.5}$	1	0	
z_j-c_j		p_4	0	0	−1	1	0	$\frac{1}{2.5}$	0	0	
		p_3	0	0	0	0	0	−1	0	0	
		p_2	0	0	$\frac{1}{2}$	$-\frac{1}{2}$	0	$-\frac{3}{5}$	0	100	
		p_1	0	0	−1	−1	0	0	0	0	

表 2-4 是最优解。在这个单纯形表中，Z_j-C_j 矩阵中的 P_2 行和 P_4 行还有正的检验数，但因为它们高一级（P_1 级和 P_3 级）的检验数已经是负值，所以不能再进行优化。这就是说，为满足高一级的目标，低一级的目标应当做出一定的牺牲。

实际上，在给定的例子中，经理的四个目标都得到了满足。可以看出它与用线性规划模型所得到的优化结果完全相同。

上面的例子是为了说明目标规划与线性规划在模型和算法上的共同点和不同点所举的特例。在实际的目标规划中，决策者规定的多个目标不是全部都能满足的，而是根据优先级的顺序，首先满足最重要的目标，然后依照目标的重要程度部分地满足次要的目标。这就是目标规划比线性规划灵活方便的地方。

下面再用单纯形法解一个稍微复杂一点的目标规划问题，以便使读者对目标规划的单纯形法有进一步的熟悉和了解。

【例 2-1】 假设某电视机厂生产 46 厘米(18 吋)和 51 厘米(20 吋)两种彩色电视机，平均生产能力都是 1 台/小时。工厂的正常生产能力是每日两班、每周 80 小时。根据市场预测，下周的最大销售量是 46 厘米 70 台，51 厘米 35 台。已知该厂每出售一台 46 厘米彩电可获利 250 元，出售一台 51 厘米彩电可获利 150 元，试决策最优生产计划。

如果经理只有利润最大这唯一的目标，则用线性规划就可以解决。但是经理认为，企业的利润指标固然重要，但从企业长远的发展眼光来看，搞好劳资关系，稳定工作人员的队伍更加重要。因此经理确定下面四项作为企业的主要目标，并按其重要程度排列如下。

P_1：第一个目标，尽量避免开工不足，使职工的正常就业保持稳定。

P_2：第二个目标，当生产任务重时，他准备采用加班的办法扩大生产能力，但他认为每周加班最好不超过 10 小时。

P_3：第三个目标，努力达到预计的销售量。

P_4：第四个目标，尽可能减少加班时间。

现在用目标规划来解决这个多目标的规划问题。

解：1. 确定决策变量

设：x_1 为每周生产 46 厘米彩电的台数

x_2 为每周生产 51 厘米彩电的台数

2. 确定约束条件

(1)生产能力约束：给定的生产能力是每周 80 小时，而且经理的第一个目标是尽量避免开工不足，当工作任务重时允许加班，所以生产能力约束可写为

$$x_1+x_2+d_1^- - d_1^+=80$$

其中，d_1^- 为开工不足 80 小时的负偏差；

d_1^+ 为开工超过 80 小时的正偏差。

这时，在目标函数中应设 $\min d_1^-$ 项。

(2)产量约束：根据市场预测，下一周的最大销售量是 46 厘米彩电 70 台，51 厘米彩电 35 台，因此两种彩电产量不能超过最大销售量，故有

$$x_1+d_2^-=70$$

$$x_2+d_3^-=35$$

其中，d_2^- 是 46 厘米彩电产量达不到目标的负偏差；

d_3^- 是 51 厘米彩电产量达不到目标的负偏差。

这时，在目标函数中应设 $\min(d_2^- + d_3^-)$ 项。

(3)加班时间约束：经理考虑到工人的工作强度，加班时间最好不超过 10 小时。为表示这个约束条件，可以引进两个偏差变量 d_{11}^- 和 d_{11}^+，让它们分别表示加班时间不到 10 小时的负偏差和加班时间超过 10 小时的正偏差，于是有

$$d_1^+ + d_{11}^- - d_{11}^+ = 10$$

这时，在目标函数中应设 $\min d_{11}^+$ 项。

3. 目标函数中的优先级因子

根据经理设定的目标要求及各目标的重要程度，最高一级的偏差量必须降到最低程度，然后依照优先级因子的顺序逐级求最小值。对于尽量满足销售要求的第三个目标，由于两种产品的利润不同，所以尽管它们的优先级因子相同，但两种产品的销售目标优先权因子应当有所不同。一般按利润比例的大小赋予利润大的产品较高的权值。例如 $\dfrac{d_2^-}{d_3^-} = \dfrac{250}{150} = \dfrac{5}{3}$。也就是说，赋予利润较大产品的负偏差量以较大的权值，赋予利润较小产品的负偏差量以较小的权值，其比为 5∶3。

于是目标函数可以写为

$$\min Z = p_1 d_1^- + p_2 d_{11}^+ + 5p_3 d_2^- + 3p_3 d_3^- + p_4 d_1^+$$

$$\text{s.t.} \begin{cases} x_1 + x_2 + d_1^- - d_1^+ = 80 \\ x_1 + d_2^- = 70 \\ x_2 + d_3^- = 35 \\ d_1^+ + d_{11}^- - d_{11}^+ = 10 \\ x_1, x_2, d_1^-, d_2^-, d_3^-, d_{11}^-, d_1^+, d_{11}^+ \geqslant 0 \end{cases}$$

用单纯形法求解的过程见表 2-5～表 2-8。其中值得注意的地方说明如下。

说明：

(1)在初始单纯形表 2-5 中，P_1 级检验数有两个相同的正值，分别在 x_1 列和 x_2 列。遇到这种情况，可以观察下一个优先等级。因 P_2 行两个检验数为 0 故观察 P_3 级，在 P_3 级行的 x_1 列的检验数大于 x_2 列的检验数，故选 x_1 为换入变量。

(2)在表 2-7 中，P_1 行和 P_2 行的检验数均为负值，说明第一和第二优先级已检查完毕，应转入第三优先级 P_3 行寻找最大的正检验数。因 3 为最大正检验数，且同一列下部无负检验数，故选 d_1^+ 为换入变量。

(3)在最优单纯形表 2-8 中，虽然 P_3 行中的第八列仍有正检验数，但因同列下面有负检验数，所以根据低级目标服从高级目标的原则，d_{11}^+ 不能作为换入变量，至此达到最优解。

(4)最优解是 $x_1 = 70$ 台，$x_2 = 20$ 台，$d_3^- = 15$，$d_1^+ = 10$。这就是说，该工厂下一周应生产 70 台 46 厘米彩电，20 台 51 厘米彩电，加班 10 小时。可以看到，经理的前两个目标都达到了，而 51 厘米彩电的 35 台销售任务和使加班时间尽量少这两个目标，在给定的约束条件下未能完全达到。

表 2-5

行	X	C	1	2	3	4	5	6	7	8	b（右项）	θ
			x_1	x_2	d_1^-	d_2^-	d_3^-	d_{11}^-	d_1^+	d_{11}^+		
			0	0	p_1	$5p_3$	$3p_3$	0	p_4	p_2		
1	d_1^-	p_1	1	1	1	0	0	0	−1	0	80	$\frac{80}{1}=80$
2	d_2^-	$5p_3$	①	0	0	1	0	0	0	0	70	$\frac{70}{1}=70$
3	d_3^-	$3p_3$	0	1	0	0	1	0	0	0	35	
4	d_{11}^-	0	0	0	0	0	0	1	1	−1	10	
z_j-c_j		p_4	0	0	0	0	0	0	−1	0	0	
		p_3	5	3	0	0	0	0	0	0	455	
		p_2	0	0	0	0	0	0	0	−1	0	
		p_1	1	1	0	0	0	0	−1	0	80	

表 2-6

行	x	c	x_1	x_2	d_1^-	d_2^-	d_3^-	d_{11}^-	d_1^+	d_{11}^+	b	θ
1	d_1^-	p_1	0	①	1	−1	0	0	−1	0	10	$\frac{10}{1}=10$
2	x_1	0	1	0	0	1	0	0	0	0	70	
3	d_3^-	$3p_3$	0	1	0	0	1	0	0	0	35	$\frac{35}{1}=35$
4	d_{11}^-	0	0	0	0	0	0	1	1	−1	10	
z_j-c_j		p_4	0	0	0	0	0	0	−1	0	0	
		p_3	0	3	0	−5	0	0	0	0	105	
		p_2	0	0	0	0	0	0	0	−1	0	
		p_1	0	1	0	−1	0	0	−1	0	10	

表 2-7

行	x	c	x_1	x_2	d_1^-	d_2^-	d_3	d_{11}^-	d_1^+	d_{11}^+	b	θ
1	x_2	0	0	1	1	−1	0	0	−1	0	10	
2	x_1	0	1	0	0	1	0	0	0	0	70	
3	d_3^-	$3p_3$	0	0	−1	1	1	0	1	0	25	$\frac{25}{1}=25$
4	d_{11}^-	0	0	0	0	0	0	1	①	−1	10	$\frac{10}{1}=10$
z_j-c_j		p_4	0	0	0	0	0	0	−1	0	0	
		p_3	0	0	−3	−2	0	0	3	0	75	
		p_2	0	0	0	0	0	0	0	−1	0	
		p_1	0	0	−1	0	0	0	0	0	0	

表 2-8

行	x	c	x_1	x_2	d_1^-	d_2^-	d_3^-	d_{11}^-	d_1^+	d_{11}^+	b	θ
1	x_2	0	0	1	1	−1	0	1	0	−1	20	
2	x_1	0	1	0	0	1	0	0	0	0	70	
3	d_3^-	$3p_3$	0	0	−1	1	1	−1	0	1	15	
4	d_1^+	p_4	0	0	0	0	0	1	1	−1	10	
z_j-c_j		p_4	0	0	0	0	0	1	0	−1	10	
		p_3	0	0	−3	−2	0	−3	0	3	45	
		p_2	0	0	0	0	0	0	0	−1	0	
		p_1	0	0	−1	0	0	0	0	0	0	

三、目标规划单纯形法的要点

到现在为止我们已经知道了目标规划单纯形法的基本步骤，下面再把它的要点总结一下以便于记忆和应用。

(1)初始解为原点，约束方程中所有负偏差变量都是初始基变量。

(2)检验数 z_j-c_j 是个 $m\times n$ 矩阵，m 是优先级数目，n 是决策变量与偏差变量数目之和。排列时，最高优先等级放在最下一行，并依照优先级逐减的次序由下向上排列。

(3)选择换入变量时，先在 P_1 项中寻找具有最大正检验数 z_j-c_j 的列作为主列，直到 P_1 行无正检验数时再转入到 P_2 行继续寻找。如果某一行中有两个相同的最大正检验数，则检查上面一行同列的两个正检验数，取大者所在的列为主列。如果再相同则任取一列作为主列。

(4)在选择退出变量时，如果最小的正值多于 1 个，则选择赋有较高优先等级的偏差变量所在行为关键行，这样有利于优先达到高一级的目标，减少迭代次数。

(5)检查解是否最优时，首先检查检验数行中的 b 列，如果该列中的全部元素为 0，说明全部目标都已达到，该解就是最优解，算法停止。如果其中某一值不为 0，说明该一级目标未完全达到，这时检查该行的检验数，如果该行中尚有正检验数，则继续检查它们下面是否有负检验数，只要某一个正检验数下面没有负检验数就说明尚未达到最优解，继续迭代寻找最优解；如果该行全部正检验数下面都有负检验数，说明该解已经是最优解了。这一级目标虽然没有完全达到，但是为了保证达到高一级的目标，也只好在这一级目标上做出一定的让步了。

动态规划

动态规划是美国贝尔曼(R.Bellman)等学者在20世纪50年代提出和发展起来的一种解决多阶段决策问题的方法,它是运筹学的一个重要分支。由于它独特的解题思路,使得它在求解最优路径、生产计划与库存、资源分配、投资、排序、生产过程的最优控制等很多工程与管理决策中都起着重要的作用。

第一节　动态规划的基本概念与方法

一、基本概念与名词解释

现通过一个简单的实例来说明动态规划的基本概念。

【例3-1】 位于A城市的某公司要把一批货物送到位于E城市的销售门市部。途中可能经过的城市有B_1,B_2,B_3;C_1,C_2,C_3;D_1,D_2等8个城市,见图3-1。图中箭线上方的数字表示两城市之间的距离。很显然,采用不同的路线,则经过的城市不同,总路程也不同。现在的问题是,走哪条路线最好(以最短为最佳)。

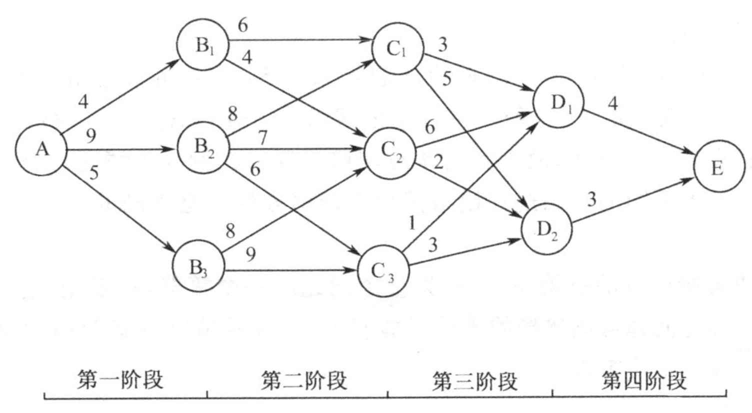

图3-1

从图 3-1 上看，可以把这个交通网络图分成四段，每段上各有不同的城市。如果用穷举法，从城市 A 到城市 D 共有 14 条路线，每条路线都可以计算其路长，取其最短者即为最佳路线。但当阶段很多、每段上的中间城市很多，且中间城市之间的连接路线也很多时，要枚举的路线总数就非常多了，其计算工作量甚至连计算机也都难以胜任。动态规划就是解决类似这种难题的一种算法。

下面，借助于上面的例子来解释若干在动态规划中要用的名词与概念。

1. 阶段(stage)

首先把所给问题按时间或空间上的顺序划分成相互序贯相连的几个阶段。例如，在上例中的问题可划分为四个阶段：第一阶段的起点为 A 区的城市 A，货物由 A 点经过路线 AB_1，AB_2，AB_3 被运送到位于 B 区的各城市(B_1，B_2，B_3)。第二阶段的起点是位于 B 区的三个城市，B_1，B_2，B_3，终点是位于 C 区的三个城市 C_1，C_2，C_3。它们之间的路线有 B_1C_1，B_1C_2，B_2C_1，B_2C_2，B_2C_3，B_3C_2 和 B_3C_3。第三阶段则由起点 C_1，C_2，C_3；终点 D_1，D_2 和路线 C_1D_1，C_1D_2，C_2D_1，C_2D_2，C_3D_1，C_3D_2 构成。如有更多的阶段，则以下各阶段依此类推。

2. 状态(state)

在各阶段开始时的客观条件称为该阶段的状态。描述各阶段状态的变量称为状态变量，常用 S_K 表示第 K 阶段的状态变量，其取值的集合称为状态集合。在上例中，第一阶段的城市 A 就是第一阶段的出发点或客观条件，所以 $S_1=\{A\}$。第二阶段的城市 B_1，B_2，B_3 是第二阶段的出发点或客观条件，即 $S_2=\{B_1,B_2,B_3\}$。依次有 $S_3=\{C_1,C_2,C_3\}$。$S_4=\{D_1,D_2\}$。

3. 决策(decision)

当各阶段的起始状态确定后，根据该起始状态与下阶段状态的联系情况，可以选择下一阶段的状态，这种选择称为决策，一般用 $u_K(S_K)$表示在 K 阶段，起始状态为 S_K 时的决策。如 $u_2(B_1)=C_1$ 表示在第二阶段，当起始状态为 B_1 时，下一阶段选择了城市 C_1。C_1 即是决策的结果。这意味着，到达城市 B_1 后，决定走 B_1C_1 路线到达城市 C_1。因为在第二阶段，当起始状态为 B_1 时，下一阶段可以选择的城市还有 C_2。因此 $u_2(B_1)$也可以是 C_2，即 $u_2(B_1)=C_2$。这意味着 $u_2(B_1)$的取值区间为(C_1，C_2)，或用 $D_2(B_1)=\{C_1,C_2\}$表示。很显然，$u_K(S_K)\in D_K(S_K)$。

4. 状态转移方程

在动态规划中，如果给定了第 K 阶段的起始状态 S_K 与决策变量 $u_K(S_K)$，则第 $K+1$ 阶段的状态 S_{K+1} 也就确定了，这种关系可用公式 $S_{K+1}=T_K(S_K,u_K)$ 表示，它表示了由 K 到 $K+1$ 阶段状态转移的规律，故称其为状态转移方程。在例 3-1 情况，其状态转移方程是 $S_{K+1}=u_K(S_K)$ 对于不同的动态规划模型其状态转移方程也是不同的。

5. 策略

各阶段的决策所组成的决策序列，称为整个问题的一个策略，一般用$P_{1,n}(u_1,u_2,\cdots,u_n)$表示。对于每个实际问题可供选择的策略可能有多种，各种策略的集合用 P 表示，其中达到最佳效果的策略就是最优策略。

6. 指标函数

评价动态规划决策结果的数量指标称为指标函数。例如，评价例 3-1 的运输方案优劣的数量指标正是运输路线的长度，即在各段运输路线中，以距离最短为最佳。在不同的动态规划模型中，指标函数各不相同，它可以是时间、效率、利润、成本、产量等。

指标函数与决策过程有关。一个有 n 个阶段的决策过程，从第一阶段开始到第 n 阶段为止是全过程。对于任一给定的中间阶段 $K(1\leqslant K\leqslant n)$，从第 K 阶段到第 n 阶段的过程称为全过程的一个后部子过程。指标函数 $V_{K,n}$ 就是定义在全过程（当 $K=1$）和各个后部子过程（当 $K\neq 1$）的一个确定函数，记作 $V_{K,n}=(S_K,u_K;S_{K+1},u_{K+1};\cdots S_n,u_n)$。采用不同的策略，有不同的指标值。$V_{1,n}(S_1,P_{1,n})$ 表示初始状态为 S_1 采用策略 $P_{1,n}$ 时的全过程的指标函数值，而 $V_{K,n}(S_K,P_{K,n})$ 表示在第 K 阶段状态为 S_K 采用策略 $P_{K,n}$ 时后部子过程的指标函数值。

最优指标函数用 $f_K(S_K)$ 表示，它表示在第 K 阶段，状态为 S_K，采用最优策略 $P_{K,n}^*$ 到过程终止阶段 n 时的指标最优值。即

$$f_K(S_K)=V_{K,n}(S_K,P_{K,n}^*)=\underset{p_{K,n}\in P_{K,n}}{\text{opt}}V_{K,n}(S_K,p_{K,n}) \tag{3-1}$$

二、最优化原理和动态规划的基本方法

(1)最优化原理是美国学者 R.Bellman 提出的，其内容是“作为整个过程的最优策略具有下述性质：无论过去的状态和决策如何，对前面的决策所形成的状态而言，余下的诸决策必须构成最优策略。”

我们知道，最优策略是由最优的指标函数值确定的。具有全过程最优指标值 $f_1(S_1)$ 的策略就是整个过程的最优策略；而具有从第 K 阶段开始的后部子过程最优指标值 $f_K(S_K)$ 的策略就是 K 后部子过程的最优策略。最优化原理告诉我们，对于一个全程最优化的策略而言，其任一 K 后部子过程的策略也必须是最优的。这一原理为动态规划从最后阶段的优化开始，逐步向前一阶段优化扩展，直到最早阶段达到全程优化的方法奠定了理论基础。这一原理可以用图 3-2 的示意图来加以说明。

(2)动态规划的基本方法：从最优化原理可以导出动态规划的基本方法，即由最后一个阶段的优化开始，按逆向顺序逐步向前一阶段扩展，并将后一阶段的优化结果带到扩展后的阶段中去，以此逐步向前推进，直到得到全过程的优化结果。

现以例 3-1 的运输路线优化过程来加以详细说明。

(1) $K=4$，起始状态集合 $S_4=\{D_1,D_2\}$。

当 $S_4=D_1$ 时，从 D_1 到 E 的路线只有一条，其距离 $d(D_1,E)=4$，所以 $f_4(D_1)=4$。

当 $S_4=D_2$ 时，从 D_2 到 E 的路线也只有一条，其距离 $d(D_2,E)=3$，所以 $f_4(D_2)=3$。

(2) $K=3$，这时起始状态集合 $S_3=\{C_1,C_2,C_3\}$。

当 $S_3=C_1$ 时，从 C_1 到终点 E 可以有两条路线，$C_1\to D_1\to E$ 和 $C_1\to D_2\to E$，因此要在这两条路线中选择一条最短路线，即

$$f_3(C_1)=\min\begin{bmatrix}d_3(C_1,D_1)+f_4(D_1)\\d_3(C_1,D_2)+f_4(D_2)\end{bmatrix}=\min\begin{bmatrix}3+4\\5+3\end{bmatrix}=7$$

其最短路线是 $C_1\to D_1\to E$，其相应的决策变量是 $u_3(C_1)=D_1$。

当 $S_3=C_2$ 时，从 C_2 出发到终点 E，也有两条路线，$C_2\to D_1\to E$ 和 $C_2\to D_2\to E$，则

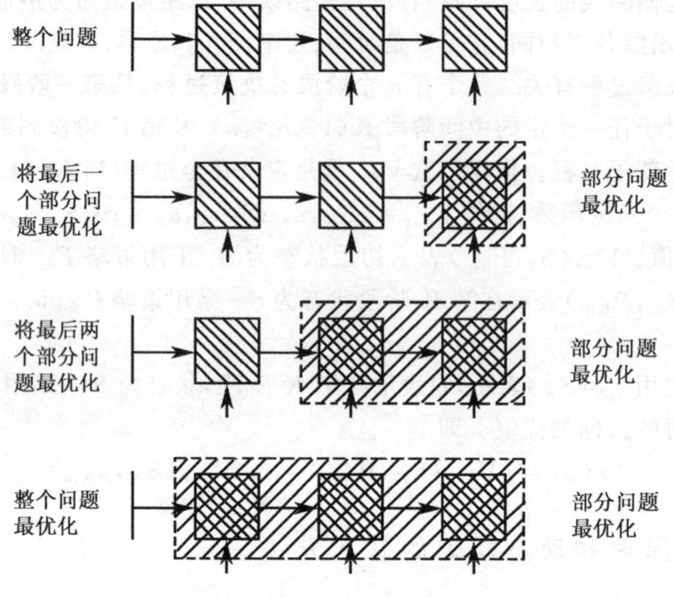

图 3-2 最优化原理示意图

$$f_3(C_2)=\min\begin{bmatrix}d_3(C_2,D_1)+f_4(D_1)\\d_3(C_2,D_2)+f_4(D_2)\end{bmatrix}=\min\begin{bmatrix}6+4\\2+3\end{bmatrix}=5$$

所以最短路线是 $C_2 \to D_2 \to E$，相应的决策变量是 $u_3(C_2)=D_2$。

当 $S_3=C_3$ 时，从 C_3 出发也有两条路线 $C_3 \to D_1 \to E$ 和 $C_3 \to D_2 \to E$，则

$$f_3(C_3)=\min\begin{bmatrix}d_3(C_3,D_1)+f_4(D_1)\\d_3(C_3,D_2)+f_4(D_2)\end{bmatrix}=\min\begin{bmatrix}1+4\\3+3\end{bmatrix}=5$$

最短路线是 $C_3 \to D_1 \to E$，相应的决策变量是 $u_3(C_3)=D_1$。

(3) $K=2$，这时起始状态集合 $S_2=(B_1,B_2,B_3)$。

当 $S_2=B_1$ 时，从 B_1 出发有两条路线 B_1C_1 和 B_1C_2。则

$$f_2(B_1)=\min\begin{bmatrix}d_2(B_1,C_1)+f_3(C_1)\\d_2(B_1,C_2)+f_3(C_2)\end{bmatrix}=\min\begin{bmatrix}6+7\\4+5\end{bmatrix}=9$$

所以最短路线是 $B_1 \to C_2 \to D_2 \to E$，相应的决策变量是 $u_2(B_1)=C_2$。

当 $S_2=B_2$，从 B_2 出发有三条路线 B_2C_1，B_2C_2 和 B_2C_3。则

$$f_2(B_2)=\min\begin{bmatrix}d_2(B_2,C_1)+f_3(C_1)\\d_2(B_2,C_2)+f_3(C_2)\\d_2(B_2,C_3)+f_3(C_3)\end{bmatrix}=\min\begin{bmatrix}8+7\\7+5\\6+5\end{bmatrix}=11$$

所以最短路线是 $B_2 \to C_3 \to D_1 \to E$，相应的决策变量是 $u_2(B_2)=C_3$。

当 $S_2=B_3$ 时，从 B_3 出发有两条路线 B_3C_2 和 B_3C_3。则

$$f_2(B_3)=\min\begin{bmatrix}d_2(B_3,C_2)+f_3(C_2)\\d_2(B_3,C_3)+f_3(C_3)\end{bmatrix}=\min\begin{bmatrix}8+5\\9+5\end{bmatrix}=13$$

所以最短路线是 $B_3 \to C_2 \to D_2 \to E$，相应的决策变量是 $u_2(B_3)=C_2$。

(4)$K=1$，这时状态集合 $S_1=(A)$，从 A 出发有三条路线 AB_1，AB_2 和 AB_3。

$$f_1(A)=\min\begin{bmatrix} d_1(A,B_1)+f_2(B_1) \\ d_1(A,B_2)+f_2(B_2) \\ d_1(A,B_3)+f_2(B_3) \end{bmatrix}=\min\begin{bmatrix} 4+9 \\ 9+11 \\ 5+13 \end{bmatrix}=13$$

所以最短路线是 $A \to B_1 \to C_2 \to D_2 \to E$，相应的决策变量是 $u_1(A)=B_1$，因此最优决策序列是 $u_1(A)=B_1$，$u_2(B_1)=C_2$，$u_3(C_2)=D_2$，$u_4(D_2)=E$。

从以上的计算过程可以看出，如果增加一个第五阶段，且令 $f_5(S_5)=0$ 的话，那么各阶段的指标函数具有下面的递推关系式

$$\begin{cases} f_K(S_K)=\min\limits_{u_K(S_K)}\left[d_K(S_K,u_K)+f_{K+1}(S_{K+1})\right] & K=4,3,2,1 \\ f_5(S_5)=0 & K=5 \end{cases} \tag{3-2}$$

这个关系式称为动态规划的基本方程。

上面的计算过程可以直接在图上用标号法进行，见图 3-3。其中每一状态点上方方框内的标号，代表从该点到终点的最短距离。

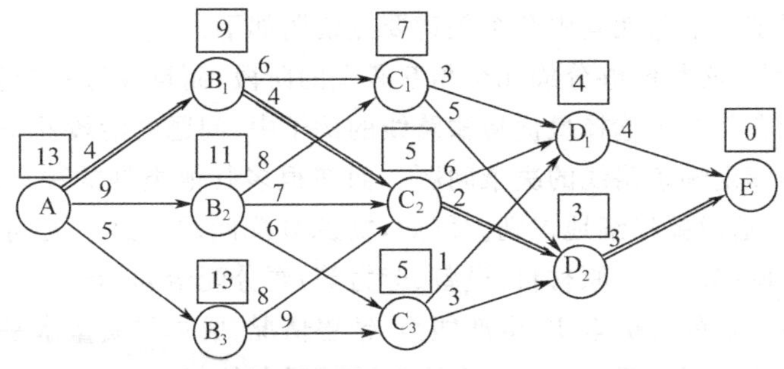

图 3-3 例 3-1 的图上标号法

其具体步骤如下：

步骤 1：从最后的结点 E 开始，令其标号为 0，并记在结点 E 上方的方框内，用以表示从该点到终点的最短距离。

步骤 2：逆向找到上一阶段的任一状态点，如 D_1。因 D_1 到 E 点只有一条路线，故从 D_1 到 E 的最短距离为 $d(D_1,E)=4$。将标号 4 记在 D_1 点上方的方框内。依同理，D_2 点的标号为 3。

步骤 3：继续找到状态点 C_1，C_2 和 C_3。从 C_1 到 D 状态的各点有两条路线 C_1D_1 和 C_1D_2。这时

$$C_1\text{ 点的标号}=\min\begin{bmatrix} d(C_1D_1)+D_1\text{ 点的标号值} \\ d(C_1D_2)+D_2\text{ 点的标号值} \end{bmatrix}=\begin{bmatrix} 3+4 \\ 5+3 \end{bmatrix}=7$$

将其记在 C_1 在上方的方框内，它表示从 C_1 点到终点 E 的最短距离是 7。同理可以算出 C_2 点的标号为 5；C_3 点的标号为 5。

步骤 4:继续反向找到相邻的状态点,重复上面的标号计算过程。其计算方法是,如果从某一状态点到下一阶段的状态各点有多条路线时,则要分别计算各条路线的距离与其后阶段相应状态点的标号值之和,然后进行比较,取其小值为该状态点的标号值。例如,状态 B_2 到 C 状态的各点 C_1,C_2,C_3 有三条路线 B_2C_1,B_2C_2 和 B_2C_3,则

$$B_2\text{ 点的标号值}=\min\begin{bmatrix}d(B_2C_1)+C_1\text{ 点标号值}\\ d(B_2C_2)+C_2\text{ 点标号值}\\ d(B_2C_3)+C_3\text{ 点标号值}\end{bmatrix}=\begin{bmatrix}8+7\\ 7+5\\ 6+5\end{bmatrix}=11$$

依此类推直到计算出 A 点的标号为止。最后的优化结果见图 3-3,其上的双实线表示最优的运输路线。

第二节　动态规划模型的建立与求解步骤

一、建立动态规划模型的基本要求

将一个实际问题建立成动态规划模型时,关键是要分析实际问题的特点能否满足动态规划模型的基本要求。下面就其中几个关键要点说明如下:

(1)所研究的问题必须能够分成几个相互联系的阶段,而且在每一个阶段都具有需要进行决策的问题。如在例 3-1 选择最优运输路线的例子中,问题的阶段性是很明显的,在每一个阶段都有选择继续走哪条路线的决策问题。而在很多其他类型的决策问题中,问题的阶段性可能并不明显,这时要仔细地识别。例如,资源分配问题。这一类问题的基本模式是,现有一定数量的资源(如资金、原材料、设备、劳力等)要分配给 m 个($m>1$)下属企业(或工厂、个人)。由于各企业的人员素质、生产能力、销售情况、成本与质量水平等情况的不同,各企业获得一定数量的该资源后,产生的效益不同。现在的问题是,如何合理地分配这些资源,使该资源发挥的总效益最大。在这类问题中,按时间的阶段性并不显著,但在考虑建立动态规划模型时,可以从分配的先后次序上来人为地赋予分配过程的阶段性。如先考虑分配给企业 1 的数量,再依次考虑分配给企业 2,3,…,m 的数量。很显然在每一个分配阶段都有一个分配给该企业多少资源的决策问题。

(2)在每一阶段都必须有若干个与该阶段相关的状态,识别每一阶段的状态是建立动态规划模型的关键内容。在一般情况下,状态是所研究系统在该阶段可能处于的情况或条件。状态的选取必须注意以下几个要点:

在所研究问题的各阶段,都能直接或间接确定状态变量的数值。例如,在选择最优运输路线的例 3-1 中,每一阶段的状态是运输主体(人或汽车)在各阶段可能到达的不同城市,这是可以直接确定的。在一般情况下,建模时总是从与决策有关的条件中,或是从问题的约束条件中去选择状态变量,并能通过现阶段的决策,使当前状态转移成下一阶段的某个状态。或者说能够给出状态的转移方程 $S_{K+1}=T(S_K,u_K)$。

如在前面提到的资源分配这类问题中,状态应当取为各阶段可能被分配的资源单位数。假设该资源是 5 台先进的设备,现在有 4 个工厂提出申请,那么在考虑分配给第一个工厂的

台数时，可能的分配量就是0,1,2,3,4,5，即状态变量 $S_1=(0,1,2,3,4,5)$。第一个工厂分配完毕后，再考虑第二个工厂的分配问题时，如果 $S_1=0$，则第二个工厂获得设备台数的可能性仍然是 $S_2=(0,1,2,3,4,5)$，如果分配给第一个工厂一台设备，那么分配给第二个工厂的设备台数只能是0,1,2,3,4。依此类推，故有状态转移公式 $S_{K+1}=S_K-u_K(S_K)$。

状态的无后效性：所谓状态的无后效性，是指以第 K 阶段的状态 S_K 为出发点的后部子过程的最优策略应与 S_K 状态之前的过程无关。也就是说，当某阶段的状态 S_K 一旦给定，其后部子过程就是一个与 S_K 前部子过程无关的独立过程。这一点并不是每个问题都很容易满足的。例如，著名的旅行推销员问题，有 N 个城市，要求一个推销员从某城出发去推销产品，每个城市至少要去一次，最后回到原来的出发城市，而走的路线最短。对于这个问题就不能再以城市的位置作为状态变量，因为它不满足无后效性的要求。

(3)具有明确的指标函数 $V_{K,n}$，而且阶段指标值 $d(S_K,u_K)$ 可以计算。能正确列出最优指标函数 $f_K(S_K)$ 的递推公式和边界条件。

二、动态规划的求解步骤

首先将问题合理分成阶段。设阶段总数为 m，给定边界条件 $f_{m+1}(S_{m+1})$。然后从最后一个阶段 m 的优化开始，逐步向前一阶段推进，直到第一阶段为止。在每一个阶段都进行如下的步骤：

(1)列出本阶段所有可能的状态变量 S_K。

(2)对每一个状态 S_K 列出可能的决策变量 $u_K(S_K)$。

(3)对每一对 $S_K,u_K(S_K)$ 计算本阶段的指标值 $d_K(S_K,u_K)$。

(4)利用状态转移方程 $S_{K+1}=T(S_K,u_K)$，对每对 $S_K,u_K(S_K)$ 求出 S_{K+1} 的值。

(5)计算每一对 $S_K,u_K(S_K)$ 的指标值 $d_K(S_K,u_K)+f_{K+1}(S_{K+1})$。

(6)将第5步中各指标值进行比较，取最优者(最大值或最小值)为从本阶段 S_K 状态开始的后部子过程的最优指标 $f_K(S_K)$，相应的决策 $u_K(S_K)$ 即是本阶段以 S_K 为起始状态的最优决策 $u_K^*(S_K)$。

(7)在第一阶段的最优决策 $u_1^*(S_1^*)$ 确定之后，第一阶段的最优初始 S_1^* 即可确定，然后根据状态转移方程 $S_{K+1}^*=T(S_K^*,u_K^*)$ 确定下一阶段的最优状态 S_{K+1}^*。这样，最优策略所经过的各阶段最优状态 S_K^* 即可逐次得到，从而确定了最优策略的状态变化路线。

第三节 动态规划的应用举例

一、定价问题

【例3-2】 某公司考虑为某新产品定价，该产品的单价拟从每件5元，6元，7元，8元这四个价格中选取其中之一，每年年初允许变动价格，但幅度不能超过1元。该公司预计该产品畅销只有五年，五年后将被淘汰，另据销售情况的预测，在价格不同的情况下各年的预计利润额如表3-1所示。

表 3-1 例 3-2 预计利润额 (单位:万元)

单价	第1年	第2年	第3年	第4年	第5年
5元	10	12	15	20	25
6元	12	13	16	20	24
7元	14	14	16	18	18
8元	16	15	15	14	14

解:1. 画出多阶段决策图

如图 3-4 所示,图中圆圈内的数字表示各年不同定价下的利润值。

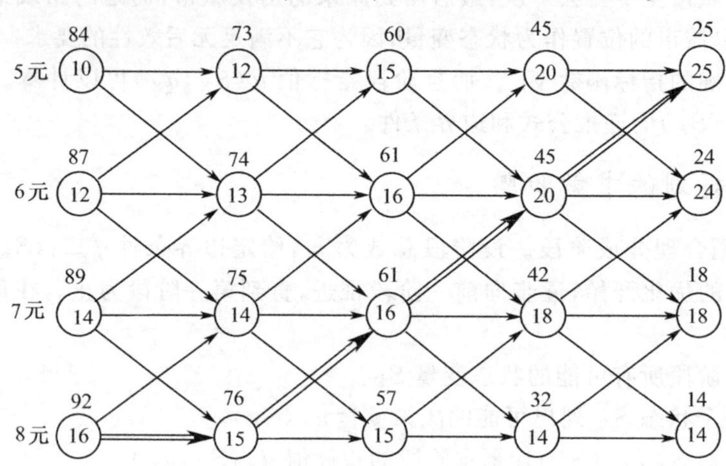

图 3-4 例 3-2 决策图

2. 确定参数

(1)根据题意,可划分为五个阶段,每阶段之初进行价格决策。

(2)每阶段的状态变量 S_K 取为每年可能的价格,即 $S_K=(5,6,7,8)$。

(3)根据每年年初允许价格变动的幅度不能超过 1 元,故决策变量与上一阶段的价格有关,当上阶段的价格为 S_K 时,则 $u_K(S_K)=(S_K-1,S_K,S_K+1)$,且 $u_K(S_K)\in S_K$。

(4)状态转移方程 $S_{K+1}=u_K(S_K)$。

(5)最优指标函数的递推公式 $f_K(S_K)=\max\limits_{u_K}\{d_K(S_K,u_K)+f_{K+1}(S_{K+1})\}$。

式中,$f_K(S_K)$——从第 K 阶段开始到最后阶段为止的最大总收益,

d_K——第 K 阶段的收益值,在本例中 d_K 仅与 S_K 有关。

3. 进行各阶段的计算

当 $K=5$ 时,$S_5=[5,6,7,8]$,设 $f_6(S_6)=0$,

所以
$$f_5(5)=25, f_5(6)=24, f_5(7)=18, f_5(8)=14$$

当 $K=4$ 时,$S_4=[5,6,7,8]$,这时

$$f_4(S_4)=\max[d_4(S_4,u_4)+f_5(S_5)]$$

$$f_4(5)=\max\begin{Bmatrix}d_4(5,5)+f_5(5)\\d_4(5,6)+f_5(6)\end{Bmatrix}=\max\begin{Bmatrix}20+25\\20+24\end{Bmatrix}=45$$

所以
$$u_4(5)=5$$

$$f_4(6)=\max\begin{Bmatrix}d_4(6,5)+f_5(5)\\d_4(6,6)+f_5(6)\\d_4(6,7)+f_5(7)\end{Bmatrix}=\max\begin{Bmatrix}20+25\\20+24\\20+18\end{Bmatrix}=45$$

所以
$$u_4(6)=5$$

$$f_4(7)=\max\begin{Bmatrix}d_4(7,6)+f_5(6)\\d_4(7,7)+f_5(7)\\d_4(7,8)+f_5(8)\end{Bmatrix}=\max\begin{Bmatrix}18+24\\18+18\\18+14\end{Bmatrix}=42$$

所以
$$u_4(7)=6$$

$$f_4(8)=\max\begin{Bmatrix}d_4(8,7)+f_5(7)\\d_4(8,8)+f_5(8)\end{Bmatrix}=\max\begin{Bmatrix}14+18\\14+14\end{Bmatrix}=32$$

所以
$$u_4(8)=7$$

当 $K=3$ 时，$S_3=[5,6,7,8]$，这时

$$f_3(5)=\max\begin{Bmatrix}15+45\\15+45\end{Bmatrix}=60\qquad u_3(5)=5\text{ 或 }6$$

$$f_3(6)=\max\begin{Bmatrix}16+45\\16+45\\16+42\end{Bmatrix}=61\qquad u_3(6)=5\text{ 或 }6$$

$$f_3(7)=\max\begin{Bmatrix}16+45\\16+42\\16+32\end{Bmatrix}=61\qquad u_3(7)=6$$

$$f_3(8)=\max\begin{Bmatrix}15+42\\15+32\end{Bmatrix}=57\qquad u_3(8)=7$$

当 $K=2$ 时，$S_2=[5,6,7,8]$，这时

$$f_2(5)=\max\begin{Bmatrix}12+60\\12+61\end{Bmatrix}=73\qquad u_2(5)=6$$

$$f_2(6)=\max\begin{Bmatrix}13+60\\13+61\\13+61\end{Bmatrix}=74\qquad u_2(6)=6\text{ 或 }7$$

$$f_2(7)=\max\begin{Bmatrix}14+61\\14+61\\14+57\end{Bmatrix}=75\qquad u_2(7)=6\text{ 或 }7$$

$$f_2(8)=\max\begin{Bmatrix}15+61\\15+57\end{Bmatrix}=76\qquad u_2(8)=7$$

当 $K=1$ 时，$S_1=[5,6,7,8]$，这时

$$f_1(5)=\max\begin{Bmatrix}10+73\\10+74\end{Bmatrix}=84\qquad u_1(5)=6$$

$$f_1(6)=\max\begin{Bmatrix}12+73\\12+74\\12+75\end{Bmatrix}=87 \qquad u_1(6)=7$$

$$f_1(7)=\max\begin{Bmatrix}14+74\\14+75\\14+76\end{Bmatrix}=90 \qquad u_1(7)=8$$

$$f_1(8)=\max\begin{Bmatrix}16+75\\16+76\end{Bmatrix}=92 \qquad u_1(8)=8$$

所以，最优策略是，第一年定价 8 元，第二年定价 8 元，第三年定价 7 元，第四年定价 6 元，第 5 年定价 5 元，总利润是 92 万元。

本例也可以利用图上标号法，图 3-4 圆圈上方的数字就是在各阶段各状态下的最优收益值。双实线表示最优定价策略路线。

二、资源分配问题

【例 3-3】 某公司准备将五台加工中心分配给所属的甲、乙、丙、丁四个工厂。各工厂若获得该设备后，可以取得的利润估算如表 3-2 所示，试问应如何分配这些设备使公司的总利润最大？

表 3-2 预计利润表 （单位：万元）

工厂 / 利润（万元） / 设备数（台）	甲	乙	丙	丁
0	0	0	0	0
1	6	3	5	4
2	7	7	10	6
3	10	9	11	11
4	12	12	11	12
5	15	13	11	12

解：1. 按动态规划要求确定以下参数

(1)将分配问题按工厂甲、乙、丙、丁顺序分成四个阶段。

(2)各阶段的状态参数 S_K 取为在各阶段可能分配设备的总台数，或者说，S_K 是分配给第 K 个工厂以后(含第 K 个工厂)的各工厂的设备总数。

(3)u_K 是分配给第 K 个工厂的设备台数。

(4)状态转移方程 $S_{K+1}=S_K-u_K(S_K)$。

(5)最优指标函数 $f_K(S_K)$是从第 K 阶段开始到最后阶段为止的最大利润。

$$f_K(S_K)=\max_{u_K}\{d_K(S_K,u_K)+f_{K+1}(S_{K+1})\}$$

$$f_5(S_K)=0$$

2. 下面进行分阶段的计算

当 $K=4$ 时，$S_4=(0,1,2,3,4,5)$，S_4 取不同值时，$f_4(S_4)$的计算见表 3-3。

表 3-3

S_4	u_4	$d_4(S_4,u_4)$	$f_4(S_4)$	$u_4^*(S_4)$
0	0	0	0	0
1	1	4	4	1
2	2	6	6	2
3	3	11	11	3
4	4	12	12	4
5	5	12	12	5

当 $K=3$ 时，是将 $S_3=(0,1,2,3,4,5)$台设备分配给丙和丁两个工厂。这时，对于每一个 S_K 值都有一个最优分配方案，使这两个工厂的总利润为最大。即

$$f_3(S_3)=\max_{u_3}\{d_3(S_3,u_3)+f_4(S_4)\}$$

$$=\max_{u_3}\{d_3(S_3,u_3)+f_4(S_3-u_3)\}$$

当 S_3 取不同值时，$f_3(S_3)$的计算见表 3-4。

当 $K=2$，$S_2=(0,1,2,3,4,5)$。当 S_2 取不同值时，$f_2(S_2)$的计算见表 3-5。

当 $K=1$ 时，$S_1=5$，$f_1(S_1)$的计算见表 3-6。

表 3-4

S_3	u_3	$d_3(S_3,u_3)$	$f_4(S_3-u_3)$	d_3+f_4	$u_3^*(S_3)$	$f_3(S_3)$
0	0	0	0	0	0	0
1	0	0	4	4		5
	1	5	0	5	1	
2	0	0	6	6		10
	1	5	4	9		
	2	10	0	10	2	
3	0	0	11	11		14
	1	5	6	11		
	2	10	4	14	2	
	3	11	0	11		
4	0	0	12	12		16
	1	5	11	16	1	
	2	10	6	16	2	
	3	11	4	15		
	4	11	0	11		

续表

S_3	u_3	$d_3(S_3,u_3)$	$f_4(S_3-u_3)$	d_3+f_4	$u_3^*(S_3)$	$f_3(S_3)$
5	0	0	12	12	2	21
	1	5	12	17		
	2	10	11	21		
	3	11	6	17		
	4	11	4	15		
	5	11	0	11		

表 3-5

S_2	u_2	$d_2(S_2,u_2)$	$f_3(S_2-u_2)$	d_2+f_3	$u_2^*(S_2)$	$f_2(S_2)$
0	0	0	0	0	0	0
1	0	0	5	5	0	5
	1	3	0	3		
2	0	0	10	10	0	10
	1	3	5	8		
	2	7	0	7		
3	0	0	14	14	0	14
	1	3	10	13		
	2	7	5	12		
	3	9	0	9		
4	0	0	16	16	1	17
	1	3	14	17	2	
	2	7	10	17	0	
	3	9	5	14		
	4	12	0	12		
5	0	0	21	21	2	21
	1	3	16	19		
	2	7	14	21		
	3	9	10	19		
	4	12	5	17		
	5	13	0	13		

表 3-6

S_1	u_1	$d_1(S_1,u_1)$	$f_2(5-u_1)$	d_1+f_2	$u_1^*(S_1)$	$f_1(S_1)$
5	0	0	21	21	1	23
	1	6	17	23		
	2	7	14	21		
	3	10	10	20		
	4	12	5	17		
	5	15	0	15		

3. 从第一个阶段开始寻找最优决策序列

其步骤如下：

(1)由 $u_1^*(5)=1$，可知应分配甲工厂1台设备。剩余4台设备待以后分配。

(2)由 $u_2^*(4)=1$ 或 2，可知分配给乙工厂有两个最优方案，1台或2台。当分配给乙工厂1台时，剩余3台设备待以后分配；当分配给乙工厂2台设备时，将剩余2台设备待分配。

(3)由 $u_3^*(3)=2$，可知应分配给丙工厂2台设备，这时剩余1台设备待分配。由 $u_3^*(2)=2$，可知应分配给丙工厂2台设备，这时剩余0台，分配完毕。

(4)由 $u_4^*(1)=1$，可知应分配给丁工厂1台设备，整个分配完毕。

由以上分析可知，有两个最优分配方案，最大利润都是23。

方案1		方案2	
工厂名	设备台数	工厂名	设备台数
甲	1	甲	1
乙	1	乙	2
丙	2	丙	2
丁	1	丁	0

三、生产存储问题

【例3-4】 某公司生产并销售某种产品。根据市场预测，今后四个月的市场需求量如表3-7所示。

表3-7 预测需求量表 （单位：个）

时 期(月)	需 求 量(d_K)
1	2
2	3
3	2
4	4

该公司为应付市场之需求，正在拟订一项生产与存货计划以满足市场需要。该公司每一产品的生产成本为每件1千元，其中包含材料、人工、费用等变动成本。进行批生产时，还需要作各种生产准备工作，每批的生产准备成本为3千元。由于生产设备能力的限制，每月仅能生产一批，每批最多生产6个。故该公司每一个月的生产成本可以表示如下(设 u 为每批生产个数)：

若 $0<u\leqslant 6$， 则生产成本 $=3+1\cdot u$。

若 $u=0$， 则生产成本 $=0$。

该公司的生产，若未能于本月内售出，则应入库存储。其存储成本为每月每个0.5千元。换言之，若该公司本月生产的产品供下月销售时，则每个产品将负担0.5千元的存储成本，若储存至下下月销售时，则将发生每个 2×0.5 千元的存储费用，余下依此类推。现假设第一月月初公司无存货，第四月月末的存货也为零。试问该公司如何安排最优(最低成本)的生产与存货计划。

解：很显然该公司的每月生产与存储计划可以作为一个阶段，总共可分成四个阶段。

1. 各阶段中参数的确定

(1)取每月月初的库存量，为各阶段的状态变量 S_K。

(2)各阶段的生产量为决策变量 u_K。

(3)状态转移公式是 $S_{K+1}=S_K+u_K-d_K$。式中，d_K 为第 K 阶段(月)的需求量。

(4)指标函数取为总成本。每期的总成本由该期的生产成本和期初库存产品的存储成本构成，它可用下式表示：

$$\text{本期成本 } C_K(S_K,u_K)=\begin{cases}3+u_K & \text{若 } u_K>0\\ 0 & \text{若 } u_K=0\end{cases}+0.5S_K$$

从第 K 阶段开始到最后一个阶段的最低总成本递推公式是

$$\begin{cases}f_K(S_K)=\min\limits_{\substack{0\leqslant u_K\leqslant 6\\ S_K+u_K\geqslant d_K}}\{C_K(S_K,u_K)+f_{K+1}(S_k+u_K-d_K)\}\\ f_5(S_5)=0 \qquad \text{边界条件}\end{cases}$$

2. 下面进行分阶段计算

当 $K=4$ 时，$d_4=4$，$S_4=(0,1,2,3,4)$。因为按题设的要求最后阶段末无存货，所以第四阶段初的存货量不会大于 4。

当 S_4 取不同数值时，$f_4(S_4)$ 的计算见表 3-8。

表 3-8 第四阶段计算表 (单位：千元)

期初存货 S_4	可能之生产量 u_4	本期成本		总计 $C_4(S_4,u_4)$	期末存货 S_5	以后各时期成本 $f_5(S_5)$	总成本 $f_4(S_4)=C_4(S_4,u_4)+f_5(S_5)$
		生产	存储				
0	4	7	0	7.0	0	0	7.0
1	3	6	0.5	6.5	0	0	6.5
2	2	5	1.0	6.0	0	0	6.0
3	1	4	1.5	5.5	0	0	5.5
4	0	0	2.0	2.0	0	0	2.0

当 $K=3$ 时，由于第三阶段可以有期末存货作为第四阶段的期初库存量(但库存量≤4)，且第三阶段的需求量 $d_3=2$。所以第三阶段的初始状态 $S_3=(0,1,2,3,4,5,6)$。

当 S_3 取不同数值时，$f_3(S_3)$ 的计算如表 3-9 所示。

表 3-9 第三阶段计算表 (单位:千元)

期初存货 S_3	可能之生产量 u_3	本期成本		总计 $C_3(S_3,u_3)$	期末存货 S_4	以后各时期成本 $f_4(S_4)$	总成本 $C_3(S_3,u_3)+f_4(S_4)$	$f_3(S_3)$
		生产	存储					
0	2	5	0	5.0	0	7.0	12.0	11.0
	3	6	0	6.0	1	6.5	12.5	
	4	7	0	7.0	2	6.0	13.0	
	5	8	0	8.0	3	5.5	13.5	
	6*	9	0	9.0	4	2.0	11.0*	
1	1	4	0.5	4.5	0	7.0	11.5	10.5
	2	5	0.5	5.5	1	6.5	12.0	
	3	6	0.5	6.5	2	6.0	12.5	
	4	7	0.5	7.5	3	5.5	13.0	
	5*	8	0.5	8.5	4	2.0	10.5*	
2	0*	0	1.0	1.0	0	7.0	8.0*	8.0
	1	4	1.0	5.0	1	6.5	11.5	
	2	5	1.0	6.0	2	6.0	12.0	
	3	6	1.0	7.0	3	5.5	12.5	
	4	7	1.0	8.0	4	2.0	10.0	
3	0*	0	1.5	1.5	1	6.5	8.0*	8.0
	1	4	1.5	5.5	2	6.0	11.5	
	2	5	1.5	6.5	3	5.5	12.0	
	3	6	1.5	7.5	4	2.0	9.5	
4	0*	0	2.0	2.0	2	6.0	8.0*	8.0
	1	4	2.0	6.0	3	5.5	11.5	
	2	5	2.0	7.0	4	2.0	9.0	
5	0*	0	2.5	2.5	3	5.5	8.0*	8.0
	1	4	2.5	6.5	4	2.0	8.5	
6	0*	0	3.0	3.0	4	2.0	5.0*	5.0

*代表最优值,下面文中出现的*皆代表最优值

当 $K=2$ 时,$d_2=3$。

根据题意,第一阶段期初库存为 0,该阶段的需求量 $d_1=2$,而各阶段的最大生产量为 6,故第一阶段末的库存量最大为 4。所以 $S_2=(0,1,2,3,4)$。

当 S_2 取不同数值时,$f_2(S_2)$的计算见表 3-10。

表 3-10 第二期计算表 (单位:千元)

期初存货 S_2	可能之生产量 u_2	本期成本		总计 $C_2(S_2,u_2)$	期末存货 S_3	以后各期成本 $f_3(S_3)$	总成本 $C_2(S_2,u_2)+f_3(S_3)$	$f_2(S_2)$
		生产	存储					
0	3	6	0	6.0	0	11.0	17.0	16
	4	7	0	7.0	1	10.5	17.5	
	5*	8	0	8.0	2	8.0	16.0*	
	6	9	0	9.0	3	8.0	17.0	
1	2	5	0.5	5.5	0	11.0	16.5	15.5
	3	6	0.5	6.5	1	10.5	17.0	
	4*	7	0.5	7.5	2	8.0	15.5*	
	5	8	0.5	8.5	3	8.0	16.5	
	6	9	0.5	9.5	4	8.0	17.5	
2	1	4	1.0	5.0	0	11.0	16.0	15
	2	5	1.0	6.0	1	10.5	16.5	
	3*	6	1.0	7.0	2	8.0	15.0*	
	4	7	1.0	8.0	3	8.0	16.0	
	5	8	1.0	9.0	4	8.0	17.0	
	6	9	1.0	10.0	5	8.0	18.0	
3	0*	0	1.5	1.5	0	11.0	12.5*	12.5
	1	4	1.5	5.5	1	10.5	16.0	
	2	5	1.5	6.5	2	8.0	14.5	
	3	6	1.5	7.5	3	8.0	15.5	
	4	7	1.5	8.5	4	8.0	16.5	
	5	8	1.5	9.5	5	8.0	17.5	
	6	9	1.5	10.5	6	5.0	15.5	
4	0*	0	2.0	2.0	1	10.5	12.5*	12.5
	1	4	2.0	6.0	2	8.0	14.0	
	2	5	2.0	7.0	3	8.0	15.0	
	3	6	2.0	8.0	4	8.0	16.0	
	4	7	2.0	9.0	5	8.0	17.0	
	5	8	2.0	10.0	6	5.0	15.0	

当 $K=1$ 时,$d_1=2$,因为第一阶段期初库存为 0,故 $S_1=0$。

当 $S_1=0$ 时,$f_1(S_1)$的计算见表 3-11。

表 3-11 第一阶段计算表 （单位：千元）

期初存货 S_1	可能之生产量 u_1	本期成本		总计 $C_1(S_1,u_1)$	期末存货 S_2	以后各时期成本 $f_2(S_2)$	总成本 $C_1(S_1,u_1)+f_2(S_2)$	$f_1(S_1)$
		生产	存储					
0	2	5	0	5.0	0	16.0	21.0	20.5
	3	6	0	6.0	1	15.5	21.5	
	4	7	0	7.0	2	15.0	22.0	
	5*	8	0	8.0	3	12.5	20.5*	
	6	9	0	9.0	4	12.5	21.5	

3. 总结以上分析与计算可以得到各阶段的最优生产量与库存计划，见表3-12

表 3-12 各时期最优产量表 （单位：千元）

时期 K	期初存货 S_K	期末存货 S_{K+1}	最优生产量	该时期成本 $C_K(S_K,u_K)$	总成本 $C_K(S_K,u_K)+f_{K+1}(S_{K+1})$
1	0	3	5	8.0	20.5
2	3	0	0	1.5	12.5
3	0	4	6	9.0	11.0
4	4	0	0	2.0	2.0

即：第一期生产 5 个，第 3 期生产 6 个，总成本为 20.5 千元。

四、背包问题

【例 3-5】 现有一辆货车，最大运载量为 10 吨。准备用它装载三种货物，每种货物的单位重量及相应单位价值见表 3-13。问如何装载可以使总价值最大？试用动态规划方法求解。

表 3-13

货物编号	1	2	3
单位重量 a_i（吨/单位第 i 种货物）	3	4	5
单位价值 C_i	4	5	6

解：设装载第 i 种货物的件数为 x_i（i=1,2,3），则该问题的整数线性规划方程为

$$\max Z = 4x_1 + 5x_2 + 6x_3$$

$$\text{s.t.}\begin{cases} 3x_1 + 4x_2 + 5x_3 \leqslant 10 \\ x_i \geqslant 0 \text{ 且为整数}(i=1,2,3) \end{cases}$$

1. 按动态规划要求确定以下参数

(1)将装载问题按 3 种货物分为三个阶段，每阶段装载一种货物。

(2)各阶段的状态参数 S_k 取为在各阶段还可以装载的重量。

(3)各阶段的决策变量取为该阶段装载货物的数量 u_k。决策变量的允许集合

$$u_k(S_k)=\left\{u_k \mid 0 \leqslant X_k \leqslant \frac{S_k}{a_k}\right\}$$

(4)状态转移方程:$S_{K+1}=S_K-a_k x_k$。

(5)阶段指标函数:$d_k(s_k,u_k)=c_k u_k$。

(6)最优指标函数:$f_k(S_k)=\max\{d_k(s_k,u_k)+f_{k+1}(S_{k+1})\}$

$$=\max\{c_k u_k+f_{k+1}(S_{k+1})\}$$

$$=\max\{c_k x_k+f_{k+1}(S_k-a_k x_k)\}。$$

(7)边界条件 $f_4(S_4)=0$。

2. 分段计算

$K=3,S_3=\{0,1,2,3,4,5,6,7,8,9,10\}$ 如表 3-14、表 3-15、表 3-16 所示。

表 3-14 第三阶段计算表

S_3	$u_3=\left\{x_3 \middle\vert \frac{S_3}{a_3}\right\}$	$d_3(S_3,u_3)=6x_3$	$S_4=S_3-a_3x_3$	d_3+f_4	$u_3^*(S_3)$	$f_3(S_3)$
0	0	0	0	0+0	0	0
1	0	0	1	0+0	0	0
2	0	0	2	0+0	0	0
3	0	0	3	0+0	0	0
4	0	0	4	0+0	0	0
5	0 1	0 6	5 0	0+0 6	1	6
6	0 1	0 6	6 1	0 6	1	6
7	0 1	0 6	7 2	0 6	1	6
S_3	$u_3=\left\{x_3 \middle\vert \frac{s_3}{a_3}\right\}$	$d_3(S_3,u_3)=6x_3$	$S_4=S_3-a_3x_3$	d_3+f_4	$u_3^*(S_3)$	$f_3(S_3)$
8	0 1	0 6	8 3	0 6	1	6
9	0 1	0 6	9 4	0 6	1	6
10	0 1 2	0 6 12	10 5 0	0 6 12	2	12

$K=2$

表 3-15 第二阶段计算表

S_2	$u_2=\left\{x_2 \middle\vert \frac{s_2}{a_2}\right\}$	$d_2(S_2,u_2)=5x_2$	$S_3=S_2-a_2x_2$	d_2+f_3	$u_2^*(S_2)$	$f_2(S_2)$
0	0	0	0	0+0	0	0
1	0	0	1	0+0	0	0
2	0	0	2	0+0	0	0
3	0	0	3	0+0	0	0
4	0	0	4	0+0	1	5
	1	5	0	5+0		
5	0	0	5	6	0	6
	1	5	1	5+0		
6	0	0	6	0+6	0	6
	1	5	2	5+0		
7	0	0	7	0+6	0	6
	1	5	3	5+0		
8	0	0	8	0+6	10	2
	1	5	4	5+0		
	2	10	0	10+0		
9	0	0	9	0+6	11	1
	1	5	5	5+6		
	2	10	1	10+0		
10	0	0	10	0+12	12	0
	1	5	6	5+6		
	2	10	2	10+0		

$K=1$

表 3-16 第一阶段计算表

S_1	$u_1=\left\{x_1 \middle\vert \frac{s_1}{a_1}\right\}$	$d_1(S_1,u_1)=4x_1$	$S_2=S_1-a_1x_1$	d_1+f_2	$u_1^*(S_1)$	$f_1(S_1)$
10	0	0	10	0+12	2	13
	1	4	7	4+6		
	2	8	4	8+5		
	3	12	1	12+0		

最优决策，$x_1=2$，$x_2=1$，$x_3=0$。总收益 13。

以上算法是动态规划的标准算法，对于背包问题，还可以有多种省略计算的方法。有兴趣的读者可以参见文献(兰伯雄．管理数学(7)—运筹学．北京：清华大学出版社．1997)

五、设备更新问题

【例 3-6】 设某台新设备的年收益及年均维修费，更新净费用如表 3-17 所示，试作今后 5 年内的更新决策使总效益最大。

表 3-17

役龄 项目	0	1	2	3	4	5
效益 $r_k(t)$	5	4.5	4	3.75	3	2.5
维修费 $w_k(t)$	0.5	1	1.5	2	2.5	3
更新费 $C_k(t)$	0.5	1.5	2.2	2.5	3	3.5

1. 按动态规划要求确定以下参数

(1)将设备更新问题按今后 5 年分为 $K=5$ 个阶段。

(2)各阶段的状态参数 S_k 取为第 K 年初，设备已使用过的年限，$S_k=[0,1,2,3,4,5]$。

(3)各阶段的决策变量只有两个：$u_k=x_k=K$(保留)或 $u_k=x_k=R$(更新)。

(4)状态转移方程：$S_{K+1}=\begin{cases} S_K+1 & 当\ x_k=K \\ 1 & 当\ x_k=R \end{cases}$

(5)阶段指数函数：$d_k(s_k,x_k)=\begin{cases} r_k(S_k)-w_k(S_k) & 当\ x_k=k \\ r_k(0)-w_k(0)-C_K(S_K) & 当\ x_k=R \end{cases}$

(6)最优指标函数：$f_k(S_k)=\max\{d_k(s_k,x_k)+f_{k+1}(S_{k+1})\}$。

不难看出：用动态规划求解设备更新问题时，各阶段的决策只有“继续使用”和“更新”两种决策方案。不同方案要采用不同的效益计算公式。

2. 下面进行分阶段计算

当 $K=5, f_5(S_5)=\max\begin{cases} r_5(S_5)-w_5(S_5), & x_5=K \\ r_5(0)-w_5(0)-c_5(S_5), & x_5=R \end{cases}$

$S_5=(1,2,3,4)$，如表 3-18 所示。

表 3-18　第五阶段计算表

S_5	x_5	$d_5(S_5,x_5)$	$x_5^*(S_5)$	$f_5(S_5)$
1	K R	$4.5-1=3.5$ $5-0.5-1.5=3$	K	3.5
2	K R	$4-1.5=2.5$ $5-0.5-2.2=2.3$	K	2.5
3	K R	$3.75-2=1.75$ $5-0.5-2.5=2$	R	2
4	K R	$3-2.5=0.5$ $5-0.5-3=1.5$	R	1.5

当 $K=4, f_4(S_4)=\max\begin{cases} r_4(S_4)-w_4(S_4)+f_5(S_4+1), x_4=K \\ r_4(0)-w_4(0)-c_4(S_4)+f_5(1), x_4=R \end{cases}$

$S_4=(1,2,3)$，如表 3-19 所示。

表 3-19 第四阶段计算表

S_4	x_4	$d_4(S_4,x_4)$	$x_4^*(S_4)$	$f_4(S_4)$
1	K	4.5−1+2.5=6	R	6.5
	R	5−0.5−1.5+3.5=6.5		
2	K	4−1.5+2=4.5	R	5.8
	R	5−0.5−2.2+3.5=5.8		
3	K	3.75−2+1.5=3.25	R	5.5
	R	5−0.5−2.5+3.5=5.5		

当 $K=3, f_3(S_3)=\max\begin{cases} r_3(S_3)-w_3(S_3)+f_4(S_4+1), & x_3=R \\ r_3(0)-w_3(0)-c_3(S_3)+f_4(1), & x_3=R \end{cases}$

$S_3=(1,2)$，如表 3-20 所示。

表 3-20 第三阶段计算表

S_3	x_3	$d_3(S_3,x_3)$	$x_3^*(S_3)$	$f_3(S_3)$
1	K	4.5−1+5.8=9.3	R	9.5
	R	5−0.5−1.5+6.5=9.5		
2	K	4−1.5+5.5=8.5	R	8.8
	R	5−0.5−2.2+6.5=8.8		

当 $K=2, f_2(S_2)=\max\begin{cases} r_2(S_2)-w_2(S_2)+f_3(S_2+1), & x_2=K \\ r_2(0)-w_2(0)-c_2(S_2)+f_3(1), & x_2=R \end{cases}$

$S_2=(1)$，如表 3-21 所示。

表 3-21 第二阶段计算表

S_2	x_2	$d_2(S_2,x_2)$	$x_2^*(S_2)$	$f_2(S_2)$
1	K	4.5−1+8.8=12.3	R	12.5
	R	5−0.5−1.5+9.5=12.5		

当 $K=1, f_1(S_1)=\max\begin{cases} r_1(S_1)-w_1(S_1)+f_2(S_1+1), & x_1=K \\ r_1(0)-w_1(0)-c_1(S_1)+f_2(1), & x_1=R \end{cases}$

$S_1=(0)$，如表 3-22 所示。

表 3-22 第一阶段计算表

S_1	x_1	$d_1(S_1,x_1)$	$x_1^*(S_1)$	$f_1(S_1)$
0	K	5－0.5＋12.5＝17	K	17
	R	5－0.5－0.5＋12.5＝16.5		

3. 从第一阶段开始寻找最优决策序列，其步骤如下：

(1) 由 $x_1^*(0)=k\rightarrow$，递推回去，$S_1=0, \therefore S_2=S_1+1=1$

查 $f_2(1)$ 时，$u_2^*(1)=R$。

(2) 由 $x_2^*(1)=R$，递推回去，$S_2=1, \therefore S_3=1$

查 $f_3(1)$ 时，$u_3^*(1)=R$。

(3) 由 $x_3^*(1)=R$，递推回去，$S_3=1, \therefore S_4=1$

查 $f_4(1)$ 时，$u_4^*(1)=R$。

(4) 由 $x_4^*(1)=R$，递推回去，$S_4=1, \therefore S_5=1$

查 $f_5^*(1)=K$。

同时最优决策是(K,R,R,R,K)。总收益 17，即第一年购买新设备，2，3，4 年初各更新一次。第 5 年继续使用到年底。

六、可靠性问题

某电子系统由若干个部件串联而成，如果其中一个部件失灵整个系统便会失灵。为了提高整个系统的可靠性，各部件可以采用并联相同元件的设计方案。例如，部件 1 可以由若干个元件并联而成。这样部件 1 的可靠性就提高了，但同时成本也增加了。那么在整个系统成本是有定额的情况下，如何设计并联方案(即各部件分别由多少相同元件并联而成)才能使整个系统的可靠性最大，这就是一个系统可靠性优化的问题。这样的问题可以用下面的非线性规划模型来描写。

$$\max P=\prod_{i=1}^{n} P_i(x_i)$$

$$\sum_{i=1}^{n} c_i x_i \leqslant c$$

$$x_i \geqslant 0 \text{ 且为整数}, i=1,2,\cdots,n$$

式中 $P_i(x_i)$ 为第 i 个部件有 x_i 个并联元件时的可靠性，c_i 为元件 i 的单价。

【例 3-7】 某电子系统由四个部件串联构成，四个部件分别采用不同数量元件并联的，其工作的可靠性如表 3-23 所示。

表 3-23

并联元件的数目	部件 1	部件 2	部件 3	部件 4
1	0.7	0.5	0.7	0.6
2	0.8	0.7	0.9	0.7
3	0.9	0.8	0.95	0.9

各部件安装不同数目的元件时，其成本见表 3-24。

表 3-24 成本表$[c_k(x_k)]$ （单位：元）

并联元件的数目	部件 1	部件 2	部件 3	部件 4
1	10	20	10	20
2	20	40	30	30
3	30	50	40	40

如果该系统的成本费定额为 1 000 元，请设计使可靠性最大的各部件并联元件的设计。

1. 按动态规划要求确定以下的参数

(1)按构成系统的部件数量，确定动态规划有 4 个阶段，即 $k=4$。

(2)各阶段的状态参数 S_k 为在各阶段可用的成本总值。即在第 k 阶段允许使用的总费用。

(3)各阶段的决策变量 u_k 为第 k 个部件采用的元件数 x_k。

$\therefore u_k=\{x_k \mid 0\leqslant x_k\leqslant 3\}$

(4)状态转换方程为 $S_{k+1}=S_k-c_k(x_k)$ 式中 $c_k(x_k)$ 为第 k 个部件采用 x_k 个并联元件所需要的费用。

(5)最优指数函数 $f_k(S_k)=\max\limits_{xk}\{P_k(x_k)\cdot f_{k+1}(S_k-c_k(x_k))\}$。

(6)边界条件 $f_5(S_5)=1$。

在本例中，因为购买不同数量元件的价格是固定的，因此相对应的可使用的费用是在一定的区间内变动的。例如，费用在$(0\leqslant S\leqslant 19)$内，只能购买部件 1 或部件 3 的 1 个元件，等等。因此，各阶段的状态参数 S_k 只能取费用的区间数来表示，同时状态转换方程 $S_{k+1}=S_k-c_kx_k$ 也要采用区间数运算。例如，当 $S_k=(30\leqslant S_k\leqslant 39)$时，设 $c_k=10$，$x_k=1$，则 $S_{k+1}=(20\leqslant S_k\leqslant 29)$。

2. 下面进行各阶段的计算

$k=4$，$S_4=[0\leqslant S_k\leqslant 19,20\leqslant S_k\leqslant 29,30\leqslant S_k\leqslant 39,40\leqslant S_k\leqslant 100]$，如表 3-25 所示。

表 3-25 第四阶段计算表

S_4	$u_4=x_4$	$P_4(S_4)$	$P_4(S_4)\cdot f_5(S_5)$	$f_4(S_4)$	u_k^*
$0\leqslant S_4\leqslant 19$	0	0	0	0	0
$20\leqslant S_4\leqslant 29$	0	0	0	0.6	1
	1	0.6	0.6		
$30\leqslant S_4\leqslant 39$	0	0	0	0.7	2
	1	0.6	0.6		
	2	0.7	0.7		
$40\leqslant S_4\leqslant 100$	0	0	0	0.9	3
	1	0.6	0.6		
	2	0.7	0.7		
	3	0.9	0.9		

$k=3, S_3=[0\leqslant S_3\leqslant 29, 30\leqslant S_3\leqslant 39, 40\leqslant S_3\leqslant 49, 50\leqslant S_3\leqslant 59, 60\leqslant S_3\leqslant 69, 70\leqslant S_3\leqslant 79, 80\leqslant S_3\leqslant 100]$，如表 3-26 所示。

表 3-26 第三阶段计算表

S_3	$u_3=x_3$	$P_3(x_3)$	S_4	$f_4(S_4)$	$P_3(x_3)\cdot f_4(S_4)$	u_3^*
$0\leqslant S_3\leqslant 29$	1	0.7	$10\leqslant S_4\leqslant 19$	0	0	
$30\leqslant S_3\leqslant 39$	1	0.7	$20\leqslant S_4\leqslant 29$	0.6	$0.7\times 0.6=0.42$	1
	2	0.9	$0\leqslant S_4\leqslant 9$	0	0	
$40\leqslant S_3\leqslant 49$	1	0.7	$30\leqslant S_4\leqslant 39$	0.7	$0.7\times 0.7=0.49$	1
	2	0.9	$10\leqslant S_4\leqslant 19$	0	0	
	3	0.95	$0\leqslant S_4\leqslant 9$	0	0	
$50\leqslant S_3\leqslant 59$	1	0.7	$40\leqslant S_4\leqslant 49$	0.9	$0.7\times 0.9=0.63$	1
	2	0.9	$20\leqslant S_4\leqslant 29$	0.6	$0.9\times 0.6=0.54$	
	3	0.95	$10\leqslant S_4\leqslant 19$	0		
$60\leqslant S_3\leqslant 69$	1	0.7	$50\leqslant S_4\leqslant 59$	0.9	$0.7\times 0.9=0.63$	1.2
	2	0.9	$30\leqslant S_4\leqslant 39$	0.7	$0.9\times 0.7=0.63$	
	3	0.95	$20\leqslant S_4\leqslant 29$	0.6	$0.95\times 0.6=0.57$	
$70\leqslant S_3\leqslant 79$	1	0.7	$60\leqslant S_4\leqslant 69$	0.9	$0.7\times 0.9=0.63$	2
	2	0.9	$40\leqslant S_4\leqslant 49$	0.9	$0.9\times 0.9=0.81$	
	3	0.95	$30\leqslant S_4\leqslant 39$	0.7	$0.95\times 0.7=0.665$	
$80\leqslant S_3\leqslant 100$	1	0.7	$70\leqslant S_4\leqslant 79$	0.9	$0.7\times 0.9=0.63$	3
	2	0.9	$50\leqslant S_4\leqslant 59$	0.9	$0.9\times 0.9=0.81$	
	3	0.95	$40\leqslant S_4\leqslant 49$	0.9	$0.95\times 0.9=0.855$	

$k=2, S_2=[0\leqslant S_2\leqslant 59, 60\leqslant S_2\leqslant 69, 70\leqslant S_2\leqslant 79, 80\leqslant S_2\leqslant 89, 90\leqslant S_2\leqslant 99, 100]$，如表 3-27 所示。

表 3-27 第二阶段计算表

S_2	$u_2=x_2$	$P_2(x_2)$	S_3	$f_3(S_3)$	$P_2(x_2)\cdot f_3(S_3)$	u_2^*
$0\leqslant S_2\leqslant 59$	1	0.5	$30\leqslant S_3\leqslant 39$	0.42	$0.5\times 0.42=0.21$	1
	2	0.7	$10\leqslant S_3\leqslant 19$	0	0	
	3	0.8		0	0	
$60\leqslant S_2\leqslant 69$	1	0.5	$40\leqslant S_3\leqslant 49$	0.49	$0.5\times 0.49=0.245$	1
	2	0.7	$20\leqslant S_3\leqslant 29$	0	0	
	3	0.8	$10\leqslant S_3\leqslant 19$	0	0	
$70\leqslant S_2\leqslant 79$	1	0.5	$50\leqslant S_3\leqslant 59$	0.63	$0.5\times 0.63=0.315$	1
	2	0.7	$30\leqslant S_3\leqslant 39$	0.42	$0.7\times 0.42=0.294$	
	3	0.8	$20\leqslant S_3\leqslant 29$	0	0	

续表

S_2	$u_2=x_2$	$P_2(x_2)$	S_3	$f_3(S_3)$	$P_2(x_2)\cdot f_3(S_3)$	u_2^*
$80\leqslant S_2\leqslant 89$	1	0.5	$60\leqslant S_3\leqslant 69$	0.63	$0.5\times 0.63=0.32$	2
	2	0.7	$40\leqslant S_3\leqslant 49$	0.49	$0.7\times 0.49=0.34$	
	3	0.8	$30\leqslant S_3\leqslant 39$	0.42	$0.8\times 0.42=0.336$	
$90\leqslant S_2\leqslant 99$	1	0.5	$70\leqslant S_3\leqslant 79$	0.81	$0.5\times 0.81=0.41$	2
	2	0.7	$50\leqslant S_3\leqslant 59$	0.63	$0.7\times 0.63=0.44$	
	3	0.8	$40\leqslant S_3\leqslant 49$	0.49	$0.8\times 0.49=0.39$	
100	1	0.5	$80\leqslant S_3\leqslant 89$	0.86	$0.5\times 0.855=0.43$	3
	2	0.7	$60\leqslant S_3\leqslant 69$	0.63	$0.7\times 0.63=0.44$	
	3	0.8	$50\leqslant S_3\leqslant 59$	0.63	$0.8\times 0.63=0.50$	

$K=1, S_1=\{100\}$，如表 3-28 所示。

表 3-28 第一阶段计算表

S_1	$u_1=x_1$	$P_1(x_1)$	S_2	$f_2(S_2)$	$P_1(x_1)\cdot f_2(S_2)$	u_1^*
100	1	0.7	90	0.44	$0.7\times 0.44=0.31$	1
	2	0.8	80	0.34	$0.8\times 0.34=0.27$	
	3	0.9	70	0.32	$0.9\times 0.32=0.28$	

所以最优决策：

部　件	1	2	3	4
并联元件数	1	2	1	3

其最优决策追踪过程为

$K=1$：$S_1=100\rightarrow u_1^*=1\rightarrow K=2$：$(90\leqslant S_2\leqslant 99)\rightarrow u_2^*=2\rightarrow K=3$：$S_3=(50\leqslant S_3\leqslant 59)$ $\rightarrow u_3^*=1\rightarrow K=4$：$(40\leqslant S_4\leqslant 100)\rightarrow u_4^*=3$。

第四章

网络分析

现实世界的很多问题都可以用网络模型来描写，因此图论和网络分析方法有很广泛的应用。如交通网、管道网、通讯网等的优化问题都要用网络分析的方法去解决。除此之外，还有很多问题，从表面上看似乎与网络毫无关系，但实质上也可以用网络模型来描写，例如，设备更新的优化问题，就可以表述为网络分析中的最短路问题。

图与网络模型还有一个形象性的特点，用它可以直观地描述一些孤立事物间的联系，这比单纯的数学模型更容易为人们所理解。再加上目前已有求解网络模型的特殊算法，可以有效地求解大型的网络问题，因此网络模型的应用也愈来愈引起人们的重视。

第一节　图的基本概念及图的模型

关于图论的起源，应当从欧拉1736年发表解决著名的哥尼斯堡七桥问题说起。当时哥尼斯堡（Königsberg）是俄罗斯西部的一个城市，现名加里宁格勒，位于新普列格河和克普列格河交汇为一条普列格河的地区，见图4-1(a)。在18世纪时，河上有七座桥，连接河两岸的四个地区（A、B、C、D）。当地的居民热衷讨论下面一个问题：一个旅游者从某区出发能不能游完四地，但只通过每座桥一次又回到原地？

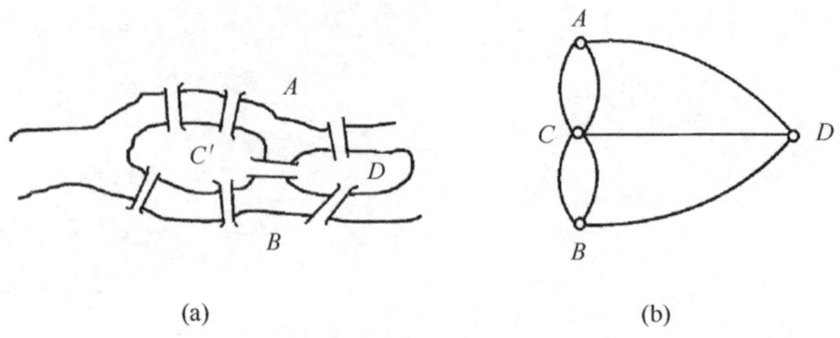

图4-1　哥尼斯堡七桥问题

当时在彼得格勒科学院的数学家欧拉，将此问题归结为图 4-1(b)所示，由点和连线构成的图形能否一笔画的问题，并证明了这是不可能实现的。这是一个用图的模型来描述和解决实际问题的第一个著名的例子。1857 年，Irish 著名数学家 Sir Widiam Roman Hamilton 又提出了世界周游问题，他用 12 面体做成一个具有 20 个角顶的多面体。如果每一个角顶代表一个城市，哈密顿提出的问题是，能否找到一条路线，从某一个城市出发，经过每个城市(角顶)一次，且仅一次又回到出发的城市，见图 4-2。这就是著名的哈密顿圈问题，图中沿标号顺序(或箭线)运动的路线就是该图哈密顿圈的一个可行解。在图论中还有很多趣味的问题可以用图来表示，有兴趣的读者可以参考相关书目。从这两个著名的例子可以看出图的模型是由有限个代表孤立事物的点和表示事物间联系的线所构成。在日常生活中，很多智力测验和思维难题也可以用图的模型来表示，而且通过这些模型往往可以给人们解决问题，提供很有价值的线索。

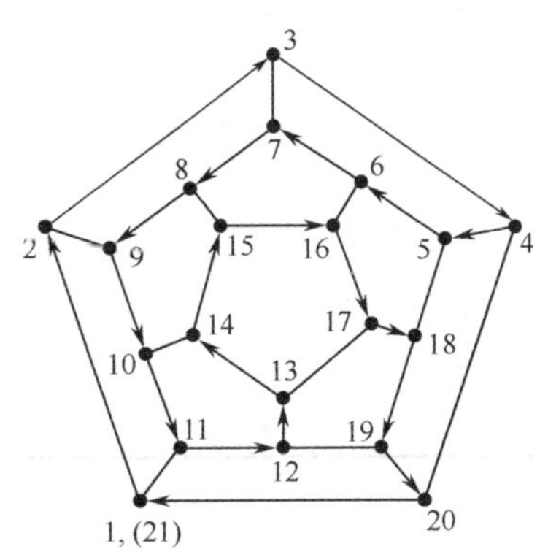

图 4-2 哈密顿圈问题

下面举几个例子来说明。

【**例 4-1**】 化工品的储存问题

现要求储藏 8 种化工品 A,B,C,D,P,R,S,T。出于安全的原因，下面各组产品不能放在一起：A-R,A-C,A-T,R-P,P-S,S-T,T-B,B-D,D-C,R-S,R-B,P-D,S-C,S-D。

问题：储藏这 8 种化工品至少需要多少间储藏室？

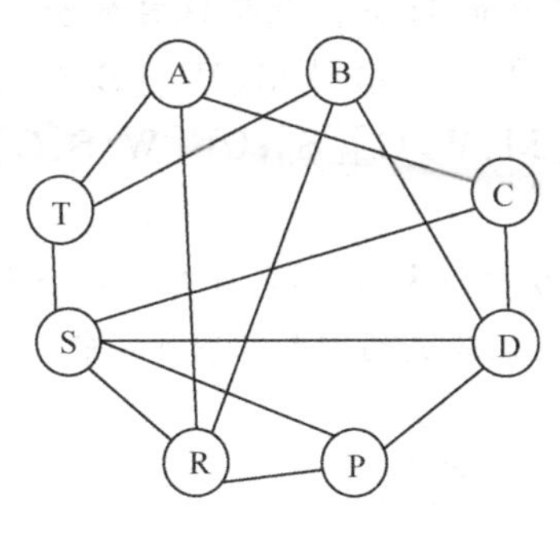

图 4-3

解：在这个问题里，用顶点代表每一种化工品；两种化工品不能放在一起则用一条连线表示，最后得到图 4-3 所示的图。很显然，从这个图可以看出，相互之间没有连线的化工品可以放在一个储藏间，方案可以有多个，其中至少要用三个储藏间才能满足安全要求。这种最优方案有 2 个：

方案 1：ABS,TCP,DR

方案 2：DRT,ABS,CP

【**例 4-2**】 考试课表安排问题

现有 10 名研究生要参加总计为六门课程的期末考试，每位研究生要考的课程数和门类是不同的，如表 4-1 所示。

请你排一个考试课表，要求满足下列三个条件：

(1)全部考试要在三天内完成；

(2)每天上午和下午只能安排一门考试；

(3)对每位研究生，一天只能安排一门考试。

解：在这个问题里，取 6 个顶点分别代表六门课程(A、B、C、D、E、F)，然后将不能放在一天内考试的课程(顶点)之间连接一条线，构成图 4-4。从这个图可以看出：没有连线的两个顶点(课程)可以安排在一天(上午和下午)考试。

因此考试课表是：第一天 AE，第二天 BC，第三天 DF。

表 4-1 学生考试科目表

	A	B	C	D	E	F
1	*	*		*		
2	*		*			
3	*					*
4		*			*	*
5	*		*	*		
6			*		*	
7			*		*	*
8		*		*		
9	*	*				*
10	*		*			*

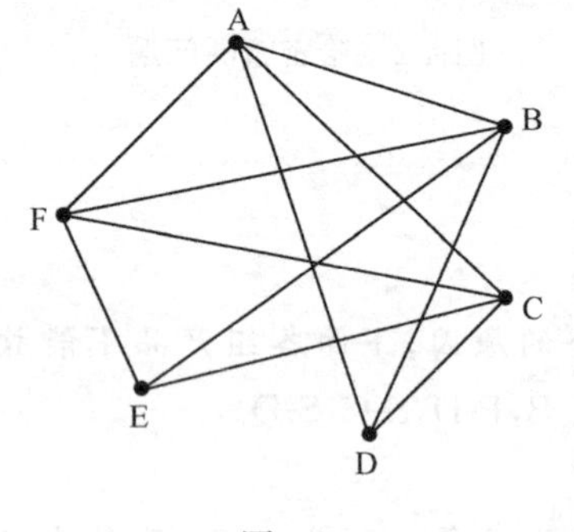

图 4-4

【例 4-3】 农夫、狼、羊、草过河问题

有位农夫，携带一匹狼、一只羊和一挑草要过一条小河。河中只有一条小船，一次摆渡农夫只能携带一样东西(一匹狼或一只羊或一挑草)。当农夫不在场时，狼要吃羊，羊要吃草。试问：农夫怎样才能将这三样东西摆渡到对岸？至少要摆渡几次？

解：在这个问题里，首先要考虑这四个对象可能形成的组合情况，每种组合称其为一种状态，如人、狼、羊、草在一起，记为[M、W、S、G]是一种可能的状态。现将这样的全部组合表示如下：①[M、W、S、G][Φ]；② [M、W][S、G]；③ [M、S][W、G]；④ [M、G][W、S]；⑤ [M、W、S][G]；⑥ [M、W、G][S]；⑦ [W、S、G][M]；⑧ [M、S、G][W]。

很显然，上表中组合 2,4,7 是不允许的。去掉这三个组合中的六个状态，那么可能的状态有 10 个，现用一个顶点代表一种状态，按照状态中是否有人存在，把它们分成两组列在图 4-5 中。

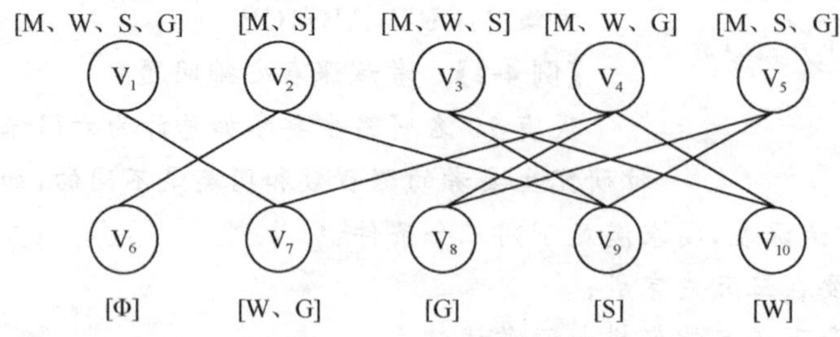

图 4-5 过河问题的图模型

下面研究各状态之间的关系，如果两个状态之间可以相互转化，就将这两个状态之间划一条连线。例如，状态 V_1[M、W、S、G]，在这个状态下，农夫只能带羊过河，这时剩下狼草在一起的状态 V_7，因此 V_1 与 V_7 之间有一连线。再以状态V_4[M、W、G]为例，如农夫带

狼过河，则剩下草，即 V_4 与 V_8 有连线；如农夫带草过河，则剩下狼，即 V_4 与 V_{10} 有连线；如农夫自己过河，则剩下狼和草，即 V_4 与 V_7 有连线……按照这种增加连线的方法可以得到图 4-5 所示的农夫摆渡狼、羊、草过河的模型图。于是，过河问题变成在此模型图中寻找一条由 V_1 点到 V_6 点的路线问题。对此简单的模型，很容易找到下面两条路线，它们是：

$$V_1 \to V_7 \to V_4 \to V_{10} \to V_3 \to V_9 \to V_2 \to V_6$$

$$\searrow V_8 \to V_5 \nearrow$$

第二节 图论网络分析中常用的名词

在下面几节中将要涉及图论中的一些基本概念和名词，现作简要的说明。

一、图

所谓图是由有限个代表孤立事物的点和表示事物间联系的线所构成。在图论中，这些点称为顶点的集合，用 $V=\{v_1,v_2,\cdots\}$ 表示；顶点之间的连线称为边的集合，用 $E=\{e_1,e_2,\cdots\}$ 表示。这个图就记为 $G=\{V,E\}$，或 $G=\{V,E,\Psi\}$，Ψ 表示点与边之间的关系。例如，图 4-6 所示的交通网就是图的一个典型例子。

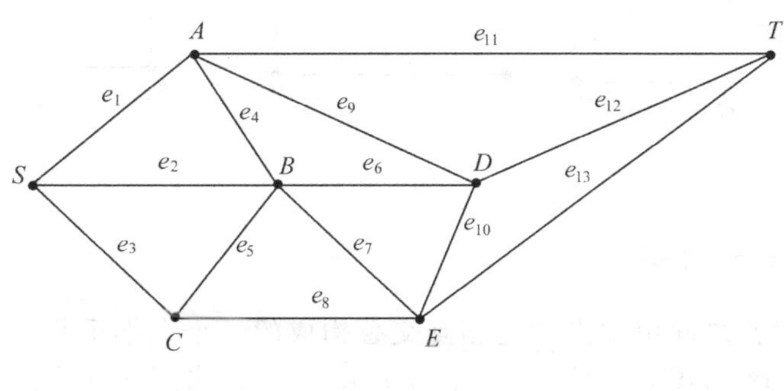

图 4-6

其中，S,A,B,C,D,E,T 七个点代表七个城市，它们之间的边表示各城市之间的联系（如公路）。在图论中，一个顶点和一条边相连称为关联、与同一条边关联的两个顶点称为相邻。一个顶点与边关联的次数称为该顶点的次。具有奇次的顶点称为奇次点，具有偶次的顶点称为偶次点。很显然，任何图中全部顶点次数的总和是个偶数。图中若存在奇次点，则它们肯定是成对出现的。图中的每条边可以用与其关联的两个顶点定义，如 $e_1=[S,A]$，$e_2=[S,B]$，等等。在一般的图中，定义每条边与顶点的顺序无关，即 $e_1=[S,A]=[A,S]$。这样的图称为无向图。如果边是用顶点的有序对来定义，即令其一个顶点是始点，另一个顶点是终点，那么称该边为有向边，这时$[S,A]\neq[A,S]$。

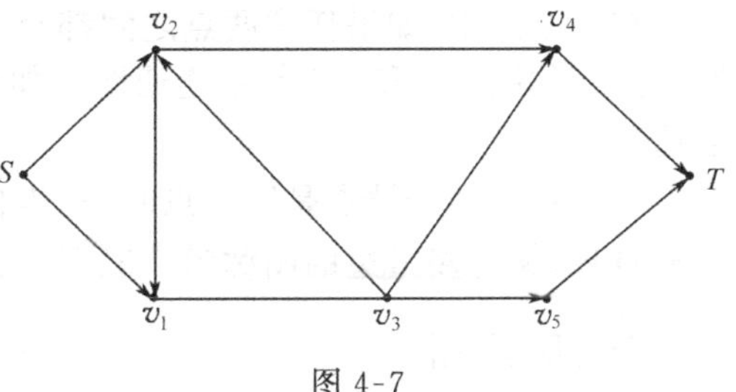

图 4-7

全部由有向边构成的图称为有向图(图 4-7)。有向图中的边称为弧,记作(S,v_1),(S,v_2)等。

二、子图和生成子图

设有两个图$G_1=\{V_1,E_1\}$,$G_2=\{V_2,E_2\}$。如果图G_1中的点是图G_2中点的一部分,图G_1中的边是图G_2中边的一部分,即$V_1\subseteq V_2$,$E_1\subseteq E_2$,则称G_1是G_2的子图,并且:

(1)若$V_1=V_2$,$E_1\subset E_2$,则称G_1是G_2的生成图(或部分图)。在图 4-8 中,G_1是G_2的生成图。

(2)若$V_3\subset V_2$,$E_3\subset E_2$,则称G_3是G_2的真子图。在图 4-8 中的G_3是图中G_2的真子图。

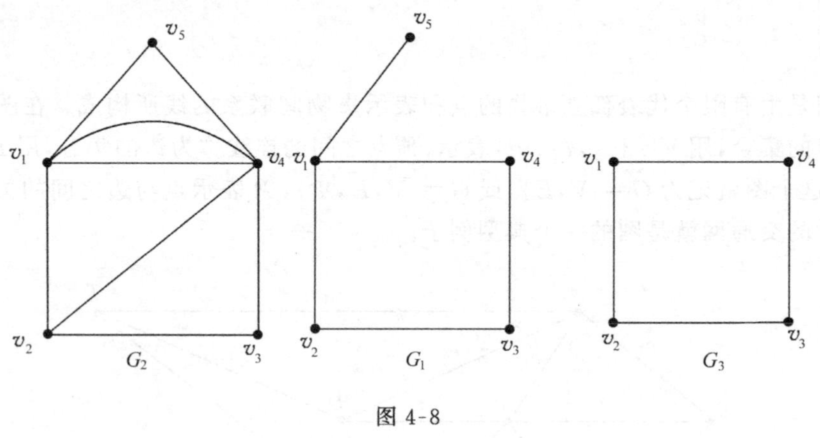

图 4-8

三、链、路、圈和回路

在图中,任意两点之间由顶点和边相互交替构成的一个点不重复的序列称为初等链。如图 4-6 中,$A,e_4,B,e_5,C,e_8,E,e_{13},T$就是顶点$A$和$T$之间的一条初等链。在本书中如不特别说明时,将初等链简称为链。

在有向图中,如果链中每条边的方向是和链的走向一致,则该链称为路,如图 4-7 中,$S\to v_2\to v_4\to T$,$S\to v_1\to v_3\to v_2\to v_4\to T$都是由$S$到$T$的通路。

起点和终点相同的链称为闭链或圈;起点和终点相同的路称为回路。

四、连通图和简单图

在一个图中,如果任意两点之间都有一条链相连,则称此图为连通图,否则称为非连通图。上面的图 4-6 和 4-7 都是连通图。如果去掉图 4-6 中的e_{11},e_{12}和e_{13}三条边,则成为非连通图。

一条边的两个端点是同一点时,称为自环;两个顶点之间若有多条边时,则称为多重边。既有自环,又有多重边的图称为一般图;无自环,也无多重边的图,称为简单图。

五、网络图

如果在上面的图中赋予各边一定的物理量,例如,表示两顶点之间的距离,这样的图称为网络图。与各边有关的物理量称为该边的权。权可以是距离，也可以是时间、费用、容量等。

六、图的矩阵表示法

为了能够用计算机解决图论及网络分析中的问题，需要用计算机可以解读的方式来表示一个图或网络的模型，最常用的方法是利用相邻矩阵和边的节点表示法。

1. 图和网络的相邻矩阵 $X(G)$

图 G 的相邻矩阵 $X(G)$ 为一个 $P\times P$ 的方阵，式中 P 为图 G 的顶点数。

$X(G)=[x_{ij}]$ x_{ij} 为方阵中的元素

$$x_{ij}=\begin{cases}K & \text{若节点 } v_iv_j \text{ 之间有 } K \text{ 条平行边相连}\\ 0 & \text{若节点 } v_iv_j \text{ 之间没有边相连}\end{cases}$$

如图 4-9 的相邻矩阵是

$$X(G)=\begin{matrix} & v_1 & v_2 & v_3 & v_4 & v_5 \\ v_1 & 0 & 2 & 1 & 1 & 0 \\ v_2 & 2 & 0 & 0 & 0 & 0 \\ v_3 & 1 & 0 & 1 & 0 & 0 \\ v_4 & 1 & 0 & 0 & 0 & 1 \\ v_5 & 0 & 0 & 0 & 1 & 0 \end{matrix}$$

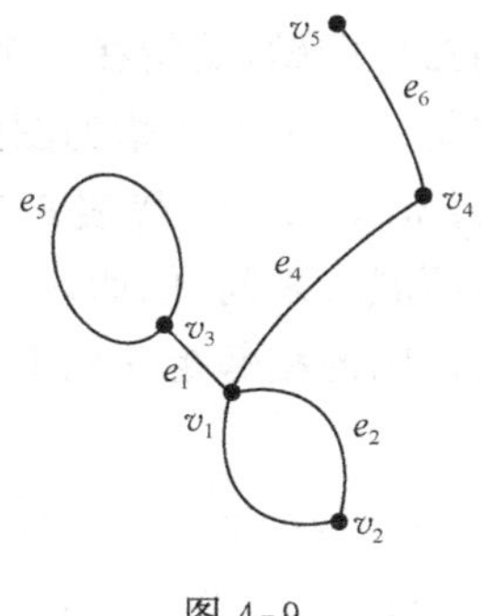

图 4-9

当图为简单图时，$X(G)$ 中的各元素只能是 1 或 0。

2. 有向图的矩阵表示法

设有向图 $D=[V, A]$，$V=\{v_1, v_2, \cdots, v_p\}$

$$A=\{a_1, a_2, \cdots, a_q\}$$

则矩阵 $B(D)=\{b_{ij}\}$

$$b_{ij}=\begin{cases}1 & \text{若 } v_iv_j\in \text{弧集 } A\\ 0 & \text{若 } v_iv_j\notin \text{弧集 } A\end{cases}$$

有向图 4-10 的矩阵表示为

$$B(D)=\begin{matrix} & v_1 & v_2 & v_3 & v_4 \\ v_1 & 0 & 0 & 1 & 0 \\ v_2 & 1 & 0 & 1 & 1 \\ v_3 & 0 & 0 & 0 & 1 \\ v_4 & 1 & 0 & 0 & 0 \end{matrix}$$

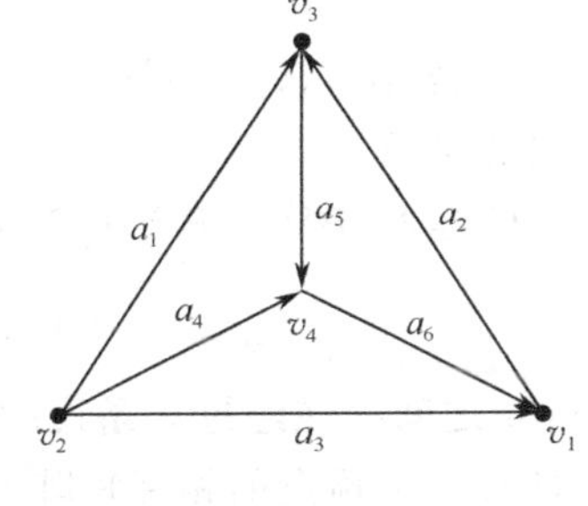

图 4-10

3. 边的顶点表示法

利用上面矩阵表示法，当矩阵中有很多零元素时，存储空间会有很多浪费，在这种情况下，利用边的顶点表示法，也是一种可以节省很多空间的简便方法。

对于有向图，任一边 a 均可用其关联的两顶点 v_iv_j 表示。$a = \{v_iv_j\}$，有向图 D 即是这些边的集合。把这些边按节点编号组装起来就是一个图的模型。如图 4-10 所示，它的边集合是

$$(v_1\,v_3,\ v_2\,v_1,\ v_2\,v_3,\ v_2\,v_4,\ v_3\,v_4,\ v_4\,v_1)$$

对于无向图，每一条边均可以用 2 条具有相同顶点，但方向相反的两条边表示。

第三节　路径问题

一、什么是路径问题

图中的路径问题，是指在一个由顶点和弧构成的有向图中，是否存在一条从 v_i 点到 v_j 点通路。这是一个上节介绍的图的矩阵表示法的实际应用。

设 $v_1\,v_2\,v_3\,v_4\,v_5\,v_6$ 代表 6 个城市，它们之间的单行道路线图如图 4-11 所示。现在的问题是任意两城市之间，例如，v_1 到 v_6 是否存在通路。

现建立该图的相邻矩阵如下：

$$B=\begin{array}{c} \\ v_1\\ v_2\\ v_3\\ v_4\\ v_5\\ v_6\end{array}\begin{array}{c}\begin{array}{cccccc} v_1 & v_2 & v_3 & v_4 & v_5 & v_6\end{array}\\ \begin{pmatrix} 0 & 1 & 0 & 0 & 0 & 0\\ 0 & 0 & 1 & 0 & 0 & 0\\ 0 & 0 & 0 & 1 & 0 & 1\\ 0 & 0 & 0 & 0 & 1 & 1\\ 1 & 0 & 0 & 0 & 0 & 1\\ 1 & 1 & 1 & 0 & 0 & 0\end{pmatrix}\end{array}$$

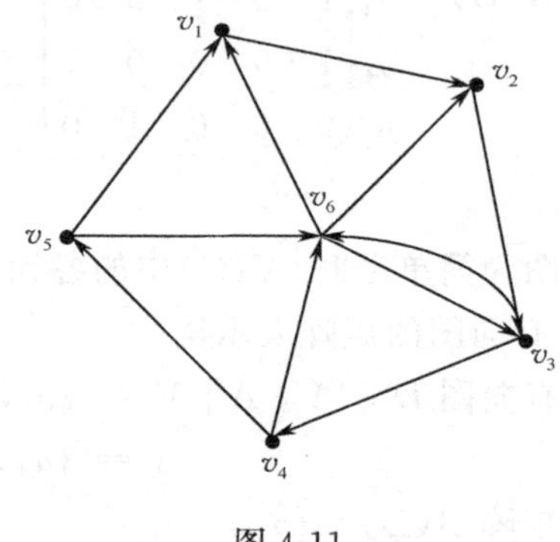

图 4-11

二、路径问题的解法原理

设有向图 D 的相邻矩阵为 $B(D)=\{b_{ij}\}$，其 $B^2=B\times B=\{b_{ij}^{(2)}\}$，$b_{ij}^{(2)}=\sum_{k=1}^{6}b_{ik}\times b_{kj}$，因此，$b_{ik}b_{kj}=1$ 代表在 v_iv_j 之间存在一条经过两条边的路径。而 $b_{ij}^{(2)}$ 代表 v_iv_j 之间存在几条经过两条边的路径。

依上面的推理，$B^{(3)}=B^{(2)}\cdot B=(b_{ij}^{(3)})$

$$b_{ij}^{(3)}=\sum_{k=1}^{3}b_{ik}^{(2)}\cdot b_{kj}$$

$b_{ij}^{(3)}$ 代表 v_iv_j 之间存在经过 3 条边的路径数目。

对于具有 n 个顶点的相邻矩阵 $B(D)=(b_{ij})$ 可以写出下面的一般形式：

$$B^{(n)}=(b_{ij}^{(n)})=\sum_{k=1}^{n}b_{ik}^{(n-1)}\cdot b_{kj}$$

$b_{ij}^{(n)}$代表 v_iv_j 之间存在经过 n 条边的路径数目。

例如，寻找图 4-11 中从 v_1-v_6 经过两条边的路径。

因为其起点为 v_1，故只需用矩阵的第一行与 B 相乘。

$$v_1\begin{pmatrix}0 & \underset{1-2}{\boxed{1}} & 0 & 0 & 0 & 0\end{pmatrix}\begin{array}{c}\\ v_2\\ \\ \\ \\ \\ \end{array}\overset{\qquad\qquad v_3}{\begin{pmatrix}0 & 1 & 0 & 0 & 0 & 0\\ 0 & 0 & \boxed{1} & 0 & 0 & 0\\ 0 & 0 & 0 & 1 & 0 & 1\\ 0 & 0 & 0 & 0 & 1 & 1\\ 1 & 0 & 0 & 0 & 0 & 1\\ 1 & 1 & 1 & 0 & 0 & 0\end{pmatrix}}=\begin{pmatrix}0 & 0 & \underset{1-2-3}{\boxed{1}} & 0 & 0 & 0\end{pmatrix}$$

现研究矩阵 $B(D)$ 自乘，$B^2(D)$ 的意义。

设
$$B(D)=\begin{array}{c}\\ v_1\\ v_3\\ v_3\end{array}\begin{array}{c}\begin{matrix}v_1 & v_2 & v_3\end{matrix}\\ \begin{pmatrix}b_{11} & b_{12} & b_{13}\\ b_{21} & b_{22} & b_{23}\\ b_{31} & b_{32} & b_{33}\end{pmatrix}\end{array}$$

则
$$B^2=\begin{pmatrix}b_{11} & b_{12} & b_{13}\\ b_{21} & b_{22} & b_{23}\\ b_{31} & b_{32} & b_{33}\end{pmatrix}\cdot\begin{pmatrix}b_{11} & b_{12} & b_{13}\\ b_{21} & b_{22} & b_{23}\\ b_{31} & b_{32} & b_{33}\end{pmatrix}=\begin{pmatrix}b_{11}^{(2)} & b_{12}^{(2)} & b_{13}^{(2)}\\ b_{21}^{(2)} & b_{22}^{(2)} & b_{23}^{(2)}\\ b_{31}^{(2)} & b_{32}^{(2)} & b_{33}^{(2)}\end{pmatrix}$$

其中 $b_{ij}^{(2)}=\sum_{k=1}^{3}b_{ik}b_{kj}$

例如，$b_{11}^{(2)}=b_{11}b_{11}+b_{12}b_{21}+b_{13}b_{31}$

$b_{12}^{(2)}=b_{11}b_{12}+b_{12}b_{22}+b_{13}b_{32}$

$b_{13}^{(2)}=b_{11}b_{13}+b_{12}b_{23}+b_{13}b_{33}$

很显然，当 $b_{ij}^{(2)}\geqslant 1$ 时，其求和公式 $\sum_{k=1}^{3}b_{ik}b_{kj}$ 中至少要有一项的 $b_{ik}b_{kj}\neq 0$，这意味着，在 v_iv_j 两顶点之间至少存在一条长度为 2(即经过两条边)的通路。

在图 4.11 的例子中，因为 $b_{16}^{(2)}=0$，故 v_1 和 v_6 之间没有经过两条边的路径。

路径的跟踪方法：为了找到路径，要在各级矩阵中 $b_{ij}^{(K)}$ 不等于 0 的位置上记录到该点的路径轨迹。如从 $B^{(2)}$ 矩阵中的第 3 项不为 0 得知 $v_1\rightarrow v_3$ 存在一条经过两条边的路径 $v_1\rightarrow v_2\rightarrow v_3$。

下面计算 $B^{(3)}$：

$$v_1\begin{pmatrix}0 & 0 & \underset{1-2-3}{\boxed{1}} & 0 & 0 & 0\end{pmatrix}\begin{matrix} \\ \\ v_3 \\ \\ \\ \\ \end{matrix}\overset{\begin{matrix}\quad & \quad & \quad & v_4 & \quad & v_6\end{matrix}}{\begin{pmatrix}0 & 1 & 0 & 0 & 0 & 0\\ 0 & 0 & 1 & 0 & 0 & 0\\ 0 & 0 & 0 & \boxed{1} & 0 & \boxed{1}\\ 0 & 0 & 0 & 0 & 1 & 1\\ 1 & 0 & 0 & 0 & 0 & 1\\ 1 & 1 & 1 & 0 & 0 & 0\end{pmatrix}}=\begin{bmatrix}0 & 0 & 0 & \underset{1-2-3-4}{\boxed{1}} & 0 & \underset{1-2-3-6}{\boxed{1}}\end{bmatrix}$$

由 $B^{(3)}$ 矩阵的第一行可知 $v_1 \to v_4$ 和 $v_1 \to v_6$ 各有一条经过 3 条边的路径。

第四节 最小生成树问题

在架设电话线，铺设自来水或暖气管道的工程设计中会遇到如下的优化问题：如何使通话点或者取水取暖点相互连通，但总的线路长度最短。例如，某居民区五栋楼的分布如图 4-12 所示。每条边旁的数字表示水塔与各楼间的距离。试求最短的管道铺设方案。这类问题在网络分析中称为最小生成树问题。

一、什么是树

1. 树的定义

不含圈的连通图称为树。一般记为 $T=T(V,E)$。

在实际生活中，应用树形图表示的事物是很多的。如公司的组织结构、家谱都是用树形图表示。图书或邮件的分拣过程也可以用树来表示。

2. 树的基本性质

(1) 在树中任两顶点之间，有且仅有一条链。

(2) 若图的任意一对顶点之间，有且仅有一条链，则该图是一棵树。

(3) 一棵具有 p 个顶点的树，共有 $q=p-1$ 条边。

(4) 任何一个具有 p 个顶点，$p-1$ 条边的连通图是一棵树。

根据图的这些性质，可以很容易地识别一棵树。

二、构造生成树的方法

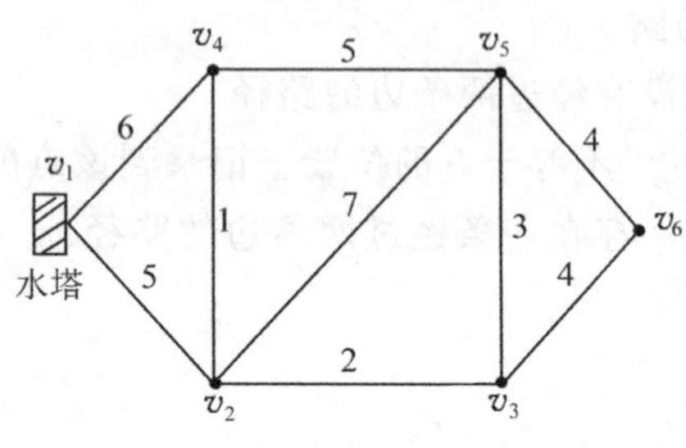

图 4-12

在图 4-12 铺设管道的问题中，先假设没有优化的要求，我们来看如何解决各点之间管道相通的问题。很显然任意三点 v_1、v_2、v_4 之间只要 v_1v_2 和 v_1v_4 之间相通，v_1、v_2、v_4 三点之间就互相连通，v_2v_4 间的管道是多余的。这就是说，在图中圈的存在是不必要的。从第一节生成树的定义知道，这相当于构造图 4-12 的一棵生成树。下面介绍从一个连通图构造一棵生成树的方法。

1. 破圈法

从图 4-12 中任取一圈，从该圈中去掉任一条边，再对余下的圈重复相同的步骤，直到将图中所有的圈都破掉为止。如图 4-13 所示，在第①个圈中去掉$[v_1v_4]$，第②个圈中去掉$[v_4v_5]$，第③个圈中去掉$[v_2v_3]$，第④个圈中去掉$[v_5v_6]$，于是得到图4-12的一棵生成树。如图 4-13中的双线所示。很显然，在每一步中去掉不同的边则得到不同的生成树，如图 4-14 所示。

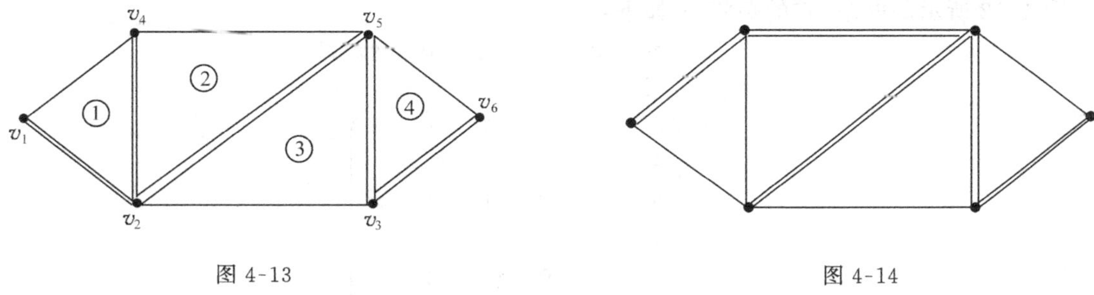

图 4-13　　图 4-14

2. 生长法或避圈法

这是一种从图中某一点开始生长边，逐步扩展生长成一棵树的方法。其生长边的原则是：每步选取与入树边不构成圈的那些边。如图 4-13 所示，先取 v_1 为生长点，$[v_1v_2]$作为树的第一条边，然后从该边的两端 v_1，v_2 向外生长树。例如，取$[v_2v_4]$作为第二条边生长入树。下面可以从 v_1，v_2，v_4 三个点向外生长边。显然，$[v_4v_1]$不能入树，因为 $v_1v_2v_4v_1$ 构成了一个圈，这是不允许的。故从$[v_4v_5]$、$[v_2v_5]$或$[v_2v_3]$中任取一边生长入树，依此类推，直到图中所有顶点都生长入树为止。

三、最小生成树问题

1. 最小生成树的定义

现在来考虑铺设管线的优化问题。假定已知各顶点之间的距离，那么如何选择一个总线路最短的设计方案呢？由上面构造生成树的方法可知，从一个连通图可以构造若干个不同的生成树。由于构成这些生成树的边是不同的，所以这些边的权(距离)之总和也不同。最小生成树就是指这些生成树中各边权总和最小的那棵树。用一般的数学语言来描述就是：

设有一连通图 $G=\{V,E\}$，对于每条边 $e_{ij}=[v_iv_j]$有一个权 $w_{ij}>0$，最小生成树问题就是求图 G 的一个生成树 T^*，使得 $W(T^*)=\sum\limits_{[v_iv_j]\in T^*} w_{ij}$ 是最小值 。

2. 最小生成树定理

若 T^* 是图 G 的一棵树，当且仅当对 T^* 外的每条边$[v_iv_j]$，$w_{ij}\geqslant\max\{w_{i1},w_{12},\cdots,w_{kj}\}$成立，则 T^* 为最小生成树。其中$\{v_i,v_1,v_2,\cdots v_k,v_j\}$是树 T^* 内连接 v_iv_j 的唯一的一条链。[证明略]

3. 寻找最小生成树的方法

寻找最小生成树也可以用上面介绍的破圈法和生长法，但在破每一个圈时要去掉该圈中权数最大的边；而在用生长法时，要从所有可能入选的边中选取一条权值最小的边入树。

当网络节点较多时使用矩阵法求最小生成树更为有规则和有秩序，它实际上就是用生长法求解最小生成树的矩阵表示形式。下面介绍用矩阵法求解最小生成树的步骤。

(1)首先构造一个 $n\times n$ 阶矩阵 A(n 代表网络的顶点数),矩阵元素:

$$a_{ij}=\begin{cases}w_{ij} & \text{如果结点 } i \text{ 与结点 } j \text{ 有边相连}\\ \infty & \text{如果结点 } i \text{ 与结点 } j \text{ 无边相连}\\ 0 & \text{如果 } i=j\end{cases}$$

如图 4-12 所示的网络,它的矩阵 A 如下:

$$\begin{array}{cc} & \begin{array}{cccccc} v_1 & v_2 & v_3 & v_4 & v_5 & v_6 \end{array} \\ \begin{array}{c} T\ v_1 \\ v_2 \\ v_3 \\ v_4 \\ v_5 \\ v_6 \end{array} & \begin{pmatrix} 0 & 5 & \infty & 6 & \infty & \infty \\ 5 & 0 & 2 & 1 & 7 & \infty \\ \infty & 2 & 0 & \infty & 3 & 4 \\ 6 & 1 & \infty & 0 & 5 & \infty \\ \infty & 7 & 3 & 5 & 0 & 4 \\ \infty & \infty & 4 & \infty & 4 & 0 \end{pmatrix} \end{array}$$

(2)从矩阵的任一行(如第一行)开始,用适当的标号(如 T)标明该行对应的节点 v_1 已生长入树,同时划去节点 v_1 所对应的列(在以后的步骤中,被划去的元素不再作为遴选的对象以避免成圈)。

(3)在有标号 T 的行中选取最小元素,本例中 $\min[a_{12},a_{13},a_{14},a_{15},a_{16}]=\min[5,\infty,6,\infty,\infty]=5=a_{12}$,并用方括号标明。将 a_{12} 对应的边 v_1v_2 生长入树,同时在节点 v_2 所对应的行前标上 T,表明节点 v_2 已生长入树,划去 v_2 所对应的列,得到下面形式的矩阵:

$$\begin{array}{cc} & \begin{array}{cccccc} v_1 & v_2 & v_3 & v_4 & v_5 & v_6 \end{array} \\ \begin{array}{c} T\ v_1 \\ T\ v_2 \\ v_3 \\ v_4 \\ v_5 \\ v_6 \end{array} & \begin{pmatrix} 0 & \boxed{5} & \infty & 6 & \infty & \infty \\ 5 & 0 & 2 & 1 & 7 & \infty \\ \infty & 2 & 0 & \infty & 3 & 4 \\ 6 & 1 & \infty & 0 & 5 & \infty \\ \infty & 7 & 3 & 5 & 0 & 4 \\ \infty & \infty & 4 & \infty & 4 & 0 \end{pmatrix} \end{array}$$

(4) 继续在有 T 标号的行中选取最小元素。这时，$\min[a_{13},a_{14},a_{15},a_{16},a_{23},a_{24},a_{25},a_{26}]=\min[\infty,6,\infty,\infty,2,1,7,\infty]=1=a_{24}$。将 a_{24} 对应的边 v_2v_4 生长入树，在节点 v_4 对应的行前标 T，划去 v_4 对应的列，得到下面形式的矩阵：

$$
\begin{array}{cc}
 & \begin{array}{cccccc} v_1 & v_2 & v_3 & v_4 & v_5 & v_6 \end{array} \\
\begin{array}{c} T\ v_1 \\ T\ v_2 \\ v_3 \\ T\ v_4 \\ v_5 \\ v_6 \end{array} &
\left(\begin{array}{cccccc}
0 & \boxed{5} & \infty & 6 & \infty & \infty \\
5 & 0 & 2 & \boxed{1} & 7 & \infty \\
\infty & 2 & 0 & \infty & 3 & 4 \\
6 & 1 & \infty & 0 & 5 & \infty \\
\infty & 7 & 3 & 5 & 0 & 4 \\
\infty & \infty & 4 & \infty & 4 & 0
\end{array}\right)
\end{array}
$$

(5) 在有 T 标号的行中继续选取最小元素。此时，$\min[a_{13},a_{15},a_{16},a_{23},a_{25},a_{26},a_{43},a_{45},a_{46}]=\min[\infty,\infty,\infty,2,7,\infty,\infty,5,\infty]=2=a_{23}$。选取 a_{23} 对应的边 v_2v_3 生长入树，在节点 v_3 对应的行前标 T，划去 v_3 对应的列。

(6) 重复以上步骤，在有标号的行中选取最小元素。此时，$\min[a_{15},a_{16},a_{25},a_{26},a_{35},a_{36},a_{45},a_{46}]=\min[\infty,\infty,7,\infty,3,4,5,\infty]=3=a_{35}$。将 a_{35} 对应的边 v_3v_5 生长入树，在 v_5 对应的行前加 T，划去 v_5 对应的列。

再选 $\min[a_{16},a_{26},a_{36},a_{46},a_{56}]=\min[\infty,\infty,4,\infty,4]=4=a_{36}$ 或 a_{56}，对应的 v_3v_6 或者 v_5v_6 入树。至此全部顶点都已入树，算法停止。最后的矩阵形式如下。

其最小生成树见图 4-15(双线所示)。

$$
\begin{array}{cc}
 & \begin{array}{cccccc} v_1 & v_2 & v_3 & v_4 & v_5 & v_6 \end{array} \\
\begin{array}{c} T\ v_1 \\ T\ v_2 \\ T\ v_3 \\ T\ v_4 \\ T\ v_5 \\ T\ v_6 \end{array} &
\left(\begin{array}{cccccc}
0 & \boxed{5} & \infty & 6 & \infty & \infty \\
5 & 0 & \boxed{2} & \boxed{1} & 7 & \infty \\
\infty & 2 & 0 & \infty & \boxed{3} & \boxed{4} \\
0 & 1 & \infty & 0 & 5 & \infty \\
\infty & 7 & 3 & 5 & 0 & 4 \\
\infty & \infty & 4 & \infty & 4 & 0
\end{array}\right)
\end{array}
$$

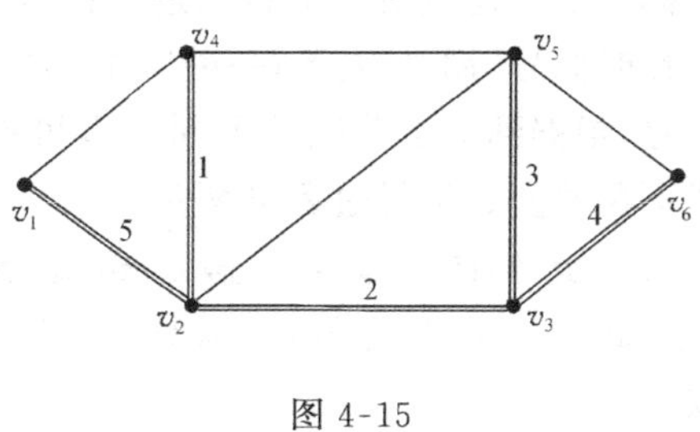

图 4-15

第五节　最短路问题

一、什么是最短路问题

在网络分析中最常见的是最短路问题。假定图 4-16 是一个由城市 v_1 到城市 v_7 的有

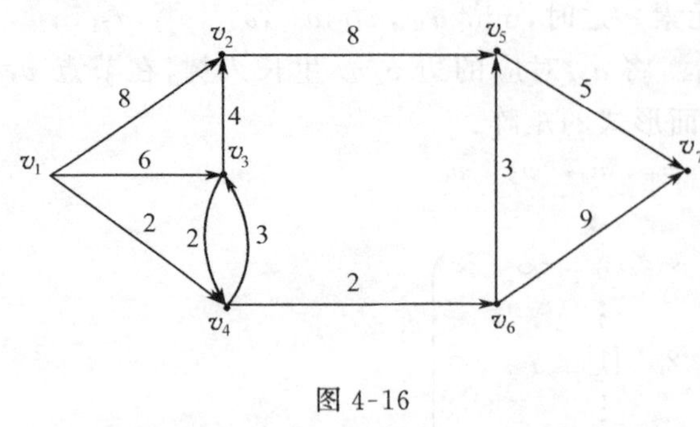

图 4-16

向交通图，弧旁的数字表示各条路线的距离，那么最短路问题就是寻找一条从城市 v_1 到城市 v_7 的最短路径。如果弧旁的数字不是代表距离，而是时间，那么所求的最短路是指总时间最短；如果弧旁的数字代表费用，那么最短路问题就是求一系列活动的总费用最少。因此在这里最短路的概念是广义的。把与弧相连的距离、时间、费用等称为弧的权，那么最短路问题一般可描述如下：

设 v_A 和 v_B 是图 $G=\{V,E\}$ 中的任意两点，各边上的权为 $w_{ij}([v_i,v_j]\in E)$，最短路的问题就是寻找从 v_A 到 v_B 的道路 P，使该路的路权之和，$W(P)=\sum\limits_{[v_iv_j]\in P} w_{ij}$ 为最小。

二、求解最短路问题的基本思路

最短路问题可以用线性规划的方法求解，但算法很不经济。下面介绍的狄克斯托(Dijkstra)标号法是求解最短路问题的有效算法之一。它的基本思路是逐点求最短路。例如，图 4-16 中，如果 $v_1\to v_4\to v_6\to v_5\to v_7$ 是从 $v_1\to v_7$ 的最短路，那么由 v_1 点出发沿这条最短路到达中间的任一点，也是从 v_1 点到达该任意点的最短路。否则的话在这两点之间还存在其他最短路，那么 $v_1\to v_4\to v_6\to v_5\to v_7$ 就不是从 v_1 到 v_7 的最短路，与原假设矛盾。因此，从起点开始逐点寻找到邻近点的最短路，直到将最短路延伸到指定的终点为止，就自然找到了从起点到终点的最短路。

三、狄克斯托算法

求解最短路问题的标号法是狄克斯托于 1959 年提出的，适用于各边上的权 $w_{ij}>0$ 的情况，它被公认是最有效的算法之一。

标号法是通过对图上各点进行标号来寻求最短路的方法。每个点的标号共分两种：一种叫临时标号，用 T 表示；一种叫永久标号，用 P 表示。T 标号表示从始点到该点最短路的上界，根据到该点路线的不同它有可能变化。P 标号表示从始点到该点的最短路权，它的值不再改变。标号过程分两步：

第一步，修改 T 标号。假定 v_i 是新产生的 P 标号点，考察以 v_i 为始点的所有弧段 v_iv_j。如果 v_j 是 P 标号点，则对 v_j 点不再进行标号；如果 v_j 点是 T 标号点则进行如下的修改：

$$T(v_j)=\min[T(v_j),P(v_i)+w_{ij}]$$

其中，方括号内的 $T(v_j)$ 代表 v_j 点旧的 T 标号值。

第二步，产生新的 P 标号点，其原则如下：在现有的 T 标号中将值最小者改为 P 标号。重复以上步骤直到终点的 T 标号改为 P 标号为止。

【例 4-4】 用图 4-16 来说明狄克斯托标号法的具体步骤。

首先从始点 v_1 开始，令 $P(v_1)=0$ 为永久标号，其余各点赋予 T 标号。

$$T(v_i)=\infty(i=2,3\cdots7)$$

第一次迭代

(1)考察以永久标号点 v_1 为始点的弧(v_1v_2),(v_1v_3),(v_1v_4)。因 v_2,v_3,v_4 均为 T 标号点,所以修改这三点的 T 标号如下:

$$T(v_2)=\min[T(v_2),P(v_1)+w_{12}]=\min[\infty,0+8]=8$$

$$T(v_3)=\min[T(v_3),P(v_1)+w_{13}]=\min[\infty,0+6]=6$$

$$T(v_4)=\min[T(v_4),P(v_1)+w_{14}]=\min[\infty,0+2]=2$$

(2)在现有的 T 标号中,$T(v_4)=2$ 最小。令 $P(v_4)=2$。这说明由 v_1 点到 v_4 的最短路长是 2。

这个道理是很清楚的。因为从 v_1 到 v_4 的路线可能有很多条,但从 v_1 出发共有三条路线:一条是经过 v_2 点,再经过其他点到达 v_4;第二条是从 v_1 出发,经过 v_3 点和其他点到达 v_4;第三条是从 v_1 出发直接到达 v_4。既然 $T(v_4)=\min[T(v_2),T(v_3),T(v_4)]$,而网络中各条边的权 $w_{ij}>0$,所以可以肯定从 v_1 出发到达 v_4 点的其他路线都比第三条路线要长,故定第三条路线是从 v_1 到 v_4 的最短路。

第二次迭代

(1)考察以新的 P 标号点 v_4 为始点的所有弧段 v_4v_3 和 v_4v_6。v_3 和 v_6 均为 T 标号点,故对这两个点的 T 标号修改如下:

$$T(v_3)=\min[T(v_3),P(v_4)+w_{43}]=\min[6,2+3]=5$$

$$T(v_6)=\min[T(v_6),P(v_4)+w_{46}]=\min[\infty,2+2]=4$$

(2)在现有的 T 标号中,以 $T(v_6)=4$ 最小,故令 $P(v_6)=4$。其道理同上。

第三次迭代

(1)v_6 是新的 P 标号点,考察 v_5 和 v_7。因 v_5 和 v_7 均为 T 标号点,故修改它们的 T 标号如下:

$$T(v_5)=\min[T(v_5),P(v_6)+w_{65}]=\min[\infty,4+3]=7$$

$$T(v_7)=\min[T(v_7),P(v_6)+w_{67}]=\min[\infty,4+9]=13$$

(2)在现有的 T 标号中 $T(v_3)=5$ 最小,故令 $P(v_3)=5$。

重复以上步骤,可将下面的标号过程简述如下:

$T(v_2)=\min[T(v_2),P(v_3)+w_{32}]=\min[8,5+4]=8\rightarrow\min[T(v_2),T(v_5),T(v_7)]=\min[8,7,13]=7$,令 $P(v_5)=7\rightarrow T(v_7)=\min[T(v_7),P(v_5)+w_{57}]=\min[13,7+5]=12\rightarrow\min[T(v_2),T(v_7)]=\min[8,12]=8$,令 $P(v_2)=8\rightarrow P(v_7)=\min[T(v_7)]=12$

至此终点 v_7 已获得 P 标号,运算结束。从 v_1 点到 v_7 点的最短路为 12,其路径是 $v_1\rightarrow v_4\rightarrow v_6\rightarrow v_5\rightarrow v_7$。

狄克斯托标号法只适于 $w_{ij}>0$ 的情况。当网络中出现 $w_{ij}<0$ 的路权时,要采用别尔曼(Bellman)法和福特(Ford)法。在本书中下面只介绍 Ford 算法,对 Bellman 算法感兴趣的读者可参考书后列出的文献(李德,钱颂迪主编,1982)。

四、福特(Ford)算法

福特算法可以解决存在权值 $w_{ij}<0$(但不存在总权值小于零的回路)的网络最短路问题。它与狄克斯托算法的不同有以下两点:第一,P 标号不再是永久标号,它可以在迭代过

程中用新的数值代替,同时改为 T 标号,其规则与 T 标号相同。第二,当网络中所有顶点都是 P 标号时,算法才停止。

福特算法的具体步骤如下:

第一步,令网络中所有点($i \neq s$)的 T 标号值为∞,即 $T(i)=\infty$。令始点的 P 标号为0,即 $P(s)=0$。

第二步,以新的 P 标号为始点 i,检查以 i 为始点的边的每一个终点 j,是否存在$[P(i)+d(i,j)]<P(j)$或者$[P(i)+d(i,j)]<T(j)$,如果存在,转向第三步。如不存在则保留原标号。

第三步,将 j 点处的 T 标号或 P 标号改为新的 T 标号 $T(j)=P(i)+d(i,j)$或者$T(i)+d(i,j)$。取网络中现有的 T 标号点的最小值,定为新的 P 标号点,重复第二步。

第四步,当网络中所有顶点都是 P 标号点时,算法结束。

下面举一例进行说明(图 4-17)。

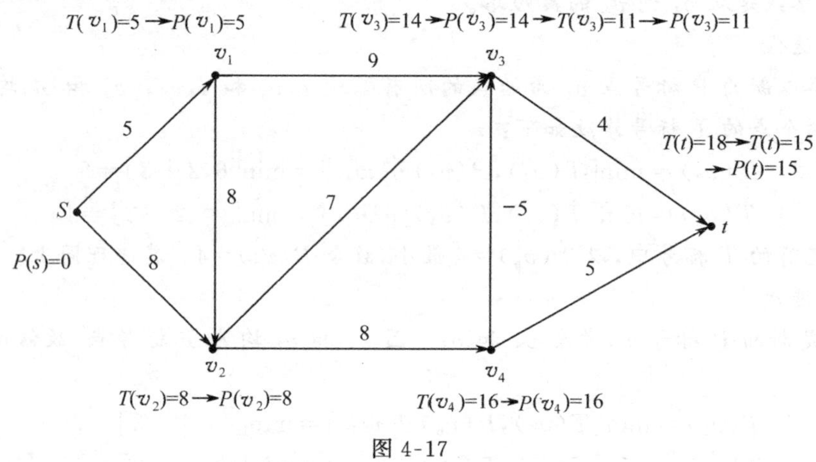

图 4-17

首先从始点开始,令 $P(s)=0$,其余各点赋予 T 标号 $T(v_i)=\infty(i=1,2,3,4,t)$。

第一次迭代

(1)考察以 P 标号S 为始点的弧(S,v_1)和(S,v_2)。因 v_1,v_2 两点的 T 标号均为∞,故修改这两点的 T 标号如下:

$$T(v_1)=P(s)+5=5 \qquad T(v_2)=P(s)+8=8$$

(2)在现有的 T 标号中,$T(v_1)=5$ 最小,令 $P(v_1)=5$。

第二次迭代

(1)考察以新的 P 标号点 v_1 为始点的所有弧 v_1v_3 和 v_1v_2。

因 $P(v_1)+d(v_1,v_3)=(5+9)<\infty$,所以 $T(v_3)=14$。

因 $P(v_1)+d(v_1,v_2)=(5+8)>T(v_2)=8$,故 $T(v_2)$保持为 8 不变。

(2)在现有的 T 标号点中 $T(v_2)=8$ 最小,故令 $P(v_2)=8$。

第三次迭代

(1)以 v_2 为新的 P 标号点,考察 v_3 和 v_4。

因 $P(v_2)+d(v_2,v_3)=8+7=15>T(v_3)=14$，故 $T(v_3)$仍取值为 14。

因 $P(v_2)+d(v_2,v_4)=8+8=16<\infty$，故 $T(v_4)=16$。

(2)在现有的 T 标号点中，$T(v_3)=14$ 为最小，故令 $P(v_3)=14$，v_3 为新的 P 标号点。

第四次迭代

(1)以 v_3 为新的 P 标号点，考察终点 t，很显然 $T(t)=P(v_3)+d(v_3,v_t)=18$。

(2)在现有的 T 标号点中，$T(v_4)=16$ 为最小，故令 $P(v_4)=16$，v_4 为新的 P 标号点。

第五次迭代

(1)以 v_4 为新的 P 标号点，考察 v_3 和 t 两点，值得注意的是，v_3 点虽然是 P 标号点，但在福特算法中也要重新加以考察。

因为 $P(v_4)+d(v_4,v_3)=16-5=11<P(v_3)=14$，故原 $P(v_3)=14$，应更改为 $T(v_3)=11$。

因为 $P(v_4)+d(v_4,t)=16+5=21>T(t)=18$，故 $T(t)$保留为 18。

(2)在现有的 T 标号点中，$T(v_3)=11$ 为最小，故 v_3 重新成为新的 P 标号点，即 $P(v_3)=11$。

第六次迭代

(1)以 v_3 为新的 P 标号点，考察 t 点。

因 $P(v_3)+d(v_3,t)=11+4=15<T(t)=18$，故 $T(t)=15$。

(2)目前网络中只有一个 T 标号 $T(t)=15$，令 t 为新的 P 标号点。

第七次迭代

以 t 为新的起点，已无弧可察，且网络中所有的顶点都已经是 P 标号点，故算法停止。各点的最后 P 标号的数值就是从始点 S 到该点的最短路。

五、寻找最短路路径的方法

在上面两种算法中，寻找最短路的路径，要用逆向追踪法。为了能在较复杂的问题中，很快找到最短路径，T 和 P 标号可以采用双代号的形式[A,B]。其中 A 表示路径的前一端点；B 表示路长，即原 T 和 P 标号的数值。采用这种方法，标号时麻烦一点，但逆向追踪路径就容易多了。在图 4-18 的最简单例子中，标号过程是很容易的。根据最后各点的 P 标号中的 A 项，很容易就找到最短路径是 $S\to v_1\to v_2\to t$。

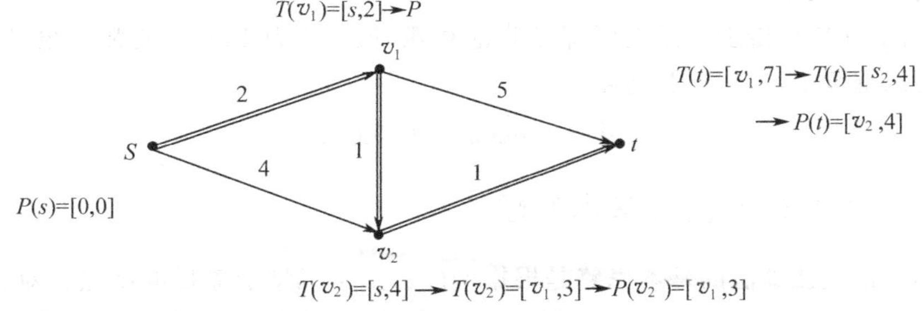

图 4-18

第六节 最大流问题

一、网络流的基本概念

对于交通网、管道网,都有物质流动的问题,在交通网中,有人、车辆的流动;在管道网中有流体(水、油等)的流动等。这种网络中的物质流动称为网络流。下面介绍与网络流有关的一些基本概念。

(1)流量:表示某时间内通过弧(v_iv_j)的物质数量,记为f_{ij},它是网络流问题中待求解的变量。网络中的总流量用$v(f)$表示。

(2)容量:弧的最大允许流通量,一般用c_{ij}表示。

(3)可行流:在实际的网络中,网络流应满足下面两个条件:

①容量限制条件:对于每一个弧$\{v_iv_j\}\in A$,A为弧集来说,$0\leqslant f_{ij}\leqslant c_{ij}$。即通过每条弧的流量不能超过该弧的容量。

②平衡条件:对于始点v_s,流入始点的流量等于网络中的总流量,即

$$\sum_{(v_sv_j)\in A} f_{sj}-\sum_{(v_jv_s)\in A} f_{js}=v(f)$$

对于终点v_t,流出终点的流量等于网络中的总流量,即

$$\sum_{(v_tv_j)\in A} f_{tj}-\sum_{(v_jv_t)\in A} f_{jt}=-v(f)$$

对于任一中间的顶点$i(i\neq s,t)$,流进某中间顶点的流量等于流出该顶点的流量。即

$$\sum_{(v_iv_j)\in A} f_{ij}-\sum_{(v_jv_i)\in A} f_{ji}=0$$

在网络分析中,满足上面两个条件的流动称为可行流。

(4) 饱和弧和非饱和弧:网络中流量等于容量(即$f_{ij}=c_{ij}$)的弧称为饱和弧。流量小于容量(即$f_{ij}<c_{ij}$)的弧称为非饱和弧。

(5)正向弧和反向弧:设μ是网络中从始点v_s到终点v_t的一条链。凡与链走向一致的弧称为正向弧μ^+,逆向的称为反向弧μ^-。

(6)增广链:从始点v_s到终点v_t的一条链上的各弧,若对于某一可行流f_{ij}来说,满足下面两个条件,则称该链是对于可行流f_{ij}的增广链。①对于正向弧,满足条件$f_{ij}<c_{ij}$。②对于反向弧,满足条件$f_{ji}>0$。

这就是说,在增广链上的正向弧都是非饱和弧,反向弧都是非零流弧。很显然,沿着这条增广链可以继续增加流量,其增量

$$\beta=\min[\underset{\mu^+}{c_{ij}-f_{ij}},\underset{\mu^-}{f_{ji}}]$$

二、求解网络最大流的基本原理

求解网络最大流算法的基本思路是根据增广链上可以增加流量的特点。对于网络中的一个可行流f_{uv}来说,如果存在一条从始点v_s到终点v_t的增广链,那么根据增广链的定义,可以从v_s到v_t增加一定的流量。这样就得到了一个新的可行流。对新的可行流再找出增广链继续增加流量。重复以上步骤直到网络中不存在增广链为止。这时网络中的可行流就

是最大流。下面的定理就是这种求解网络最大流方法的理论基础。

定理 可行流 f^* 是最大流的充分必要条件是当且仅当网络中不存在关于 f^* 的增广链。证明从略。

三、寻求网络最大流的标号法

这种标号法是福特-富克尔逊(Ford-Fulkerson)依据上面原理在 1956 年提出的。它是通过逐点进行标号的方法来寻求从始点到终点的一条增广链,然后根据这条增广链上可能增加的流量大小来调整网络中的流量。它包括以下两个过程。

(1)标号过程:从起点开始,沿存在增广链的方向对邻近的未标号顶点进行标号。标号共分两种:第一个标号表明增广链的源头,即说明到该顶点的增广链是从哪一个顶点过来的;第二个标号表示到该顶点为止的增广链可以增加流量的大小。如果标号过程一直可以进行到终点,则表明从始点到终点存在一条增广链,然后转入流量调整过程。

在标号过程中,从任一顶点 i 出发都要确定标号的进行方向。根据增广链的定义,有下面两种情况:

情况 1 从已标号的顶点 v_i 出发的弧是正向弧,则当 $f_{ij}<c_{ij}$ 时,顶点 v_j 可以标号。沿此增广链到顶点 v_j 为止可能增加的流量值受到两个限制:一个是到前一个顶点 v_i 为止可能增加的流量值 $\beta(v_i)$;另一个限制是,在新增加的弧段 v_iv_j 上允许的增加值 $(c_{ij}-f_{ij})$。很显然,到顶点 v_j 为止的增广链可以增加流量的大小是这两个限制值中的最小值,即

$$\beta(v_j)=\min[\beta(v_i),c_{ij}-f_{ij}]$$

情况 2 从已标号的顶点 v_i 出发的弧是反向弧,则当 $f_{ji}>0$ 时,顶点 v_j 可以标号。为了标明是从反向弧过来的。第一个标号记为 $-v_i$。因为弧中不能出现负值的流动,所以可能增加的流量值

$$\beta(v_j)=\min[\beta(v_i),f_{ji}]$$

如果从网络图中任一已标号点出发不存在满足上面两种情况的弧段,则标号过程停止。当这种标号过程不能进行到终点时,说明从起点到终点不存在增广链。这时网络中的当前流就是最大流。

(2)流量调整过程:在标号过程进行到终点 v_t 之后,从终点开始,根据第一个标号逆向追踪找出增广链,然后根据在此增广链上可能增加的流量值 $\beta(v_t)$ 调整流量,具体调整办法如下:在增广链的正向弧上增加流量 $\beta(v_t)$;在反向弧上减去流量 $\beta(v_t)$。调整结果得到网络的一个新当前流,再对此新当前流重复上面的标号和流量调整过程。

下面通过一个实例来说明标号法的具体步骤。

【例 4-5】 求图 4-19 上网络的最大流,图上弧 $\{v_iv_j\}$ 上的数字代表 (f_{ij},c_{ij})。

第一次迭代

对图 4-19 所示的当前流 $f^{(0)}=2$ 寻找增广链,其步骤如下:

(1)给始点 v_s 标号 $[0,\infty]$。其中 0 表示始点,∞ 表示无流量增加的上限。

(2)从 v_s 开始寻找增广链的方向。考察从 v_s 出发到邻近的未标号顶点的弧 (v_sv_1) 和 (v_sv_2)。两个都是正向弧,且 $f_{s1}<c_{s1}$,$f_{s2}<c_{s2}$。因此 v_1 点和 v_2 点都可以进行标号。这时先取任一点进行标号。假定先对 v_1 进行标号。根据前面的情况一,v_1 可标号为 $[+v_s,$

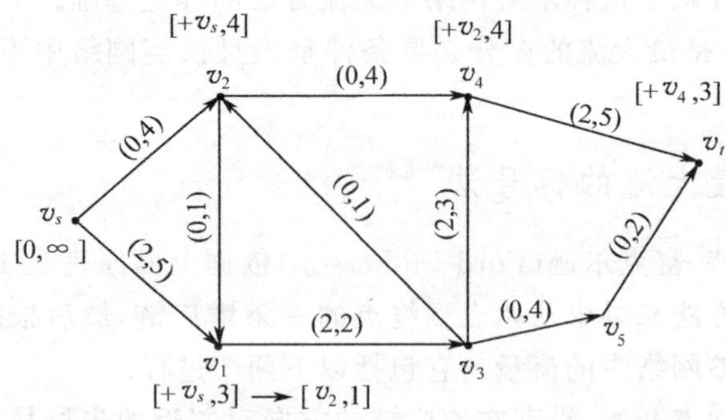

图 4-19

$\beta(v_1)$]，其中

$$\beta(v_1)=\min[\beta(v_s),c_{s1}-f_{s1}]=\min[\infty,5-2]=3$$

这时顶点 v_1 成为已标号点，标号为[$+v_s$,3]。

(3)从新的标号点 v_1 出发有两个弧(v_1v_3)和(v_1v_2)。对于正向弧(v_1v_3)，因 $f_{13}=c_{13}$，根据情况1，不能构成增广链，所以 v_3 不能标号。对于反向弧(v_1v_2)，因 $f_{21}=0$，根据情况2的要求也不能构成增广链。因此沿 v_sv_1 方向不能再构成增广链，标号过程在此方向上中止。

(4)从始点 v_s 开始考察 v_sv_2 方向。因(v_sv_2)是正向弧，且 $f_{s2}<c_{s2}$，根据情况1，v_2 可标号为[$+v_s,\beta(v_2)$]，其中 $\beta(v_2)=\min[\beta(v_s),c_{s2}-f_{s2}]=\min[\infty,4]=4$。即 v_2 点的标号为[$+v_s$,4]。

(5)从 v_2 出发有三条弧。(v_2v_1)是正向弧，且 $f_{21}<c_{21}$，所以 v_1 可标号为[$+v_2,\beta(v_1)$]。其中 $\beta(v_1)=\min[\beta(v_2),c_{21}-f_{21}]=\min[4,1]=1$。因{$v_1v_3$}是饱和弧，所以标号过程无法进行下去，故中止。

再看弧 v_2v_3。它是反向弧，因 $f_{32}=0$，根据情况2，v_3 点不能标号。

再看弧 v_2v_4。它是正向弧，且 $f_{24}<c_{24}$，所以 v_4 点可以标号为[$+v_2,\beta(v_4)$]，其中 $\beta(v_4)=\min[\beta(v_2),c_{24}-f_{24}]=\min[4,4]=4$。即 v_4 点的标号为[$+v_2$,4]。

(6)从 v_4 点出发有两条弧，其中之一是{v_4v_t}。因 $f_{4t}<c_{4t}$，所以终点 t 可标号为[$+v_4,\beta(v_t)$]。其中 $\beta(v_t)=\min[\beta(v_4),c_{4t}-f_{4t}]=\min[4,3]=3$。即 v_t 点的标号为[$+v_4$,3]。至此终点 v_t 已被标号，说明找到了一条从始点到终点的增广链，转入调节流量过程。

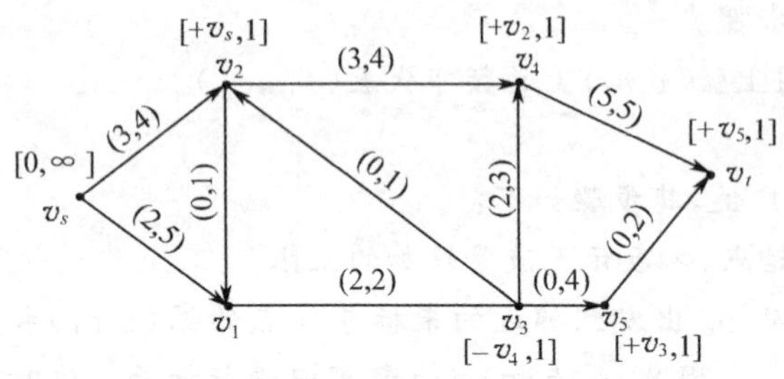

图 4-20

(7)从终点反向追踪找到增广链为 $v_s\to v_2\to v_4\to v_t$。在这条增广链上增加流量 $\beta(v_t)=3$。得到如图4-20所示的当前流 $f^{(1)}=5$。

第二次迭代

对图4-20所示的当前流 $f^{(1)}$ 寻找增广链。简述其过程如下：

(1)始点 v_s 标号[0,+∞]。

(2)从 v_s 出发对 v_2 标号 $[+v_s,1]$。

(3)从 v_2 出发对 v_4 标号 $[+v_2,1]$。

(4)从 v_4 出发有两条弧:一条是正向弧 v_4v_t,但因 $f_{4t}=c_{4t}$,所以 v_t 不能标号;另一条弧是反向弧 v_4v_3,因 $f_{34}>0$,且 $\beta(v_3)=\min[\beta(v_4)。f_{34}]=1$。所以 v_3 标号为 $[-v_4,1]$。

(5)从 v_3 出发对 v_5 标号 $[+v_3,1]$。

(6)从 v_5 出发对 v_t 标号 $[+v_5,1]$。至此找到了一条从始点到终点的增广链。

(7)从终点反向追踪找到该增广链为 $v_s \to v_2 \to v_4 \to v_3 \to v_5 \to v_t$,可以增加流量 $\beta(v_t)=1$。在正向弧 (v_sv_2),(v_2v_4),(v_3v_5),(v_5v_t) 上增加流量 1,在反向弧 (v_4v_3) 上减去流量 1,于是得到如图 4-21 所示的新可行流 $f^{(2)}$。

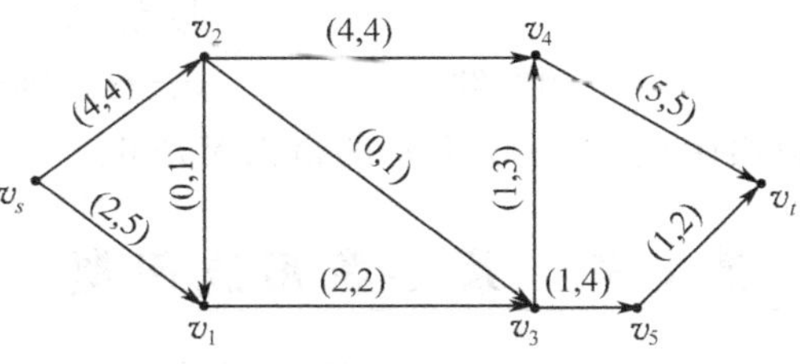

图 4-21

不难看出,对当前流 $f^{(2)}$ 来说,标号过程在 v_s 点和 v_1 点因 (v_sv_2),(v_1v_3) 两条弧是饱和弧,而 (v_2v_1) 是无流量的反向弧而中止了。也就是说,对当前流 $f^{(2)}$ 来说不再存在增广链,算法停止。当前流 $f^{(2)}$ 就是最大流。

四、确定网络中最大流的方法

按照标号法逐次迭代找到了网络中的最大流,那么怎样确定最大流的数值呢?当迭代过程是从 $f^{(0)}=0$ 开始的,很显然将每一次迭代增加的流量加在一起就是最大流的流量。在一般情况下,可以用求割集流量的方法来确定网络中的总流量和最大流量。下面介绍有关割集的一些基本概念以及最大流与最小割的关系。

(1)割集:所谓割集是指某连通图 G 上的一个边的集合 S,$S=\{e_1,e_2,\cdots,e_k\}$。如果从图 G 中舍去 S 后,图 G 就成为非连通图,则称 S 为图 G 的一个边割集。如图 4-21 所示的网络,去掉 v_sv_1 和 v_sv_2 两条边后,原图就成为非连通图,所以 $S_1=\{(v_sv_1),(v_sv_2)\}$ 就是一个割集。依同理,去掉 (v_2v_4),(v_3v_4) 和 (v_3v_5) 后,原图也成为非连通图,所以 $S_2=\{(v_2v_4),(v_3v_4),(v_3v_5)\}$ 也是一个割集。由此可见一个图可以有很多割集。但在求割集时要注意割集中不能包含割集之外的多余边。例如,$S_3=\{(v_sv_1),(v_sv_2),(v_1v_3)\}$ 就不是割集,因为 S_3 中有一个真正的割集 $\{(v_sv_1),(v_sv_2)\}$,而 (v_1v_3) 是多余的边。

割集可以用边的集合表示,也可以用点的集合表示。假定网络的点集 V 被分割为 V_1 和 V_2 两个非空的顶点集合,且使 $v_s\in V_1$,$v_t\in V_2$,则把弧集 (V_1,V_2) 称为是分离 v_s 和 v_t 的割集。

(2)割量:所谓割集的割量是指割集中所有边的容量之和。如图 4-21 中的网络,上面提到的割集 S_1 的割量是 $c_{s1}+c_{s2}=4+5=9$,割集 S_2 的割量是 $c_{24}+c_{34}+c_{35}=4+3+4=11$,……。割集不同,割量也不同。可以证明最大流量等于所有割集中的最小割量,这就是最大流-最小割定理。这正如在日常生活中常见的一个变截面的管道,管道中的最大流量是由最小截面处的流通能力所决定一样。

在寻找有向图的割集时要考虑割集的方向。凡与给定方向一致的弧则属正向割集的弧集,与给定方向相反的弧则属于反向割集的弧集。如图4-22中,若割集将顶点分成两部分,

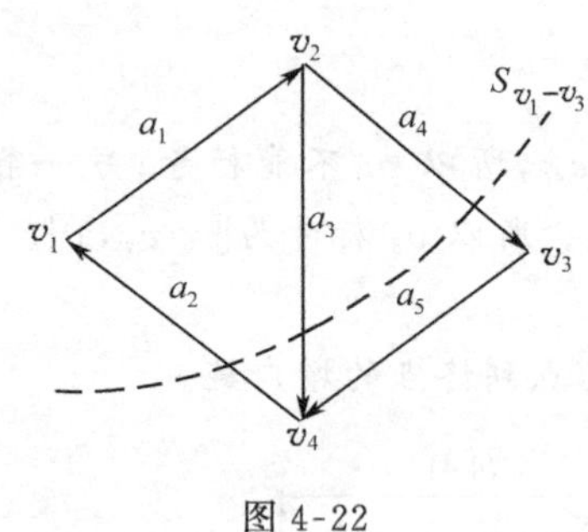

图 4-22

$V_1=\{v_1,v_2\}$;$V_2=\{v_3,v_4\}$,并设割集方向是由$v_1 \to v_3$。则正向割集 $S_{v1\to v3}=\{a_3,a_4\}$;反向割集 $S_{v3\to v1}=\{a_2\}$。

在求最大流的迭代过程中,当标号过程不能进行到终点时,由已标号点构成的点集 V_1 和未标号点构成的点集 V_2 所形成的割集 $S=\{V_1,V_2\}$ 就是最小割集。网络中的最大流就是这个最小割集的割量。如图 4-21 中,v_s、v_1 是已标号点,而 v_2、v_3、v_4、v_5、v_t 是未标号点。假定割集方向是由 $v_s \to v_t$,则这个正向割集的割量就是 $c_{s2}+c_{13}=4+2=6$。所以由始点 v_s 到终点 v_t 的最大流是 6。

第七节　最小费用流问题

一、什么是最小费用流问题

在上面讨论的最大流问题中,没有涉及费用问题。因此无论从哪一条增广链上增流,都不会影响最大流的最后结果。但在实际生活中,各种物质的流都是与费用有关的。如一辆载货汽车经过不同的路线,可能要交不同的过桥费、过路费,等等,这样,对于司机来说就有一个到达某一目的地走哪条路线最省钱的问题。用数学的语言来描述,即

给定网络 $N=(V,A,c,b)$,c 是每条弧的容量,b 是在每条弧上通过单位流量要花的费用。所谓最小费用流问题就是对于每一个给定的流 f,使流的总费用

$$b(f)=\sum_{v_iv_j\in A} b_{ij}f_{ij}$$

取最小值。

如果 f 是最大流,那么总费用最小的最大流就是最小费用最大流。

二、求解最小费用流的赋权图法

求解最小费用流的算法很多,其中易于理解的一种流行算法是用最短路算法求最小费用的增广链。这种方法的思路是:从零流量开始,在始点到终点的所有可能增加流量的增广链中寻求总费用最小的链,并首先在这条链上增加流量,得到流量为 $f^{(1)}$ 的最小费用流。再对 $f^{(1)}$ 寻求所有可能增加流量的增广链,并在其中总费用最小的增广链上继续增加流量,得到流量为 $f^{(2)}$ 的最小费用流。依此类推,重复以上步骤,直到网络中不再存在增广链,不能再增加流量为止。依上面步骤所得到的最大流就是最小费用最大流。依据上述原理的具体求解步骤是:在每一次迭代时,先根据网络中各弧构成增广链的条件,构造一个新的赋权图 $W(f)$,它的顶点是原网络的顶点,而把图中的每一条弧 v_iv_j 都变成两个相反方向的弧 v_iv_j 和 v_jv_i。假定原网络中各弧的单位费用是 b_{ij},则令赋权图中各弧的权 W_{ij} 为

$$W_{ij}=\begin{cases} b_{ij} & \text{如果 } f_{ij}<c_{ij} \\ +\infty & f_{ij}=c_{ij} \end{cases}$$

$$W_{ji}=\begin{cases} -b_{ij} & \text{如果 } f_{ij}>0 \\ +\infty & f_{ij}=0 \end{cases}$$

(权为 $+\infty$ 的弧可以从赋权图中略去)

不难看出，在这样构成的赋权图中，从始点到终点的每条通路都是对某一当前流的增广链。求出从始点到终点的最短路就找到了最小费用的增广链。

下面用一个具体例子来说明用赋权图法求解最小费用流的具体步骤。

在图 4-23(A)中，弧旁的数字表示(f_{ij},c_{ij},b_{ij})。

(1)取 $f^{(0)}=0$，这时，每条弧中的流量 $f_{ij}=0$，因此它们都是非饱和弧。因为$f_{ij}=0$，所以在赋权图 $W(f^{(0)})$中各边无须加反向弧，即原图就是对于 $f^{(0)}=0$ 的赋权图，见图 4-23(B)。由赋权图 $W(f^{(0)})$，可以找到最小费用增广链是 $s\to v_2\to v_1\to t$，总费用为 4，可以增加流量值为 $\theta=\min[8,5,5]=5$，在这条增广链上的每条弧中增加 5 个单位流量后，可以得到新的可行流 $f^{(1)}=5$，其图为 4-23(C)，其费用累计值为 $5\times4=20$。

(2)构造可行流 $f^{(1)}$的赋权图 $W(f^{(1)})$，见图 4-23(D)，可以很容易找到费用最小的增广链是 $s\to v_2\to v_3\to t$，总费用为 6。从图 4-23(C)知道可以增加的流量值为 $\theta=\min[3,10,4]=3$。在这条增广链上的每条正向弧中增加 3 个单位流量后，可以得到新可行流 $f^{(2)}=f^{(1)}+3=8$，见图 4-23(E)。其费用累计值为 $20+3\times6=38$。

(3)构造可行流 $f^{(2)}$的赋权图 $W(f^{(2)})$，见图 4-23(F)，可以很容易找到费用最小的增广链是 $s\to v_1\to v_2\to v_3\to t$，总费用为 $4-2+3+2=7$。可以增加的流量值为 $\theta=\min[10,5,7,1]=1$。在这条增广链上的每条正向弧中增加 1 个流量，在其反向弧中减少一个流量，可以得到新的可行流 $f^{(3)}=8+1=9$，见图 4-23(G)。其费用累计值为 $38+1\times7=45$。

(4)构造可行流 $f^{(3)}$的赋权图 $W(f^{(3)})$，见图 4-23(H)。显而易见，在该图中已不存在由 $s\to t$ 的通路。因此对于可行流 $f^{(3)}$来说，已不存在增广链，算法结束。最小费用流曲线画在图 4-24 中。

三、求解最小费用流的复合标号法

1. 按上述方法求解最小费用流问题，思路清晰，易于理解。但缺点是在每次迭代时都要构造一个新的赋权图去求最短路。下面提出一种复合标号法，它依据同一原理，但在做法上既避免了构造新赋权图的麻烦，也同时能在一次标号的过程中找到最小费用的增广链。

众所周知，求解最短路问题一般采用标号法；求解最大流问题也可以用标号法。将这两种标号法同时复合使用，并针对求解最小费用流的特殊情况进行适当的修改和补充，就得到了下面求解最小费用流的复合标号法。它与上面两种标号法的异同如下：

(1)类似于求解最大流的标号法，在每一次迭代中分为对每个顶点进行标号和调整流量两个过程，不同的是，每一个顶点的标号包括三个部分：第一个标号表明流的源头，称为流标号，它表示该标号是从前面哪一个顶点过来的；第二个标号表明到该顶点为止的增广链可能增加流量值的大小，称为增量限制标号；第三个标号是沿此增广链到该顶点的总费用，称为费用标号。

(2)类似于求最短路的标号法，每个顶点有两种标号：一种叫 T 标号，用$T(v)$表示；一种叫 P 标号，用 $P(v)$表示。由 T 标号变成 P 标号的原则也同求最短路时一样，要比较 T

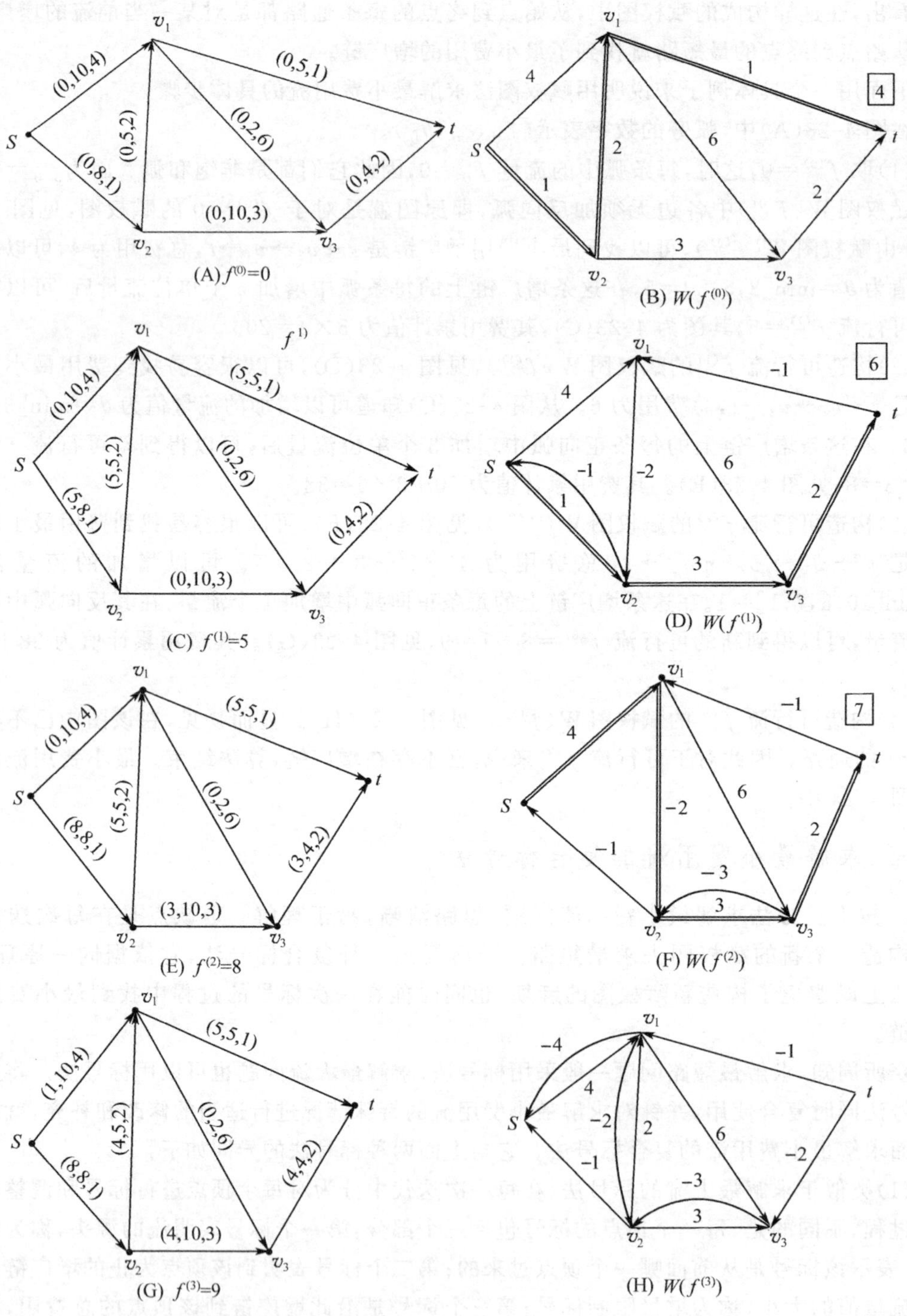

图 4-23

标号中第三个标号(即费用标号)的大小。不同的是某顶点沿某一方向能否标号取决于该顶点是否属于增广链。

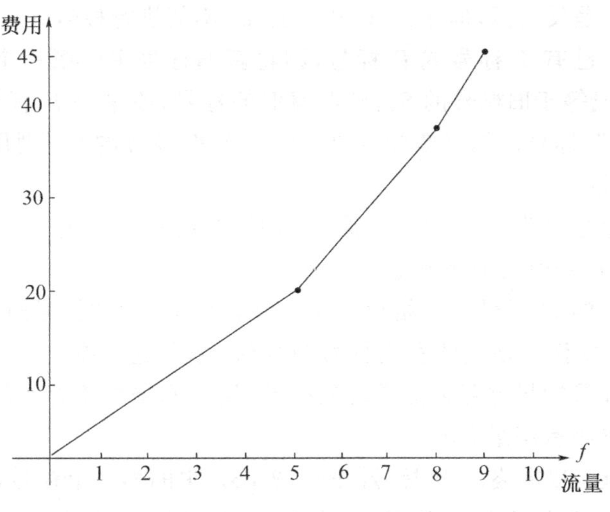

图 4-24 最小费用流曲线

(3)进行第一次迭代时,网络中各弧的流量为零。假定网络中各弧的费用均为正值,则求最短路可以采用 Dijkstra 标号法。在以后的各次迭代中,由于构成增广链的弧有可能是负费用值,因此要采用 Ford 算法。Ford 算法对 Dijkstra 算法进行简单的修正如下:

①在标号过程中,永久标号也和临时标号一样是可以改变的,即永久标号失去了固定不变的含义。为统一起见,一律把两种标号称为 P 标号和 T 标号,它们不再有永久标号和临时标号的含义。因此对任一顶点而言,它有可能反复变成 T 标号和 P 标号,顶点每次变成 P 标号后,标号过程都要从该点重新开始。

②所有的顶点都变成 P 标号,且不能使任一顶点的费用标号继续减少时,算法停止。

下面对标号过程和流量调整过程加以详细说明。

A. 标号过程:整个标号过程从始点 v_s 开始,令始点的 P 标号为 $P(v_s)=[0,+\infty,0]$,其中第一个标号 0 表示始点;第二个标号 $+\infty$ 表示流量的增加不受限制;第三个标号 0 表示总费用为 0。然后检查与始点(在以后的标号过程中是新产生的 P 标号点)相邻的顶点。

第一步,赋予或修改这些相邻顶点的标号。以一般情况为例,假定 P 标号点为 v_i,相邻的顶点为 v_j,则标号原则如下:

(a)如果弧 v_iv_j 是正向弧,且 $f_{ij}<c_{ij}$(f_{ij} 表示弧 v_iv_j 中的当前流;c_{ij} 是容量),则顶点 v_j 可赋予 T 标号,即 $T(v_j)=[+v_i,\beta_j,S_j]$,其中

$$\beta_j=\min[\beta_i,c_{ij}-f_{ij}]$$

$$S_j=S_i+W_{ij}$$

W_{ij} 是弧 v_iv_j 的单位费用。

(b)如果弧 v_iv_j 是正向弧,但 $f_{ij}=c_{ij}$,则顶点 v_j 不能进行标号。

(c)如果弧 v_iv_j 是反向弧,且 $f_{ji}>0$,则可赋予顶点 v_j 的 T 标号为$[-v_i,\beta_j,S_j]$,其中

$$\beta_j=\min[\beta_i,f_{ji}]$$

$$S_j=S_i+W_{ij}\quad \text{式中},W_{ij}=-W_{ji}$$

(d)如果弧 v_iv_j 是反向弧,但 $f_{ji}=0$,则顶点 v_j 不能进行标号。

(e)如果顶点 v_j 已有 T 标号或 P 标号,则将新旧标号中的第三个标号 S_j 进行比较。如果新标号S'_j大于或等于旧标号的 S_j,则保留旧的标号,原来是 P 标号的仍为 P 标号,原来是 T 标号的仍为 T 标号。如果新标号中的S'_j小于旧标号的 S_j,则用新标号取代旧的标号,且一律改为 T 标号。

第二步,将 T 标号改为 P 标号。其原则如下:检查所有 T 标号中的第三项 S_j。将有 S_j 最小值的那个 T 标号改为 P 标号。

下面便从这个新的 P 标号点开始返回第一步,继续上面的标号过程,直到全部顶点都变成 P 标号,且不能使任一顶点的费用标号减少时,标号过程停止。这时就可以转入下面的流量调整过程。如果标号过程无法进行到终点,说明网络中不存在增广链,算法停止,所得到的当前流就是最小费用最大流。

B. 流量调整过程:根据终点 P 标号$[+v_i,\beta_t,S_t]$中的第一个标号,逆向寻找增广链,并在该增广链的所有正向弧上增加流量 β_t;反向弧上减少流量 β_t。这时增加的总费用为 $\beta_t\times S_t$。于是得到最小费用的当前流 $f^{(K)}=f^{(K-1)}+\beta_t$,其最小费用为 $C^{(K)}=C^{(K-1)}+\beta_t\times S_t$。

C. 绘制流量分配图:绘制当前流 $f^{(K)}$ 在网络中的分配图,并对当前流 $f^{(K)}$ 重复上面步骤,直到得到最小费用最大流为止。

2. 实例说明:下面用前例说明运用复合标号法求解最小费用流的具体步骤。图 4-25 为有向网络,弧旁的数字(f_{ij},c_{ij},w_{ij})代表流量、容量、单位流量费用。现用复合标号法求其最小费用流。

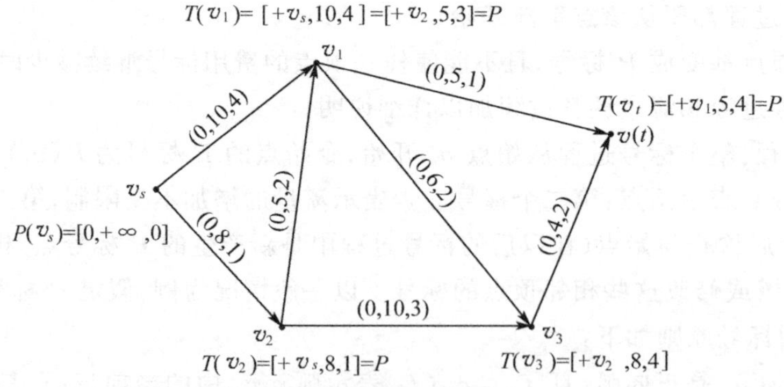

图 4-25 $f^{(0)}=0$ 时的网络图(弧上数字为 f_{ij},c_{ij},w_{ij})

第一次迭代

(1) 取网络的各弧中没有流量的情况为初始可行流 $f^{(0)}$。

(2) 给始点 v_s 标上 P 标号,$P(v_s)=[0,+\infty,0]$。

(3) 检查与 v_s 相邻的未标号点 v_1 和 v_2。因 v_sv_1 是正向弧,且 $f_{s1}<c_{s1}$,所以 $T(v_1)=[+v_s,\beta_1,S_1]$,其中

$$\beta_1=\min[\beta_s,c_{s1}-f_{s1}]=\min[\infty,10]=10$$

$$S_1=S_s+W_{s1}=0+4=4$$

对 v_2 来说，v_sv_2 是正向弧，且 $f_{s2}<c_{s2}$，所以 $T(v_2)=[+v_s,\beta_2,S_2]$，其中

$$\beta_2=\min[\beta_s,c_{s2}-f_{s2}]=\min[\infty,8]=8$$

$$S_2=S_s+W_{s2}=0+1=1$$

(4) 在现有的 T 标号中，S_2 最小，于是将 $T(v_2)$ 改变成 P 标号，v_2 成为新的 P 标号点。

(5) 检查与新的 P 标号点 v_2 相邻的顶点，其中 v_3 是未标号点，因 v_2v_3 是正向弧，且 $f_{23}<c_{23}$，所以 $T(v_3)=[+v_2,\beta_3,S_3]$，其中

$$\beta_3=\min[\beta_2,c_{23}-f_{23}]=\min[8,10]=8$$

$$S_3=S_2+W_{23}=1+3=4$$

对已有 T 标号的 v_1 点来说，v_2v_1 是正向弧，且 $f_{21}<c_{21}$，所以 v_1 点可标号为 $[+v_2,\beta'_1,S'_1]$，其中

$$\beta'_1=\min[\beta_2,c_{21}-f_{21}]=\min[8,5]=5$$

$$S'_1=S_2+W_{21}=1+2=3$$

因 $S'_1<S_1$，所以用新的 T 标号代替旧的 T 标号，即 $T(v_1)=[+v_2,5,3]$。

(6) 在图上现有的 T 标号点中，$S_1=3$ 最小，所以将 $T(v_1)$ 改变成 P 标号，于是得到新的 P 标号点 v_1。

(7) 以 v_1 为新的 P 标号点，检查与其相邻的顶点 v_t 和 v_3。v_1v_t 弧是正向弧，且 $f_{1t}<c_{1t}$，所以 $T(v_t)=[+v_1,\beta_t,S_t]$，其中

$$\beta_t=\min[\beta_1,c_{1t}-f_{1t}]=[5,5]=5$$

$$S_t=S_1+W_{1t}=3+1=4$$

对已有 T 标号的顶点 v_3 来说，v_1v_3 弧是正向弧，且 $f_{13}<c_{13}$，所以 v_3 可标号为 $[+v_1,\beta'_3,S'_3]$，其中

$$\beta'_3=\min[\beta_1,c_{13}-f_{13}]=\min[5,6]=5$$

$$S'_3=S_1+W_{13}=5$$

因 v_3 是已有 T 标号的点，且 $S_3=4$，比 $S'_3=5$ 要小，故保留 v_3 点的原 T 标号不变，即 $T(v_3)=[+v_2,8,4]$。

(8) 在现有的 T 标号点中，$S_t=S_3$，所以可任取其一改为 P 标号点。很显然，此时应令 $T(v_t)$ 改变为 P 标号，即 $P(v_t)=[+v_1,5,4)$。

至此终点 v_t 已获得 P 标号，因为是第一次迭代，网络中各弧的当前流量均为 0，所以至此标号过程中止，说明找到了一条从始点到终点的最小费用增广链，并转入流量调整过程。

(9) 根据 $P(v_t)$ 中的第一个标号，逆向逐点找到增广链为 $v_s\to v_2\to v_1\to v_t$。在此增广链上的每个正向弧中增加流量 $\beta_t=5$，于是得到最小费用流 $f^{(1)}=f^{(0)}+\beta_t=0+5=5$；最小费用为 $c^{(1)}=c^{(0)}+\beta_t\times S_t=0+4\times5=20$。

$f^{(1)}$ 在网络中的流量分配如图 4-26 所示。

第二次迭代

对图 4-26 中的当前流 $f^{(1)}$ 寻找最小费用增广链，简述其过程如下：

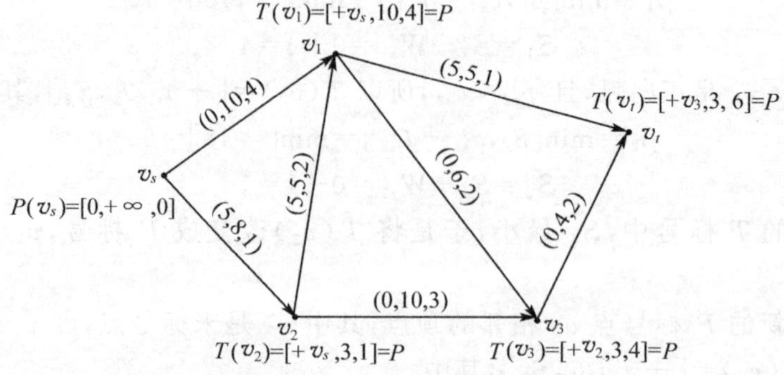

图 4-26　$f^{(1)}=5$ 时的网络图

$P(v_s)=[0,+\infty,0]\rightarrow T(v_1)=[+v_s,10,4]$；$T(v_2)=[+v_s,3,1]\rightarrow \min[S_2,S_1]=\min[1,4]=1$；$P(v_2)=T(v_2)=[+v_s,3,1]\rightarrow T(v_3)=[+v_2,3,4]\rightarrow \min[S_1,S_3]=\min[4,4]=4$；$P(v_3)=T(v_3)=[+v_2,3,4]\rightarrow T(v_t)=[+v_3,3,6]\rightarrow \min[S_1,S_t]=\min[4,6]=4$；$P(v_1)=T(v_1)=[+v_s,10,4]\rightarrow P(v_t)=[+v_3,3,6]$

最小费用增广链为 $v_s\rightarrow v_2\rightarrow v_3\rightarrow v_t$。

$f^{(2)}=f^{(1)}+\beta_t=5+3=8$

$c^{(2)}=c^{(1)}+\beta_t\times S_t=20+3\times 6=38$

$f^{(2)}$ 在网络中的流量分配见图 4-27。

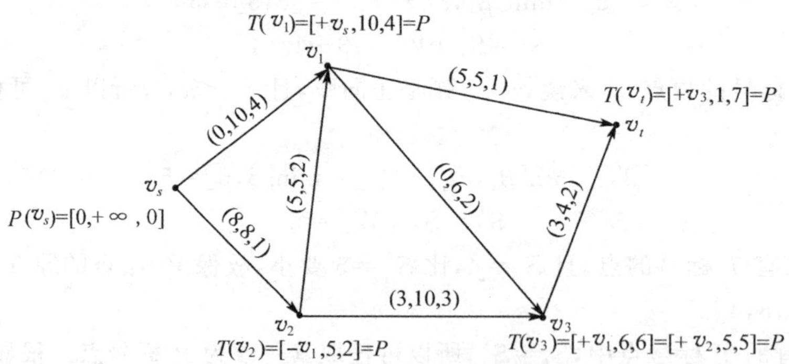

图 4-27　$f^{(2)}=8$ 时的网络图

第三次迭代

对图 4-27 中的当前流 $f^{(2)}$ 求最小费用增广链，简述其过程如下：

$P(v_s)=[0,+\infty,0]\rightarrow T(v_1)=[+v_s,10,4]\rightarrow P(v_1)=[+v_s,10,4]\rightarrow v_1v_2$ 是反向弧，且 $f_{21}>0$，所以 v_2 点可标号为 $[-v_1,\beta_2,S_2]$，其中 $\beta_2=\min[\beta_1,f_{21}]=\min[10,5]=5$；$S_2=S_1-W_{21}=4-2=2$，即 $T(v_2)=[-v_1,5,2]$；$T(v_3)=[+v_1,6,6]\rightarrow P(v_2)=[-v_1,5,2]\rightarrow T(v_3)=[+v_2,5,5]\rightarrow P(v_3)=[+v_2,5,5]\rightarrow T(v_t)=[+v_3,1,7]\rightarrow P(v_t)=[+v_3,1,7]$

找到最小费用增广链为 $v_s \to v_1 \to v_2 \to v_3 \to v_t$。

$f^{(3)} = f^{(2)} + \beta_t = 8 + 1 = 9$

$c^{(3)} = c^{(2)} + \beta_t \times S_t = 38 + 1 \times 7 = 45$

$f^{(3)}$在网络中的流量分配见图 4-28。

从图 4-28 可以看出，通往 v_t 的两条弧 v_1v_t 和 v_3v_t 都已成为饱和弧，无法再增加流量，故对当前流 $f^{(3)}$ 而言，不再存在增广链，因此 $f^{(3)} = 9$ 即为最小费用最大流。

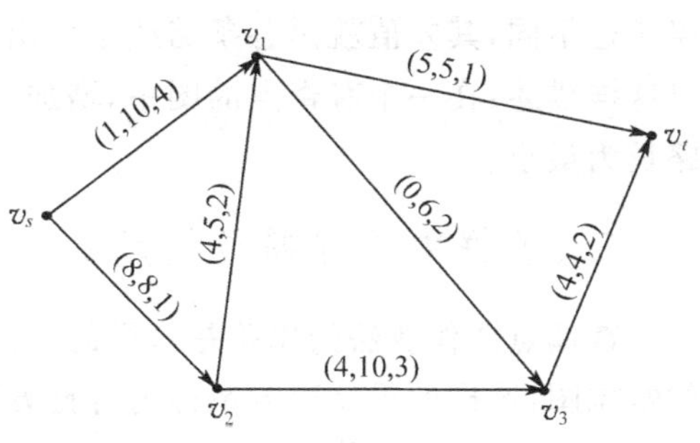

图 4-28　$f^{(3)} = 9$ 时的网络图

第八节　中国邮递员问题

一、哥尼斯堡七桥问题与欧拉图

哥尼斯堡(Königsberg)七桥问题是说在哥尼斯堡城中有一条名叫普雷格尔河，该河中有两个岛，岸与岛之间和岛与岛之间共有七座桥，如图 4-1-(a)所示。问题是：一个散步者能否只经过每座桥一次，又回到他的出发点。

1736 年欧拉发表了第一篇关于图论方面的论文，解决了哥尼斯堡七桥问题。在这篇论文中，欧拉把七桥问题抽象为如图 4-1-(b)所示图形的一笔画问题：即能否从某一点开始画出这个图形，最后回到原点，而每条边均不重复。欧拉在论文中证明了下面的定理。

定理　当且仅当非空连通图中没有奇次点时，这样的图才能一笔画出。(证明从略)

定义　给定一个连通多重图 G，若存在一个圈，过每边一次，且仅仅一次，则称此圈为欧拉圈。含有欧拉圈的图称为欧拉图。

很显然，一个图若是欧拉图，条件是当且仅当图中无奇次点。而哥尼斯堡七桥问题的图中有四个奇点，因此是不可能一笔画出的。

二、中国邮递员问题

中国邮递员问题是欧拉回路问题的扩展，它是由中国数学家管梅谷先生在 1962 年提出的：现有一名邮递员从邮局出发送信，他要途经所管辖地区的街、巷至少一次然后返回。问题是如何选择投递路线，使所经过的路程最短。

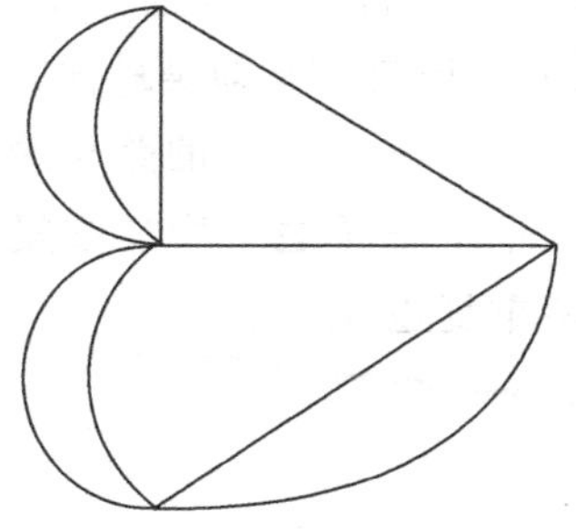

图 4-29　哥尼斯堡七桥问题的欧拉图之一

很显然，如果邮递员管辖地区的图是欧拉图，那么图中的任何欧拉圈都是问题的解。下面要讨论的是，如果区域图中含有奇点怎么办？解决这个问题的方法是，在某些街道上重复走一次，这就相当于有重复边，其路长与原来的路长相同。这种增加了重复边的图就变成一个欧拉图，见图 4-29 邮递员选择不同的路线，重复的路线也不同，总路长也不同,其差值就是各条路线中多出的重复边的路程之差。因此中国邮递员问题就可以这样描述:在一个有奇点的图中,增加一些重复边使其成为欧拉图,并且要求重复边的总路长为最小。

三、求解中国邮递员问题的奇偶点图作业法

奇偶点图作业法的思路是这样的:首先把一个有奇点的图增加重复边后成为不含奇点的欧拉图,这样的重复边方案称为可行方案;然后寻找是否存在使重复边路长减少的改进的可行方案;最后找到使总路长最小的可行方案就是问题的解。

(1)如何构造第一个可行方案:可以证明,在任何一个图中,奇点个数必是偶数。所以图中若有奇点,则它们一定成对出现。又因为图是连通的,所以每一对奇点之间必存在一条链,在这条链上的各边都加上重复边而成为新图,必定是无奇点的欧拉图,这样就构造了第一个可行方案,见图 4-30。在图 4-30(A)上是一个有两个奇点的图,增加 v_2v_6 和 v_6v_5 两条重复边后就成为如图 4-30(B)所示的欧拉图,重复边的总长度为 5+2=7。

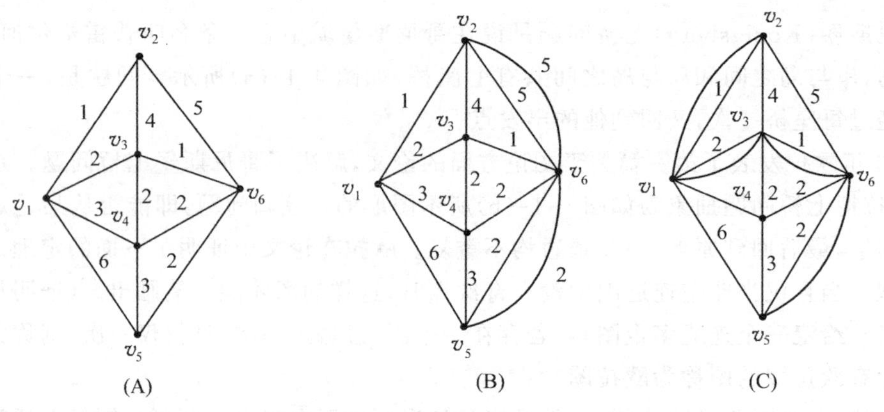

图 4-30 奇偶点图作业法

(2)寻找改进的可行方案:对第一个可行方案中的每一条重复边,检查连接该重复边两端点的所有链。若某链长度小于该重复边的路长,则去掉此重复边,而在该链上的各边加重复边,形成一个新的重复边集合,即为改进的可行方案。对改进的可行方案再进行以上步骤,直到对某一可行方案来说不再存在改进方案为止。最后得到的改进方案即是最优方案。

在图 4-30 的例子中,检查以 v_2v_6 为端点的全部链。以 $v_2\to v_1\to v_3\to v_6$ 的路长最短,且比 v_2v_6 的路长短,故去掉 v_2v_6 的重复边,而在 v_2v_1,v_1v_3,v_3v_6 三条边上增加重复边。对于 v_5v_6 而言,没有一条以 v_5v_6 为端点的链长比 2 小,故保留重复边 v_5v_6。

该问题的最优解表示在 4-30(C)上。

四、奇偶点图作业法的改进方法

上面奇偶点图作业法的主要问题是:对于较复杂的图,检查的链太多,计算十分复杂,不易使用。从上面的求解过程可以看出,对于一个只有两个奇点的图,实际上是求这两个奇点

之间的最短路，然后在此最短路上的每一条边加上重复边就得到中国邮递员问题的最优解。如图4-30的例题，不难找到奇点 v_2 和 v_5 之间的最短路是 $v_2 \rightarrow v_1 \rightarrow v_3 \rightarrow v_6 \rightarrow v_5$，因此，马上就找到了与图4-30(C)所示的相同的最优解。

对于有多个奇次节点对的一般情况，要先求解各奇次节点之间的最短路，然后列举全部可能的奇次节点对组合方案，计算各组合方案的路长，以路长最小的组合方案为最优解。

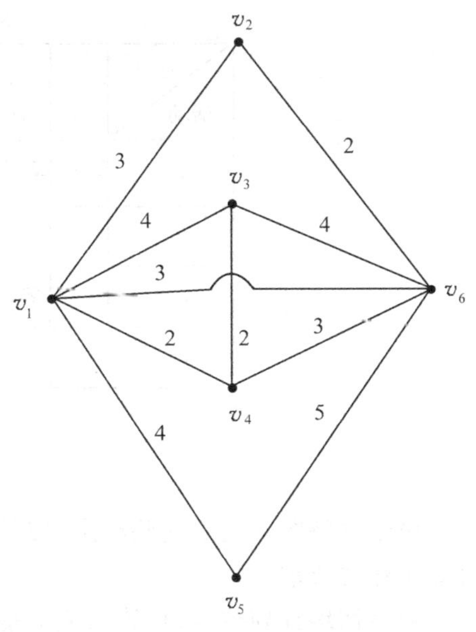

图4-31 有4个奇点图的中国邮递员问题

例如，图4-31所示的图中有4个奇次点 v_1, v_3, v_4, v_6。用Floyd算法(注：该算法可以求出图中任意两点之间的最短路，读者可参见书后附的文献(蓝伯雄，1997)可以求出图中任意两点之间的最短路，及其路径。四个奇点之间的配对组合方案有三个：①(v_1v_3)，(v_4v_6)，路长为 $4+3=7$；②(v_1v_4)，(v_3v_6)，路长为$2+4=6$；③(v_1v_6)，(v_3v_4)，路长为$3+2=5$。故最优的奇点对组合方案是③，即应在 v_1v_6 和 v_3v_4 边上增加重复边。值得注意是：找到最优的奇点对组合方案后，重复边应当加在各奇点对之间的最短径上。

第九节 网络计划技术

网络分析理论的一个重要应用领域是网络计划技术。它是现代化管理的最有效方法之一，是实现工程项目计划管理的科学手段。

众所周知，现代化的工业生产，工程项目是由很多复杂的环节构成的，需要成千上万个劳动者共同工作，如何制订一个科学的计划，把各个环节组织起来，是能不能以最少的人力、物力，以最短的时间去实现预定目标的关键。网络计划技术为我们提供了一种科学地制订计划的方法。

一、网络计划技术的基本概念

长期以来，在生产和工程设计部门都习惯采用甘特(Gantt)图(又名线条图、横道图)来表示生产和施工的进度计划，如图4-32所示。这种甘特图绘制容易，使用方便，一直到目前很多工厂仍在使用。特别是对不很复杂的固定项目的工程，使用甘特图有很多的优点。

使用甘特图的缺点：①当工程项目复杂时，不容易表现整个工程的全貌；②不能反映整个计划中各项工作之间的关系。因此不便于在计划阶段对各个环节的安排进行反复推敲和筹划；③不能反映出哪些工作是影响计划进度的关键；④当一项工作不能按进度完成时，不能反映出它对整个进度的影响，更不宜作机动调整。

×××生产任务进度表

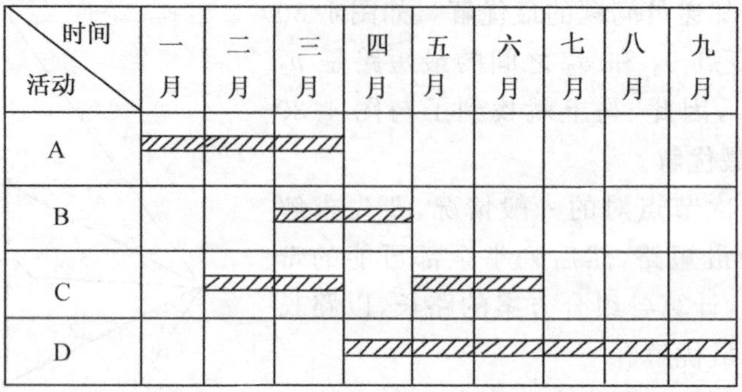

时间 活动	一月	二月	三月	四月	五月	六月	七月	八月	九月
A									
B									
C									
D									

图 4-32

由于甘特图有上面这些缺点，使其应用受到很大限制，不能满足现代大型复杂工程项目计划工作的要求。

所谓网络计划技术，具体来说就是应用网络图来表示一项计划中各种作业的先后顺序和逻辑关系，再通过计算，确定各项工作的时间参数，找出关键作业和关键路线。然后，以最佳地完成整个计划为目标，对时间、资源和费用进行综合平衡，不断改进网络计划，选择最优方案。最后以此为根据组织、调整和控制工程进度，以便达到预定的目标。

由于这种网络计划技术具有较强的预测、计划、协调和控制方面的功能，因而能够满足新产品开发等大型复杂工程项目的计划管理工作的要求。美国开发的计划评审技术(PERT)和关键路线法(CPM)都是网络计划技术。它们在《北极星》导弹潜艇等大型工程中实际运用的成功，引起了全世界的瞩目和重视。

和传统的甘特图法相比较，网络计划技术有以下五个方面的突出特点。

(1)系统性：它是把计划对象作为一个系统来观察、分析和处理。它把工程计划对象的各项作业，按照生产中前后制约的客观规律，有机地组成一个整体。并且经过科学计算，进行统筹兼顾，综合平衡，合理安排计划进度，以便能在一定的资源和约束条件下，达到工程周期最短的目的。这是和传统计划管理方法根本的区别。

(2)协调性：网络计划的另一个特点是把任务划分得比较细，而且把它们之间的相互关系用网络图形象地反映出来。所以能一目了然地看到整个计划任务的全貌和各项作业之间的关系。这样就有可能事先充分地协调好各个生产环节之间，计划需要和实际可能之间，总体和局部、周期和资源、关键和非关键以及各分系统之间的关系，加强协作和相互配合。这是对计划工作的一项最基本的要求。

(3)可控性：网络计划可以预测出计划中的关键作业和关键路线。可以帮助各级指挥者掌握全局、抓住重点、控制整个计划，以便正确地指挥生产。

(4)动态性：网络计划技术是把计划执行过程看成是一个动态过程，根据反馈信息易于对计划进行调整，因此对客观情况的变化具有很大的适应性。所以它是一种灵活性很大的弹性计划，特别适于未知因素较多，富于创造性的大型工程项目。

(5)科学性：网络计划技术是把运筹学中的网络分析，数理统计知识与工程管理相结合，因而它可以提供比较全面、准确的信息，便于管理人员从大量非肯定型的因素中，找出和掌握客观规律，正确地进行预测和决策。

网络计划技术这些优点的最终效果是：可以缩短工期、降低成本，提高经济效益。它特别适合研究和研制工作的计划管理，能够显著地提高计划管理工作的水平。本节将详细介绍网络计划技术，它包括网络图的绘制、时间参数计算和网络优化三大部分。

二、网络图的绘制

1. 网络图的构成

网络图是由作业、事项(节点)和路线三大部分组成。

(1)作业(又称工作、工序、活动)：作业是指一项有具体内容的实践活动。它需要一定的人力、物力，并经过一定时间后才能完成。例如设计、加工、装配、试验都是作业。再细分的话，加工一个零件、钻一个孔也是作业。有些作业不消耗人力和资源，但是需要一定的时间，例如在空气中冷却、时效、发酵等。

在网络图上，一项作业用一条箭线表示。箭尾表示作业的开始，箭头表示作业的结束。与箭头、箭尾衔接的地方画上圆圈并编上号码(见图 4-33(A))。这样就用前后两个号码代表一项作业，如 1—2 代表设计或者装配等。这种表示方法叫双代号表示法。一般把作业名称写在箭线的上面，作业所需时间写在箭线的下面。

图 4-33

(2)虚作业：虚作业不是一项具体的实践活动，它既不消耗资源，也不需要时间，只是一种虚设的活动。它在网络图中仅表明一项作业与另一项作业间的相互关系。它用虚箭线表示(见图 4-33(B))。它在网络图中的运用后面还要详细介绍。

(3)事项(节点)：事项是表示一项作业开始或结束的时刻，在网络图中用圆圈表示。因为它通常是两条或两条以上箭线的交点，所以俗称节点(或结点)。事项本身既不消耗资源也不占用时间，它只代表某项作业的开始或结束。

网络图中的第一个圆圈是始点事项(或称始节点)，表示一项工程或计划的开始；最后一个圆圈是网络图的终点事项(或称终节点)，代表一项工程或计划的结束。除了这两个事项有唯一的意义之外，网络图中的其他所有事项都有双重意义：既是前一项作业的结束，又是后一项作业的开始，例如图 4-34。

有了事项和作业，就可以按照作业的先后次序绘制网络图。图 4-35 就是一个最简单的网络图。图上 A、B、C、D、E、F、G、H 代表作业名称，箭线下面的数字代表每项作业的时间。

(4)路线：路线是指从始点开始，顺着箭线所指的方向到达终点的一条通路。这样的通路可以有很多条。如图 4-35 所示的网络图有八条路线：

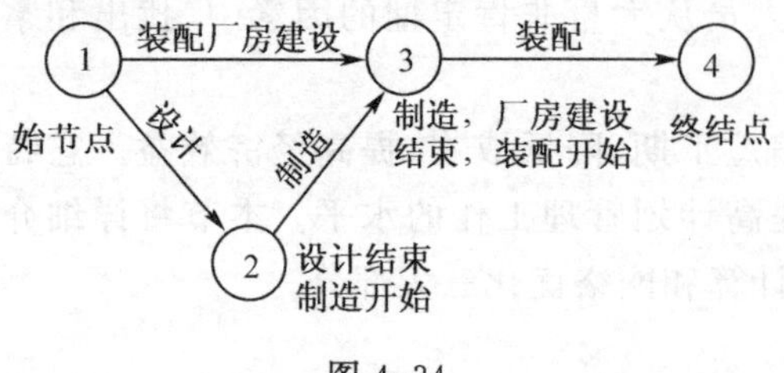

图 4-34

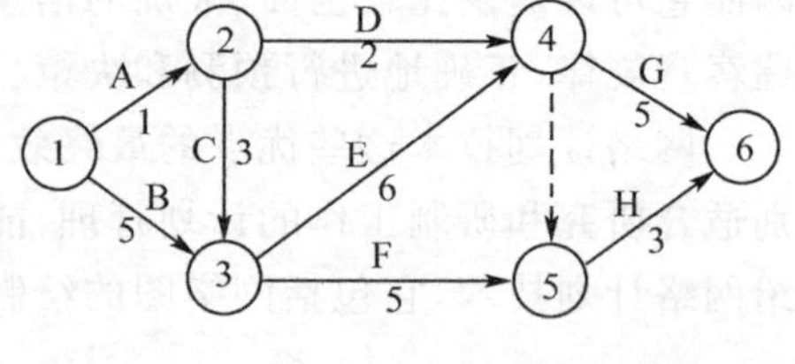

图 4-35

A. ①→②→④→⑥

B. ①→②→④→⑤→⑥

C. ①→②→③→④→⑥

D. ①→②→③→④→⑤→⑥

E. ①→②→③→⑤→⑥

F. ①→③→④→⑥

G. ①→③→④→⑤→⑥

H. ①→③→⑤→⑥

(5)周期（路长）：一条线路上各作业的时间之和称为这条路线的周期或路长。例如上面八条路线的周期分别是：

A. 1＋2＋5＝8

B. 1＋2＋0＋3＝6

C. 1＋3＋6＋5＝15

D. 1＋3＋6＋0＋3＝13

E. 1＋3＋5＋3＝12

F. 5＋6＋5＝16

G. 5＋6＋0＋3＝14

H. 5＋5＋3＝13

(6)关键路线：在上述各条可能的路线中，周期最长的路线叫关键路线。如上图中的①→③→④→⑥。位于关键路线上的作业叫关键作业，位于关键路线上的事项叫关键事项或关键节点。

关键路线是可以变化的。在一定的条件下，关键路线和非关键路线可以相互转化。在图 4-35 中，如果作业 3—4 的工期缩短 4 天，则关键路线就转化为①→③→⑤→⑥，周期为 5＋5＋3＝13 天。

2. 网络图的基本画法

在一个大的工程项目中，各作业之间的关系是很复杂的，有的按顺序进行，有的同时进行，有的交叉进行等。因此在网络图上有不同的表示方法，一般分为四种。

(1)作业的串联：表示按一定先后顺序进行的作业之间的关系。必须先完成的作业称为先行作业（或紧前作业），继这些作业之后开始的作业称为后继作业（或紧后作业）。例如，图 4-35 中的网络计划，作业 A 完成后，作业 D 才能开始，所以作业 A 是作业 D 的先行作业，而作业 D 又是作业 A 的后继作业。同理，作业 A 也是作业 C 的先行作业等。

(2)作业的并联:表示两个或两个以上作业同时进行的关系用作业的并联。如图 4-36 中的 B、C、D 三项作业是在作业 A 完成后平行进行的。请注意,这里引用了两个虚作业,因为任意两节点之间只能有一项作业。

(3)作业的交叉:两个或两个以上的作业,一部分一部分地交错进行时,用作业的交叉表示,如图 4-37 所示。

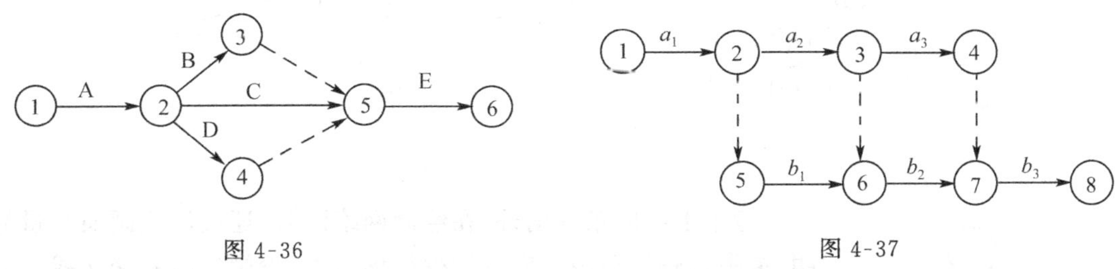

图 4-36 图 4-37

(4)作业的合并:把两个或两个以上的作业简化合并成一个更大的作业称为作业的合并。例如图 4-38(A)简化成图 4-38(B)。合并后作业的时间,按原图中两个节点间最长的路线计算。

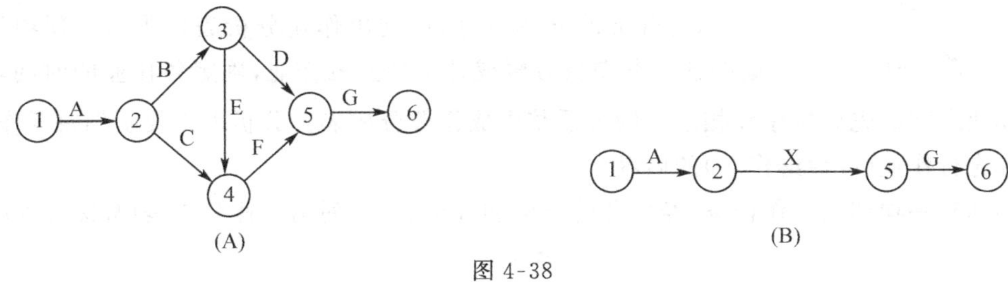

图 4-38

3. 绘制网络图的基本原则

(1)两个节点之间只能有一项作业。这样就保证了用节点号表示作业的唯一性。如果两节点之间有几项并联作业,则必须设立新的节点,然后用虚作业把它们的关系表示出来。如在两个节点之间有三项并行的作业 A,B,C,用图 4-39(A)的画法是错误的,图 4-39(B)的画法是正确的。

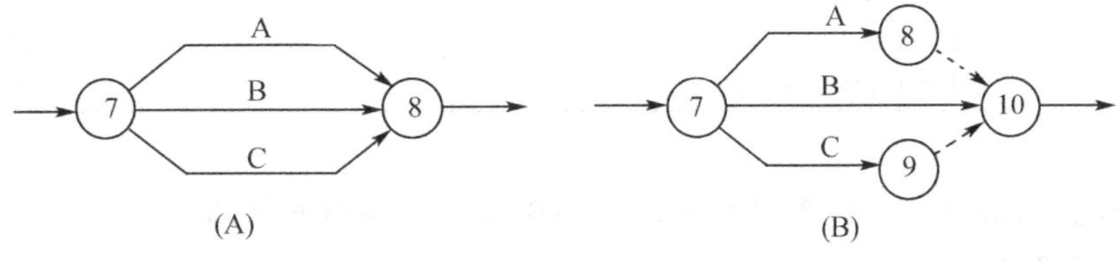

图 4-39

(2)绘制网络图由左向右延伸。每一项作业的节点编号要保证箭头节点编号大于箭尾节点编号。在一个网络图中,节点编号不能重复使用。

(3)网络图中只能有一个始节点和一个终节点。始节点只有后继作业,终节点只有先行作业。其他中间节点必须要同时有先行作业和后继作业。

(4)网络图中不允许出现循环路线。例如图 4-40(A)的画法是错误的,图4-40(B)的画法是正确的。

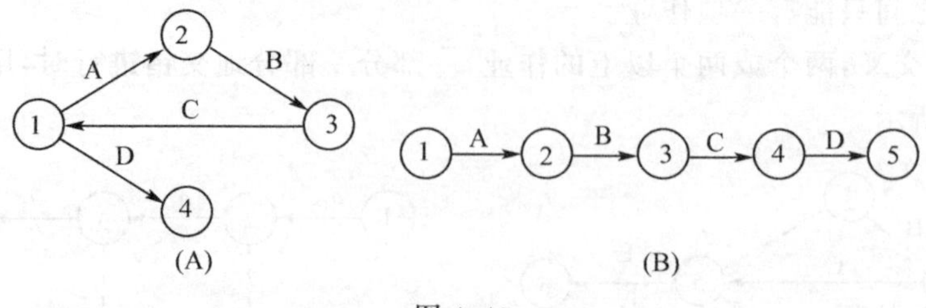

图 4-40

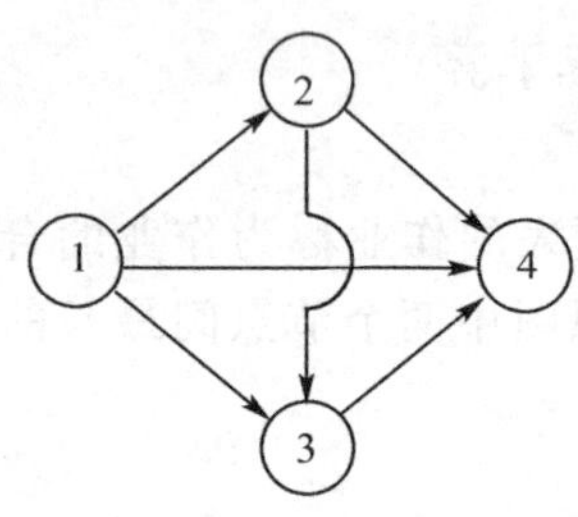

图 4-41

除了上面四条规则外,在绘制网络图时,还应注意画面尽量简明、清晰、整齐、美观。应尽量少用虚箭线,少画斜线和交叉线。必要的交叉线应采用"暗桥"表示等,见图 4-41。

4. 网络图的绘制步骤

(1)确定目标,做好编制计划的准备工作。确定目标就是确定哪一项工程,哪一个产品或哪一项任务,明确最后要达到的目的。

(2)任务的分解与分析,列出作业分析表。明确工程项目后,就把该工程项目分解成各个独立的作业,确定各作业的时间,并按照各作业之间的先后顺序和相互制约关系整理成作业分析表。分析表内要明确每项作业的时间和先行作业(或后继作业)的内容。

例如有一项调查工作任务,经任务的分解和分析,可以列出作业分析表(如表 4-2)。

表 4-2

作业代号	作业说明	周期(天)	先行作业
A	系统地提出问题	4	—
B	研究选点问题	7	A
C	准备调研方案	10	A
D	收集资料,工作安排	8	B
E	挑选和训练调研人员	12	B、C
F	准备收集资料用的表格	7	C
G	实地调查	5	D、E、F
H	分析资料,写调查报告	4	G

有了作业分析表就可以根据各作业之间的逻辑关系绘制网络图。

(3)绘制网络图。

5. 绘制网络图的方法

(1)试探性绘制法:这是绘制网络图一般采用的方法。其要点是按照作业分析表上的作业顺序,根据给定的先行作业,试探性地初画网络图。在画的过程中,运用虚作业来保证作业间给定的逻辑关系。最后再经调整,修改,去掉不必要的虚作业,绘制成满意的网络图。

这种试探性绘制法可以从始节点开始顺推到终节点,叫顺推法;也可以从终节点开始逆推到始节点，叫逆推法。视绘制者的习惯可采用不同的方法。

上面的例题，经过试探性初画，可绘成图 4-42 上的网络图。再经调整，去掉多余的虚作业绘制成图 4-43 的网络图。

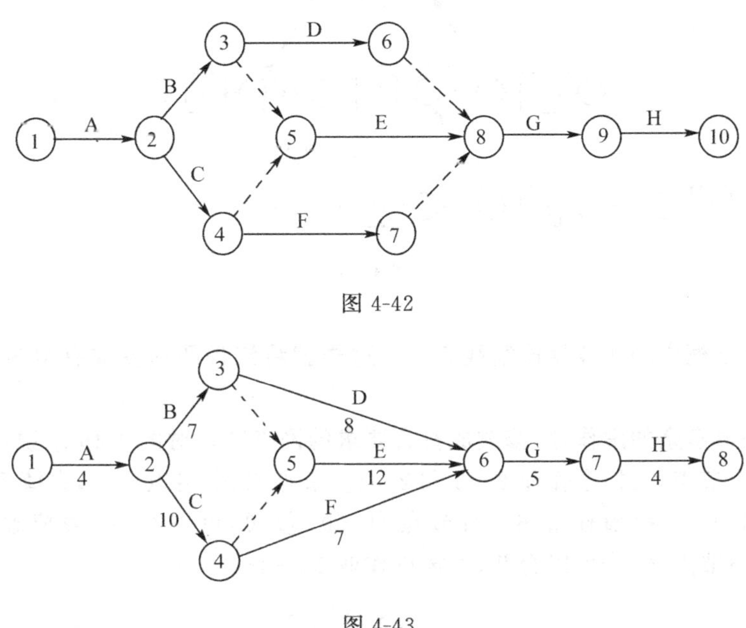

图 4-42

图 4-43

(2)计算机辅助设计和绘制网络图：如果作业的数目不多，作业间的关系并不复杂，运用试探性绘制法手工绘制网络图也比较简单。但如果作业数目多，逻辑关系也很复杂的话，则手工设计和绘制网络图就十分困难。一般都要反复多次才能绘成满意的网络图。因此研究出用计算机辅助设计和绘制网络图的方法。目前采用的计算机算法有两种：一种是由流程图机械式转变成网络图的方法，另一种叫列表设计法。下面简要介绍这两种方法，详情请参阅书后文献(宁宣熙，1987)。

流程图是作业分析时最常用的工具。在流程图中每项作业用一个代号表示，所以又称作业的单代号表示法。在某些国家就用这种流程图作为计划网络图。上面例子的流程图如图 4-44 所示。如果要求绘制双代号网络图，就可以利用流程图，通过下面的步骤将其演变成网络图。

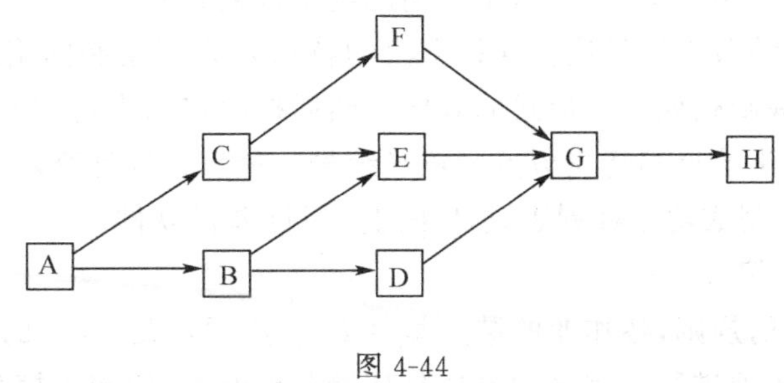

图 4-44

第一步，根据作业分析表绘制流程图。

第二步，在每个作业前后加上节点，将所有箭线换用虚作业表示，见图 4-45。

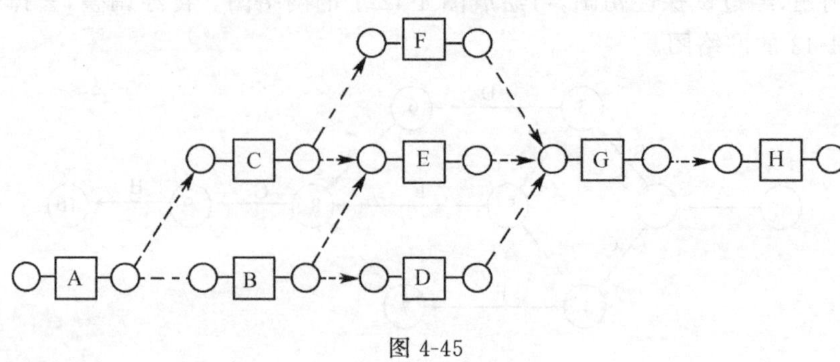

图 4-45

第三步，将方框中的作业换成箭线表示。这样就将流程图演变成有很多虚作业的网络图，见图 4-46。

第四步，去掉多余的虚作业，修改成符合要求的网络图。对图 4-46 来说，节点②、③、④可以合并成一个节点，去掉虚作业 2—3 和 2—4。节点⑤、⑦可以合并，去掉虚作业 5—7；节点⑥、⑨可以合并，去掉虚作业 6—9；节点⑩、⑪、⑫、⑬可以合并，去掉虚作业 10—13，11—13，12—13；节点⑭、⑮可以合并，去掉虚作业 14—15。

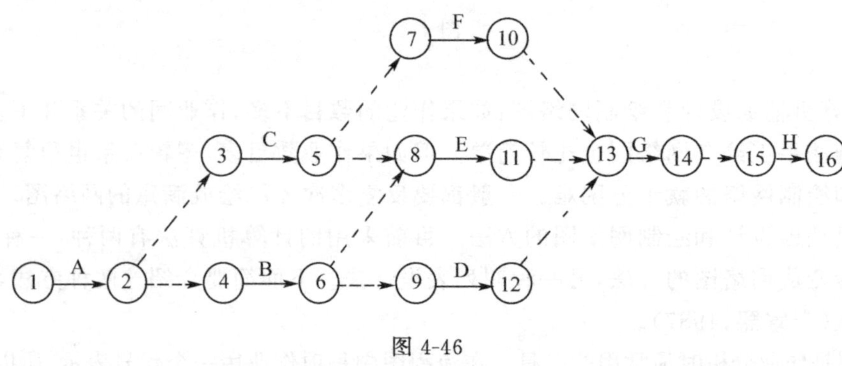

图 4-46

经过反复调整、尽可能去掉多余的虚作业，最后可得与图 4-43 完全相同的网络图。关于去掉多余虚作业的规则可参见文献《微机辅助网络计划技术》。

列表设计法是一种节点编号法。这种方法的特点是先不绘制网络图，而是根据作业分析表，将作业按一定规则列成一定形式的表格。然后按给定的先行作业和预先规定的法则，逐个计算每项作业箭头节点和箭尾节点的正确编号。最后根据计算好的作业编号一次绘成网络图。1987 年已研制成功这种列表设计法的实用计算机软件。

6. 网络图的节点编号

按照绘制网络图的规则，各作业的结点编号 $i—j$ 必须满足 $i<j$ 的要求。一般编号时，从左向右，从小到大逐项进行。编号的方法是从始节点开始，假定去掉从始点出发的所有箭线，得到一个或数个没有箭线进入的节点。对这样的结点逐个按顺序编号，再重复前面步骤直到最后一个终节点编完号为止。

三、网络图的时间参数计算

1. 作业时间的确定

作业时间是指完成一项作业所需的时间。它是网络图的基本参数之一。根据工程项目性质的不同有两种确定方法。

(1)单一时间估计法:在估计某项作业时间时,只确定一个时间值。估计时,应以完成该项作业的最大可能时间为标准,不受作业的重要性和时间紧迫性的限制。确定作业时间的这种方法适用于有成熟经验的工程项目或不确定因素较少,作业时间相对稳定的情况。

(2)三种时间估计法:对于一般的作业,准确地估计它的时间是很困难的。随着情况的变化,作业的完成时间可能有长有短。所以任何作业的时间都是一个随机变量。根据大量统计,它服从 β 分布。其分布曲线如图 4-47 所示。

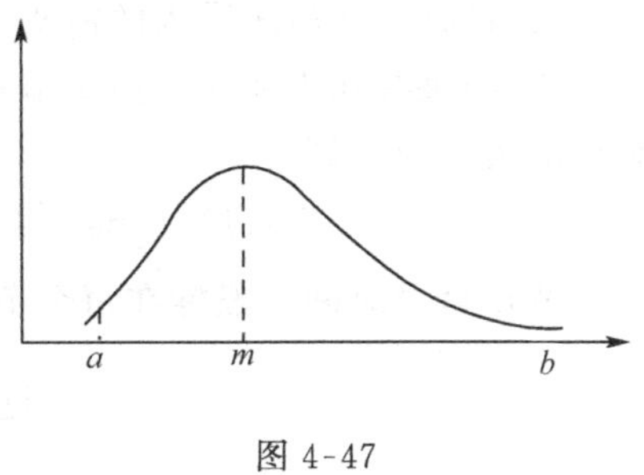

图 4-47

图中,a——最乐观时间,指在顺利情况下,完成作业的可能最短时间;m——最可能时间,指在正常情况下,完成作业的最可能时间;b——最悲观时间,指在不利的情况下,完成作业的最长时间。

服从 β 分布的随机变量,其

数学期望
$$T_e = \frac{a + 4m + b}{6} \tag{4-1}$$

均方差
$$\sigma = \frac{1}{6}(b - a) \tag{4-2}$$

三种时间估计法是用数学期望值作为作业时间的估计值。在网络图上一般用($a-m-b$)记在箭线的上方或下方来表示作业时间。

2. 节点时间参数及其计算方法

(1)节点时间参数。

① 节点最早时间(T_E):节点 i 的最早时间 $T_E(i)$是指以 i 节点开始的各项作业最早可以开工的时间。它等于从始点开始到该节点的最长路线的周期。例如图 4-48 中的节点⑥,它必须在作业 D,E,F 完成后才能开始。所以节点⑥的最早时间是由始点到达节点⑥的四条路线中最长的周期 26 天。即

$$T_E(6) = \max[4+7+8,\ 4+7+12,\ 4+10+7,\ 4+10+12] = 26$$

② 节点的最迟时间(T_L):节点最迟时间是指以此节点为结束的各项作业最迟必须完成的时间,否则就会延误整个工程的工期。它等于工程总周期减去该节点到终点的最长路线的周期,例如图 4-48 中的结点②。节点②和终点之间有四条路线,最长路线的周期是 31 天,已知工程总周期是 35 天,所以结点②的最迟时间是 4 天。即

$$\begin{aligned} T_L(2) &= 35 - \max[4+5+8+7,\ 4+5+12+7, \\ &\qquad 4+5+7+10,\ 4+5+12+10] \\ &= 4 \end{aligned}$$

如果以节点②为结束的作业 A 推迟完工一天，即第五天完成，则总工期也要延迟一天。

③ 节点时差 $R(i)$：节点时差是指该节点最迟时间和最早时间之差。即$R(i)=T_L(i)-T_E(i)$。时差为零的节点称为关键节点。

(2)节点时间参数的计算法。

① 图上计算法：图上计算法是利用前后节点时间参数之间的关系在图上逐点进行计算。具体方法如下：

第一步，计算节点最早时间。从始点开始由左向右进行计算。

A. 始节点的最早时间为零，即 $T_E(1)=0$。

B. 只有一支箭线进入的箭头节点的最早时间等于它的箭尾时间加上该作业的时间。

C. 如果有几支箭线与箭头节点相连，则选各箭尾节点的最早时间与相应的作业时间之和中的最大值。即

$$T_E(j)=\max_i[T_E(i)+T_e(ij)] \qquad \text{作业 } i-j\in A$$

节点最早时间一般标在每个节点的左方(或上方)，用方框括起，见图 4-48。

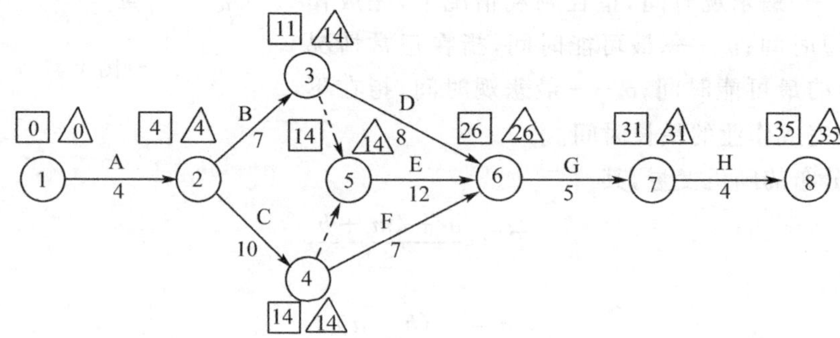

图 4-48

第二步，计算节点最迟时间。从终点开始，由右向左进行。

A. 如果总工期是给定值，则终点的最迟时间等于规定的完工期。当无规定期限时，终点的最迟时间等于它的最早时间，即 $T_L(n)=T_E(n)$。

B. 箭尾节点的最迟时间等于它的箭头节点最迟时间减去该作业的时间。

C. 若从某箭尾节点同时发出几条箭线，则选其中箭头节点的最迟时间与相应作业时间之差中的最小者。即

$$T_L(i)=\min_j[T_L(j)-T_e(ij)]$$

节点最迟时间一般标在每个节点的右上方(或下方)。用三角形框括起。上面例题的节点最迟时间计算见图 4-48。

② 矩阵法：用矩阵法计算节点时间参数的具体步骤如下：

A. 先做一个矩阵表格。如果网络图有 n 个节点，则做一个 $n\times n$ 的矩阵表格。图 4-48 的网络图有 8 个节点，故做 8×8 的矩阵表格，见表 4-3。

B. 在矩阵中，以行号为箭尾节点(起点)，列号为箭头节点(终点)填写相应作业的作业时间。

表 4-3

	T_L	0	4	14	14	14	26	31	35
T_E		①	②	③	④	⑤	⑥	⑦	⑧
0	①		4						
4	②			7	10				
11	③					0	8		
14	④					0	7		
14	⑤						12		
26	⑥							5	
31	⑦								4
35	⑧								

C. 计算节点最早时间：由纵列的始点①开始，自上而下计算。始节点的$T_E(1)=0$。节点②的最早时间按下面方法求得：查到以②为标头的那一列，将该列中的各数字与各所在行的 T_E 相加，取其中数值最大者就是节点②的最早时间，记在节点②的 T_E 栏内。如第②列中只有一个数字 4，数字所在行的 $T_E=0$，所以

$$T_E(2)=4+0=4$$

同理可得

$$T_E(3)=7+4=11$$
$$T_E(4)=10+4=14$$
$$T_E(5)=\max[0+11,0+14]=14$$
$$T_E(6)=\max[8+11,7+14,12+14]=26$$
$$T_E(7)=5+26=31$$
$$T_E(8)=4+31=35$$

D. 计算节点最迟时间：从横行的终节点⑧开始，由右向左计算。先将终节点的最早时间移到节点⑧的最迟时间栏内，然后查到以⑦为标头的那一行，将该行中的各数字与其所在列的节点最迟时间相减，取其中差值最小者便是节点⑦的最迟时间，记在该节点的最迟时间栏内。例如⑦行只有一个数字 4。数字 4 所在列的最迟时间为 35。所以 $T_L(7)=35-4=31$。依同样做法可得

$$T_L(6)=31-5=26$$
$$T_L(5)=26-12=14$$
$$T_L(4)=\min[26-7,14-0]=14$$
$$T_L(3)=\min[26-8,14-0]=14$$
$$T_L(2)=\min[14-10,14-7]=4$$
$$T_L(1)=4-4=0$$

3. 作业时间参数及其计算法

(1)作业时间参数：作业时间参数有六个，即作业最早开始时间、作业最早结束时间、作

业最迟开始时间、作业最迟结束时间、总时差和单时差。

① 作业最早开始时间(T_{ES})：网络图上的每一项作业都有一个最早可能开始的时间，在这个时间之前该作业是不具备开工条件的。例如该作业的某项先行作业没有完工，它就不具备开工的条件。所以某项作业的最早开工期正是它的全部先行作业的完工期。这个时间是和该作业 $i-j$ 的箭尾节点 i 的最早时间是一致的。

② 作业最早结束时间(T_{EF})：按最早时间开始的作业，在规定的作业时间内完工，这个工期就是作业的最早结束时间。很显然它等于作业最早开始时间加上该作业的时间，即

$$T_{EF}(ij)=T_{ES}(ij)+T_e(ij)$$

③ 作业最迟开始时间(T_{LS})：网络图中的作业，都有一项或几项紧后作业。前面的作业不完工，后面的作业就不能开始。为了不影响整个工程的完工期，作业最迟必须开始的时间称为最迟开始时间。它等于作业 $i-j$ 的箭头节点 j 的最迟时间减去该作业的时间，即

$$T_{LS}(ij)=T_L(j)-T_e(ij)$$

④ 作业最迟结束时间(T_{LF})：为了不影响整个工程的完工期，作业必须结束的最迟时间称为最迟结束时间。它等于作业 $i-j$ 的箭头节点 j 的最迟时间。即

$$T_{LF}(i,j)=T_L(j)$$

⑤ 总时差 $R(ij)$：指在不影响总工程完工期的情况下，一项作业的完工期可以推迟多长时间。它等于作业的最迟完工期和最早完工期之差，或者等于最迟开工期与最早开工期之差。总时差为零的作业称为关键作业。

⑥ 单时差 $r(ij)$：指在不影响下一项作业最早开工期的情况下，一项作业的完工期可以推迟多长时间。它等于下一个作业的最早开始时间和该作业的最早结束时间之差。

(2)作业时间参数的计算法。

① 根据节点时间计算作业时间参数的方法：如果用图上计算法或矩阵法已经求出网络图中每个节点的参数，那么就可以根据上面的定义，计算每项作业的四个时间参数，即

$$\begin{aligned}
&T_{ES}(ij)=T_E(i)\\
&T_{EF}(ij)=T_E(i)+T_e(ij)\\
&T_{LF}(ij)=T_L(j)\\
&T_{LS}(ij)=T_L(j)-T_e(ij)\\
&R_{ij}=T_{LF}(ij)-T_{EF}(ij)=T_{LS}(ij)-T_{ES}(ij)\\
&r_{ij}=T_E(j)-T_{EF}(ij)
\end{aligned}$$

例如，图 4-48 中网络图中的作业 $D(3—6)$，它的六个时间参数是：

$$\begin{aligned}
&T_{ES}(3—6)=T_E(3)=11\\
&T_{EF}(3—6)=T_E(3)+T_e(3—6)=11+8=19\\
&T_{LF}(3—6)=T_L(6)=26\\
&T_{LS}(3—6)=T_L(6)-T_e(3—6)=26-8=18\\
&R(3—6)=T_{LF}(3—6)-T_{EF}(3—6)=26-19=7\\
&r(3—6)=T_E(6)-T_{EF}(3—6)=26-19=7
\end{aligned}$$

作业 $G(6—7)$ 的六个时间参数是：

$$T_{ES}(6—7)=T_E(6)=26$$

$$T_{EF}(6—7)=T_E(6)+T_e(6—7)=26+5=31$$
$$T_{LF}(6—7)=T_L(7)=31$$
$$T_{LS}(6—7)=T_L(7)-T_e(6—7)=31-5=26$$
$$R(6—7)=T_{LF}(6—7)-T_{EF}(6—7)=31-31=0$$
$$r(6—7)=T_L(7)-T_{EF}(6—7)=31-31=0$$

同理可以计算网络图中任何作业的六个时间参数。

② 列表计算作业时间参数的方法:按表 4-3 的格式画一表格,将作业的已知参数(作业代号,作业时间,先行作业)按顺序填入表格中的前三列。然后按下列步骤进行作业时间参数的计算。采用这种表算法,可以在未作出网络图之前,仅根据作业分析表的数据就可以计算各项作业的六个时间参数。表算法共分两步:

第一步,计算作业的最早开始时间和最早结束时间。

计算作业最早时间由上至下依次进行。先定始点作业(无先行作业)的最早开始时间为零。然后加上该作业的时间便得到第一个作业的最早结束时间。依次查看先行作业,凡是先行作业只有一个,且为 A 的作业,则将作业 A 的最早结束时间填入该作业的最早开始时间一栏。例如表 4-4,作业 B、C 的先行作业都是 A,则作业 B、C 的最早开始时间便是作业 A 的最早结束时间。然后加上各自的作业时间,便得到作业 B 和 C 的最早结束时间。如果某作业有多个先行作业,例如作业 E 有两个先行作业 B 和 C,则取作业 B、C 中较长的最早结束时间作为作业 E 的最早开始时间。依同理可以依次算出各作业最早开始时间和最早结束时间。

表 4-4

作业代号	作业时间 T_e	先行作业	最早时间		最迟时间		总时差 R_{ij}
			开始	结束	开始	结束	
A	4	—	0	4	0	4	0
B	7	A	4	11	7	14	3
C	10	A	4	14	4	14	0
D	8	B	11	19	18	26	7
E	12	B、C	14	26	14	26	0
F	7	C	14	21	19	26	5
G	5	D、E、F	26	31	26	31	0
H	4	G	31	35	31	35	0

第二步,计算作业的最迟结束时间和最迟开始时间。

计算最迟时间由下向上进行。先将最后一个作业 H 的最早结束时间(35)填入最迟结束时间一栏。然后减去作业 H 的作业时间便得到作业 H 的最迟开始时间 31。查看作业 H 的先行作业为 G,则作业 G 的最迟结束时间便是作业 H 的最迟开始时间。将作业 G 的最迟结束时间减去作业 G 的作业时间便得到作业 G 的最迟开始时间(31－5＝26)。查看作业 G 的先行作业是 D,E,F。于是将作业 G 的最迟开始时间(26)填入作业 D、E、F 的最迟结束时间栏内。当某作业是两个以上作业的先行作业时，例如作业C是作业E和作业F的先行作业，则按上面的规则，在作业C的最迟结束时间栏内有两个数(14和19)。取其中最小者为作业C的最迟结束时间[min(14,19)=14]，同理，可由下自上地依次计算出每个作业的最迟开始时间和最迟结束时间。

有了上面四个时间参数，很容易求出作业的总时差和单时差。

4. 网络图时间参数计算小结

(1)节点时间参数：

节点最早时间

$$T_E(j)=\max_i[T_E(i)+T_e(ij)] \tag{4-3}$$

节点最迟时间

$$T_L(i)=\min_j[T_L(j)-T_e(ij)] \tag{4-4}$$

节点时差

$$R(i)=T_L(i)-T_E(i) \tag{4-5}$$

(2)作业时间参数：

作业最早开始时间

$$T_{ES}(ij)=T_E(i) \tag{4-6}$$

作业最迟结束时间

$$T_{LF}(ij)=T_L(j) \tag{4-7}$$

作业最早结束时间

$$T_{EF}(ij)=T_{ES}(ij)+T_e(ij)=T_E(i)+T_e(ij) \tag{4-8}$$

作业最迟开始时间

$$T_{LS}(ij)=T_{LF}(ij)-T_e(ij)=T_L(j)-T_e(ij) \tag{4-9}$$

作业总时差

$$\begin{aligned}R(ij)&=T_{LF}(ij)-T_{EF}(ij)=T_{LS}(ij)-T_{ES}(ij)\\&=T_L(j)-T_E(i)-T_e(ij)\end{aligned} \tag{4-10}$$

作业单时差

$$r(ij)=T_{ES}(jk)-T_{EF}(ij)=T_E(j)-T_{EF}(ij) \tag{4-11}$$

(3)作业总时差和单时差之间的关系：

单时差=总时差−作业箭头节点的节点时差

即 $r(ij)=R(ij)-R(j)$，见图4-49。

(4)作业总时差之间的关系：总时差在以关键节点分段的一段线路中是互相串用的。例如，在图4-48②→③→⑥这一段线路中，作业B的总时差是3，作业D的总时差是7。如果作业B的开工期推迟三天，则作业D的机动时间只有4天。如果作业B是按最早时间开工的，那么作业D就有7天的机动量。所以在②→③→⑥这段线路上总的只有7天的机动量，作业B的最大机动量是3天。如果作业B用掉3天的机动量，那作业D只有4天的机动量。

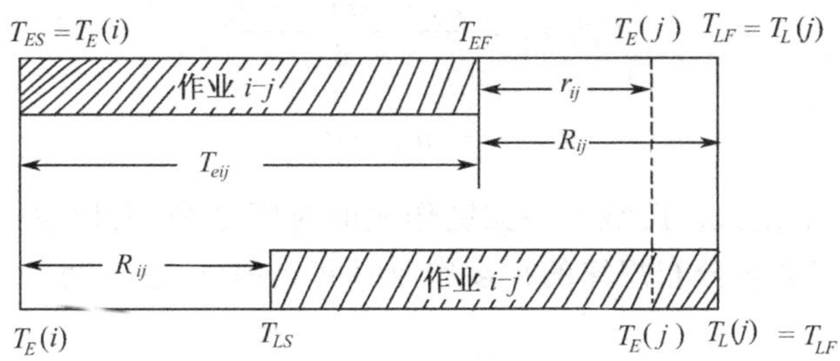

图 4-49

5. 关键路线及寻找关键路线的方法

关键路线是网络图始点到终点之间所有可能路线中周期最长的路线。用下面两种方法,可以很快地确定关键路线。

(1)根据作业的总时差:总时差为零的作业称为关键作业。把网络图中所有关键作业串联起来就构成关键路线。

(2)破圈法:在没有计算网络时间参数之前,可以用破圈法求关键路线。方法是将网络图中由箭线围成的很多圈,自左至右逐个破坏,而留下一条或数条由始节点到终节点的通路,这些通路就是关键路线。破圈的原则是:比较每个圈中自箭尾节点到箭头节点的两条通路的长度,保留较长的路线。如果两条路线长度相等则均保留。如图 4-50 所示的网络图,第一个圈的箭尾节点是①,箭头节点是⑤,两条通路的路长分别是 8 和 3+6=9,则保留路线①→③→⑤。按相同的方法,依图上所示顺序,最后得到关键路线①→③→⑤→⑥→⑦。

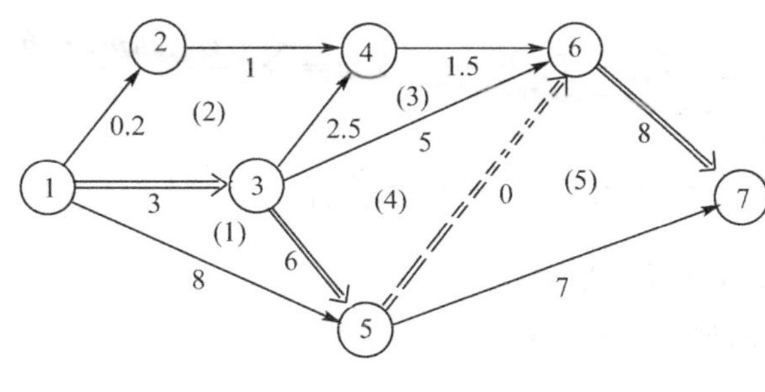

图 4-50

6. 按期完成计划的概率

对于按单一时间估计法确定作业时间的网络计划,由于每个作业的时间相对比较稳定,不肯定因素的影响小,所以按计划计算出的总工期完工把握性是很大的。但是按三种时间估计法确定作业时间的网络计划,由于不肯定因素的影响较大,所以只能说,根据作业均值 T_e 计算出的总工期,按期完工有一定的可能性。这个可能性的大小就是按期完成计划的概率。下面介绍如何计算它。

(1)工程总周期的概率分布规律:前面讲过,每项作业的周期是一个随机变量,它近似服从 β 分布规律。其

均值
$$T_e(ij)=\frac{a_{ij}+4m_{ij}+b_{ij}}{6}$$

均方差
$$\sigma_{ij}=\frac{1}{6}(b_{ij}-a_{ij})$$

整个工程的总工期是关键路线上各关键作业的时间之和，所以也是一个随机变量。当关键作业足够多时，服从β分布规律的很多作业时间之和（即总工期）近似服从正态分布（见图 4-51）。

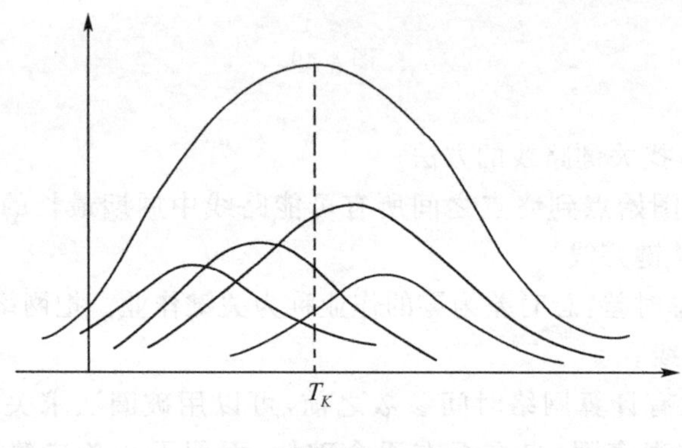

图 4-51

即总工期$T\sim N(T_K,\sigma^2)$，其概率密度函数
$$P(t)=\frac{1}{\sqrt{2\pi}\sigma}e^{-\frac{1}{2}\left(\frac{t-TK}{\sigma}\right)^2}$$

其中
$$T_K=T_{e1}+T_{e2}+\cdots+T_{en}=\sum_{i=1}^{n}\frac{a_i+4m_i+b_i}{6}$$
$$\sigma^2=\sigma_1^2+\sigma_2^2+\cdots+\sigma_n^2=\sum_{i=1}^{n}\left(\frac{b_i-a_i}{6}\right)^2$$
n是一条关键路线上关键活动的数目。

(2)按期完成计划的概率：假设规定的完工期是T_D
$$P(t\leqslant T_D)=F(T_D)=\int_{-\infty}^{T_D}\frac{1}{\sqrt{2\pi}\sigma}e^{-\frac{1}{2}\left(\frac{t-TK}{\sigma}\right)^2}\mathrm{d}t$$

令：$z=\dfrac{t-T_K}{\sigma}$，所以，$\mathrm{d}z=\dfrac{1}{\sigma}\mathrm{d}t$ 代入上式可得：
$$P(t\leqslant T_D)=\frac{1}{\sqrt{2\pi}}\int_{-\infty}^{\frac{TD-TK}{\sigma}}e^{-\frac{z^2}{2}}\mathrm{d}z=\Phi\left(\frac{T_D-T_K}{\sigma}\right) \tag{4-12}$$

Φ 为标准正态分布函数。

由$z=\dfrac{T_D-T_K}{\sigma}$的值，查标准正态分布表，便可知工程在规定时间$T_D$完工的概率。例如，某项工程的关键路线由以下四个作业构成，见图 4-52，计算出的有关数据见表 4-5。

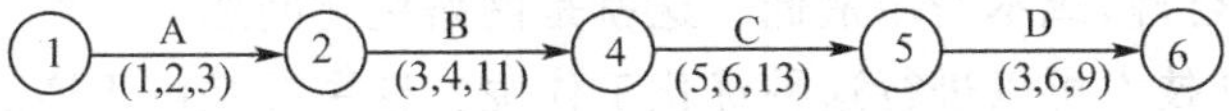

①—A (1,2,3)→②—B (3,4,11)→④—C (5,6,13)→⑤—D (3,6,9)→⑥

图 4-52

表 4-5

作　业	三种时间估计			T_e	均方差 $\sigma=\frac{1}{6}(b-a)$	方　差 $\sigma^2=\left(\frac{b-a}{6}\right)^2$
	a	m	b			
1—2	1	2	3	2	1/3	1/9
2—4	3	4	11	5	4/3	16/9
4—5	5	6	13	7	4/3	16/9
5—6	3	6	9	6	1	1

$$T_K=T_{e(1-2)}+T_{e(2-4)}+T_{e(4-5)}+T_{e(5-6)}=2+5+7+6=20$$

$$\sigma=\sqrt{\frac{1}{9}+\frac{16}{9}+\frac{16}{9}+1}=\sqrt{\frac{42}{9}}=2.16$$

如果要求工程在 20 天内完成，即 $T_D=20, z=0$，由式(4-12)得

$$P(t\leqslant 20)=\Phi(0)=0.5$$

即在 20 天内完成该项工程的可能性只有 50%。

如果要求工程在 21 天内完成，即

$$T_D=21, z=\frac{21-20}{2.16}=0.46$$

所以
$$P(t\leqslant 21)=\Phi(0.46)=0.677\ 2$$

如果要求工程在 19 天内完成，即

$$T_D=19, z=\frac{19-20}{2.16}=-0.46$$

所以
$$P(t\leqslant 19)=\Phi(-0.46)=0.322\ 8$$

当要求工程完工的概率不小于某一数值时，根据上面的公式也可以计算出工程的总完工期。例如，要求工程完工的概率不小于 0.9，查标准正态分布表可知

$$z=1.28$$

所以
$$T_D=T_K+z\sigma=20+1.28\times 2.16=22.8(\text{天})$$

这就是说在 22.8 天内完工的可能性是 90%。

四、网络优化

前面介绍的网络计划技术只是从工程进度方面考虑。在一般情况下，编制工程计划不能只考虑工程进度，还要考虑资源条件的限制和尽量使工程费用最省（在这里，资源是指一项工程计划所需要的人员和物质条件，如各种设备、器材、工具、厂房、运输工具、原材料、动

力、燃料等)。也就是说要对时间、资源、费用进行综合平衡,选取最优方案。尽量做到工程周期最短,资源使用合理,成本费用最低。这就是网络优化问题。

为什么网络计划技术可以进行这种优化工作呢?这主要是由于通过网络计划可以明确哪些作业是关键作业,哪些是非关键作业,其时差是多少。这样,我们就可以利用这个时差,抽调非关键作业上的人力、物力支援关键作业,加快计划进度,缩短工期。这就是进行网络计划时常常用到的一句话:“向关键路线要时间,向非关键路线要资源”。

网络优化有两类问题。一类是时间-资源优化。主要解决在工程总周期一定的情况下,如何安排各项作业,使整个计划期内所需要的资源比较均衡。或者,当某项工程的可用资源有限时,如何安排各项作业,使总工程周期最短。第二类问题是时间成本优化,寻找成本最低,而工程周期又尽量最短的优化方案。下面我们分别加以介绍。

1. 工期限定、资源平衡问题

解决工期限定、资源平衡的问题可用图解法和探索性程序法。本书仅介绍图解法,以使读者形象地了解如何利用时差来解决资源平衡的问题。

现有一项工程,其网络图如图 4-53,图中箭线下面的数字是作业时间,括号内的数据是该作业每天所需的人力。节点时间参数记在方框和三角形中。

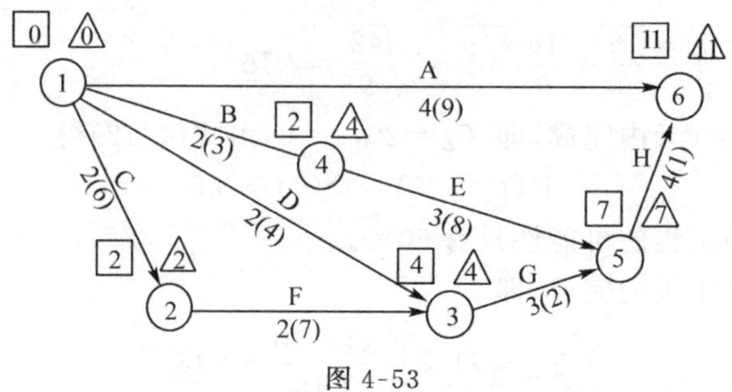

图 4-53

为了清楚地表现网络图中的时差,先在日历坐标上绘制网络图(见图 4-54(A))。图中的每项作业都先按最早开始时间安排。箭线的水平长度等于作业的天数,虚线长度代表该作业的总时差。括号内为每天需要的人力数,双实线是关键路线。图 4-54(B)是相应的每日需用人力数量图,从图上可以看出人力的使用很不均衡。

现根据下列原则进行调整:

(1)为了保证总工程周期不变,不调整关键路线上的作业。

(2)利用时差,对非关键路线上的作业进行调整,尽量使人力的需要量均衡。

按以上原则可作如下调整:使作业 A 推迟七天开工;作业 E 和作业 B 向后推迟两天开工。于是得到下面的日程安排图及人力需要图,见图 4-55。显而易见,这样的安排可以使人力的使用做到十分均衡,但总工期保持不变。

2. 资源有限、工期最短

现有某工程按作业最早开工期安排的日程网络图见图 4-56。括号内数据为每天所需人力。设每天最多有 10 人工作,试问如何安排才能使工程周期最短。

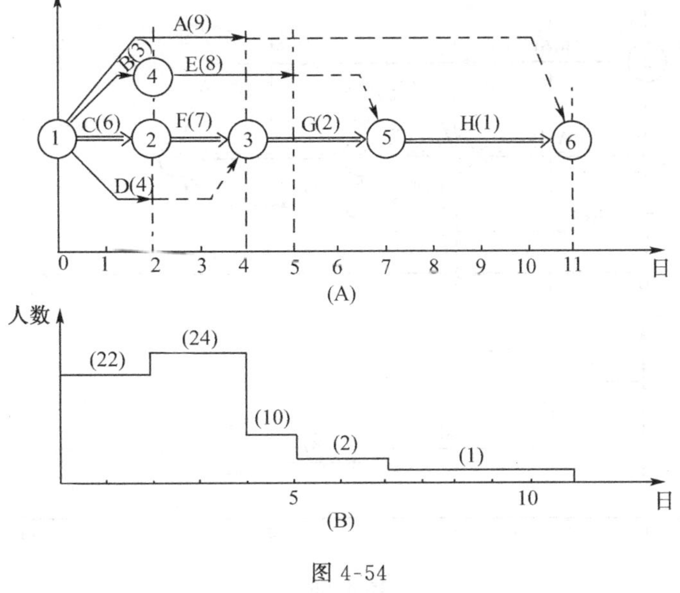

图 4-54

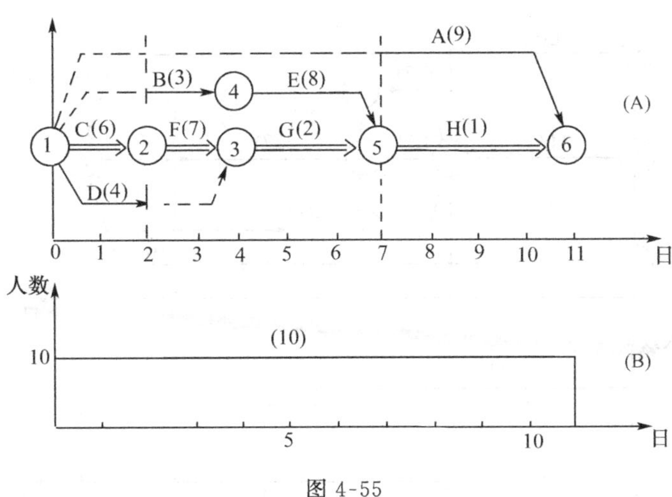

图 4-55

首先进行人力资源的总平衡：即在最理想的情况下，用给定的人力需要多少天完工。经计算原计划所需要的总人天数是

$$M=2\times4+1\times2+1\times3+1\times5+2\times6+2\times7+1\times1+1\times8=53(\text{人天})$$

如果每天有 10 人工作，则至少要 5.3 天才能完成。这说明原来的五天总工期是不够的，至少需要延长一天。这时有两个调整方案：

(1)作业 H 延后五天开始(见图 4-57)。

(2)作业 H 延后三天开始，同时作业 F 延后一天开始(见图 4-58)。这两个方案都做到了人力安排均衡，而工期又短的要求。

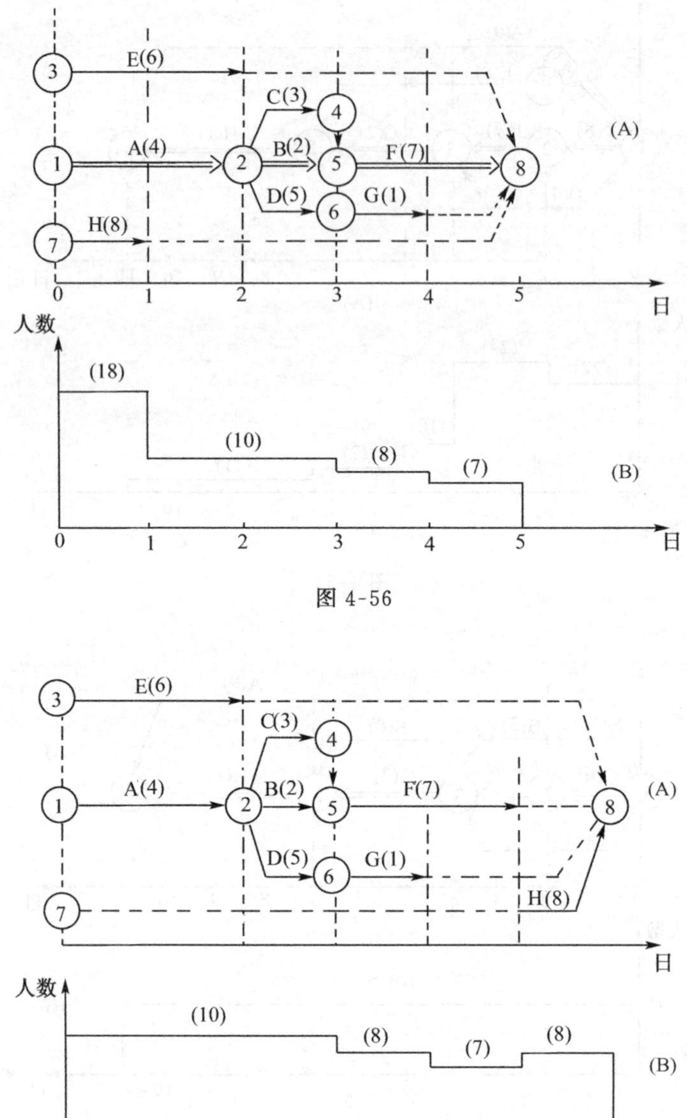

图 4-56

图 4-57

3. 网络计划中的费用优化

在任何工程计划中,都有费用优化问题。我们知道,工程项目的成本费用是和时间进度有关的。在一般情况下,每项作业的完成时间都和投入的人力、物力、财力有关。投入的资源愈多,作业时间也愈短。反之,成本费用可能低些,但作业时间会加长。所以在做计划时,要综合考虑工程进度和成本之间的关系,找到优化方案。

费用优化问题主要有以下两个方面:① 工程周期给定,如何安排各项作业,使整个工程的直接费用最低。② 如果有一笔准备用来加快工程进度的追加费用,如何安排才能使工程总周期缩短最多。或者说,如果要求工程周期缩短一定时间,如何安排才能使追加的费用最少。

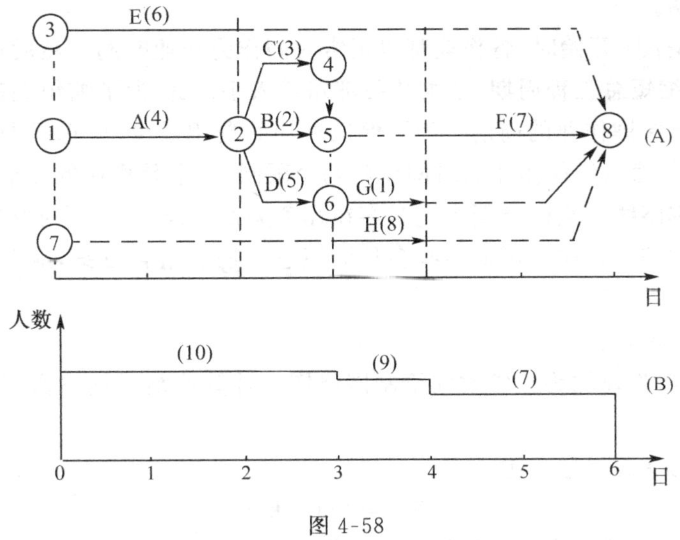

图 4-58

解决这类问题可以用线性规划的方法,也可以用最小成本加快法。下面仅就后一种方法加以简要的介绍。

(1)作业的时间-费用转换曲线:运用最小成本加快法来优化网络费用的先决条件是,已知网络中每一项作业的时间-费用转换曲线,也就是作业时间与直接费用的关系曲线。我们知道,每一项作业的时间与投入的资源条件有关,资源增加,费用增加,时间可以缩短。但是作业时间的缩短也有一定限度。达到极限以后,作业时间就不可能再缩短,或者要付出极大的代价才行。这个极限叫紧急情况下的极限时间。在正常时间和极限时间之间费用和作业时间是曲线关系,见图 4-59。为了计算上的方便,一般可以用直线近似表示。

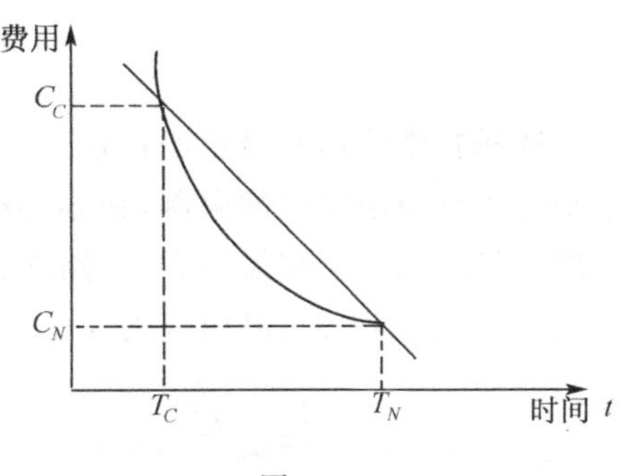

图 4-59

图中,T_N,C_N——正常情况下的时间和费用;

T_C,C_C——紧急情况下的时间和费用。

计算作业的费用率:

$$P=\frac{C_C-C_N}{T_N-T_C}$$

即单位时间的变化引起的直接费用的变化率。

(2)最小成本加快法:已知每项作业的时间费用转换曲线之后,就可以用最小成本加快法来求整个工程的最佳时间费用关系曲线。

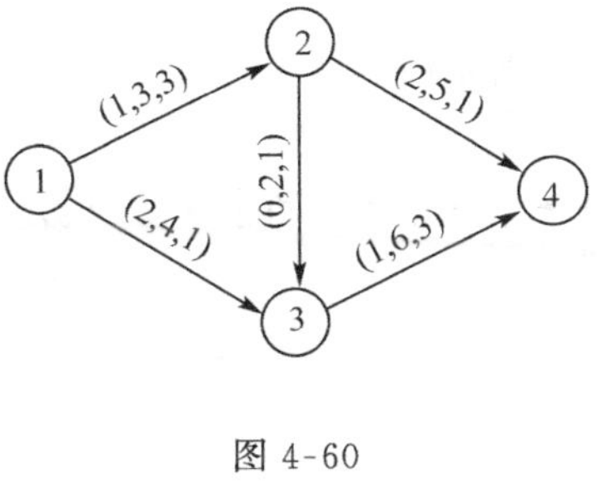

下面用例子来说明这种方法的思路和步骤。

图 4-60

现有某项工程的网络图如图 4-60 所示。图上的时间参数为(T_C,T_N,P),试求工程的最佳时间费用关系曲线及最低费用的工程周期。

解题的思路是：① 开始时，各作业都以正常时间作为作业时间。然后逐步压缩工期，加快进度。② 为了缩短总工程周期，必须从关键路线入手。③ 为了缩短关键路线的周期，必须缩短关键路线上关键作业的周期。为了保证追加的费用最少，应选择费用率最低的关键作业进行压缩。④ 缩短任何作业的时间受到两个限制：一个是作业的极限时间 T_C，另一个是出现了新的关键路线。当网络图中同时存在几条关键路线时，要同时缩短每条关键路线，才能使工程总周期缩短。这时可能会有多种缩短总工期的组合方案，应选其中费用率总和最小的组合方案。

解题的具体步骤是：

第一步，以各项作业均为正常时间绘制网络图。计算网络时间参数，找出关键路线，见图 4-61。

关键路线是①→②→③→④

$$T_K = (11) \text{天}$$

第二步，从关键路线上考虑可缩短时间的作业有三个，其费用率分别是：

作　业	1—2	2—3	3—4
p_{ij}	3	1	3

选择其中费用率最小的作业 2—3 作为缩短时间的对象。其缩短的天数受到两个限制：一是受本身极限时间的限制，最多能缩短两天；另一个是受出现新的关键路线的限制。不难看出，当作业 2—3 缩短一天后，路线①→③→④也变成关键路线。所以作业 2—3 只能缩短一天，即 $T_K = 10$ 天，追加费用为 1。

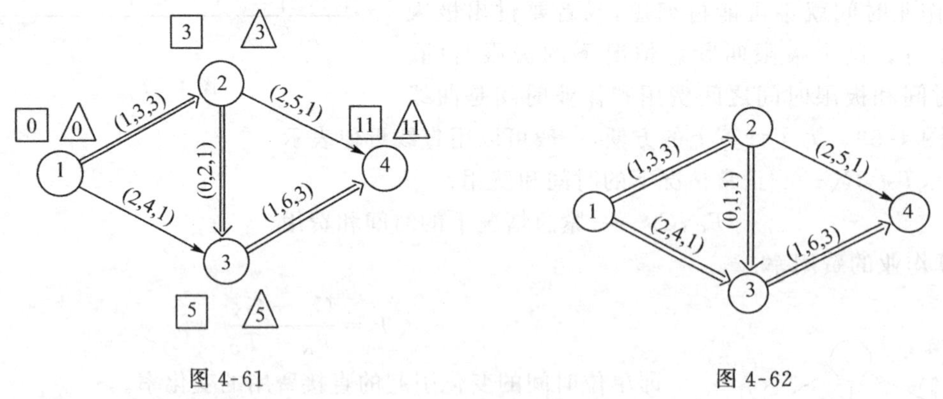

图 4-61　　　　图 4-62

第三步，重新绘制网络图如图 4-62。找出新的关键路线①→②→③→④和①→③→④。

这时缩短总周期的方案有三个：

方　　案	Ⅰ	Ⅱ	Ⅲ
缩短的作业	(1—2),(1—3)	(2—3),(1—3)	3—4
费用率	3+1=4	1+1=2	3

选择费用率最小的第Ⅱ方案。因为作业 2—3 只能再压缩一天(受极限时间的限制),所以作业 1—3 也压缩一天。追加费用为 2,$T_K=9$ 天。追加费用累计为1+2=3。

第四步,重新绘制网络图如图 4-63,找出关键路线为①→②→③→④和①→③→④。

到现在为止,作业 2—3 已不能再压缩了。把不能再缩短工期的作业称为僵弧。如果要求继续缩短总工期,只能考虑上一步中的方案Ⅰ和方案Ⅲ。因为$P_{\mathrm{I}}>P_{\mathrm{III}}$,所以选方案Ⅲ。即压缩作业 3—4。因为作业 3—4 缩短一天后,路线①→②→④也变成关键路线,故作业 3—4 也只能压缩一天。这时 $T_K=8$,追加费用为 3,追加费用累计为 3+3=6。

第五步,重新绘制网络图如图 4-64 所示。找出关键路线有三条:①→②→③→④;①→②→④;①→③→④。

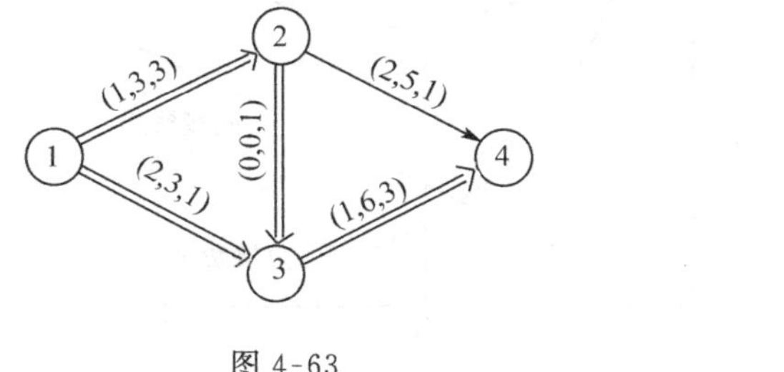

图 4-63

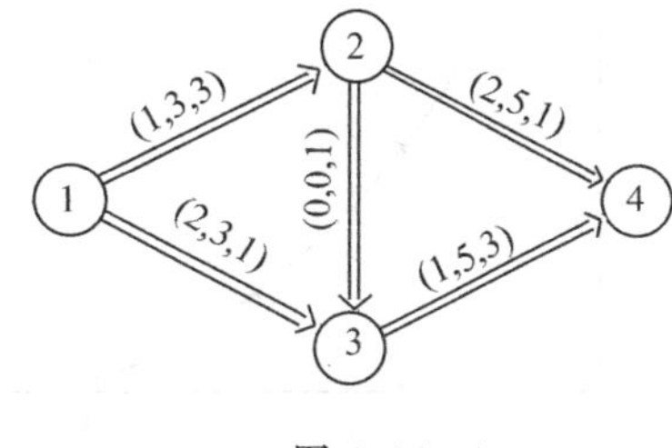

图 4-64

这时压缩时间的方案有两个:

方　　案	Ⅰ	Ⅱ
缩短的作业	(1—2),(1—3)	(2—4),(3—4)
费用率 p	3+1=4	1+3=4

先按方案Ⅰ进行压缩。因为作业 1—3 只能再压缩一天,所以作业 1—2,1—3 各压缩一天,这时 $T_K=7$,追加费用为 4,追加费用累计为 6+4=10。

再按方案Ⅱ进行压缩,可缩短三天。这时 $T_K=4$,追加费用为 12,追加费用累计 10+12=22。

第六步,重新绘制网络图,见图 4-65。

从图上的数据可知:作业 1—3,1—2,2—4 都不能再压缩了。只能考虑压缩 1—2 和 3—4,并且最多只能压缩一天。这时作业 2—3 出现了一天的时差,故可以把该作业加长一天。这样做不延长总工期,却降低了费用。此时,$T_K=3$,追加费用 3+3−1=5,追加费用累计 22+5=27。

第七步,重新绘制网络图,见图 4-66。

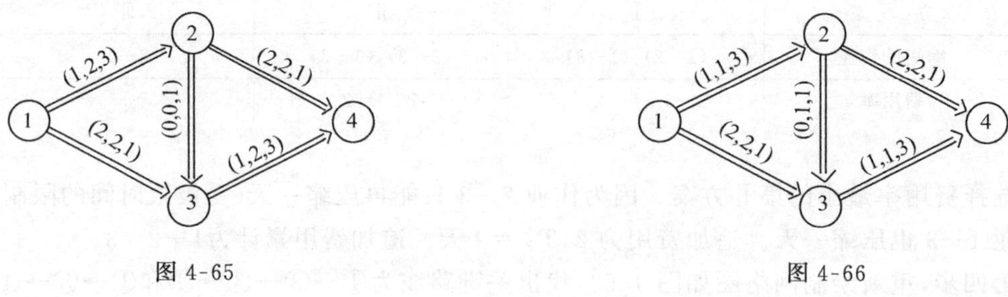

图 4-65 图 4-66

由图 4-66 可见,已不能再压缩周期了。最后可绘制项目周期-成本费用曲线如下(见图 4-67)。

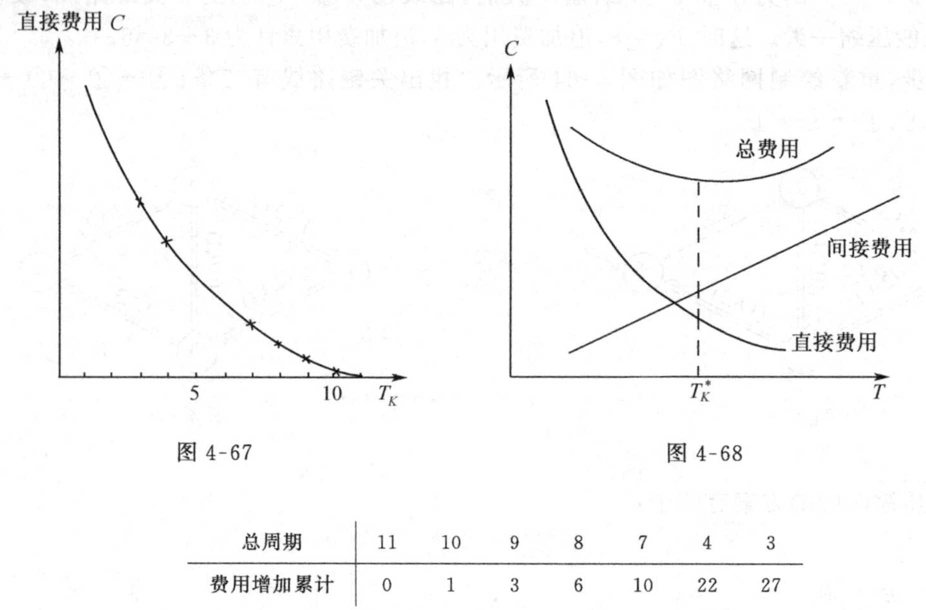

图 4-67 图 4-68

总周期	11	10	9	8	7	4	3
费用增加累计	0	1	3	6	10	22	27

第八步,求最低费用的工程周期。上面的成本费指直接费用。除了直接费用之外还有间接费用。随着周期的加长,间接费用是增加的,而且呈直线关系。由

$$\text{总费用} = \text{直接费用} + \text{间接费用}$$

最后可得出最低费用所对应的工程周期 T_K^*,见图 4-68,T_K 称为最经济工期。

第五章

决 策 论

第一节 概论

一、决策的基本概念

决策的基本含义是在几种可行方案中优选其一，犹如人到多岔路口要决定走哪一条路一样。这是对决策概念狭义的理解。在中国俗称“拍板”，就是“做出决定”的意思。实际上，任何人做出任何决定都包括明确问题和目标，提出解决问题和达到目标的各种可行方案，然后从中选择一个最优方案的一系列活动过程，作出决定或拍板仅是对各种方案进行抉择的这一个活动。因此，从广义上讲，决策的概念是：“为实现某一特定目标，借助一定的科学手段和方法，从两个或两个以上的可行方案中选择一个最优方案，并组织实施的全部行为过程。”更简明扼要一点说：“决策是对目标和为实现目标的各种可行方案进行抉择的过程。”这句话强调了决策的核心部分是对目标和为实现目标的各种方案的选择，以及它的过程性。

二、决策的基本程序

要进行科学的决策必须遵循科学的决策程序。按照系统工程的逻辑思维方法，可以把决策过程按图 5-1 的程序进行。图中右侧为决策程序，左侧为决策过程的各阶段中所使用的决策技术。

1. 发现问题

这是决策的起点，是领导者的重要职责。

2. 确定目标

确定目标时要注意目标不能模糊，因此它应当是：①可计量其成果的；②可以规定其时间的；③可以确定其责任者的。

3. 价值准则

价值准则是确定目标和评价选择方案的基本判据。它包括三个方面：

(1)把目标分解为若干个层次的确定的价值指标。这些指标实现的程度是衡量达到决

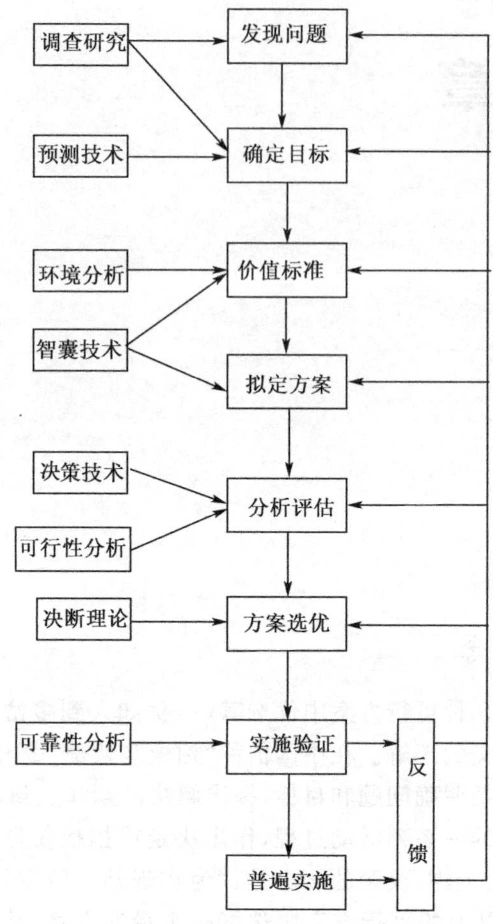

图 5-1 决策程序与相关技术

策目标的程度。价值指标有学术价值、经济价值和社会价值三类。每类又可分为多少项,每项又可分为多少条,而构成一个价值系统。例如,我们决策的目标是设计一个市场需要的新产品,那么就要考虑:

学术价值——产品的性能与世界水平、国内水平的对比。

经济价值——基本投资、制造成本、经济效益。

社会价值——产品使用后对从环境保护到伦理道德等的社会影响。

(2)规定价值指标的主次,轻重缓急及发生矛盾时的取舍原则。在大多数情况下,同时达到整个价值指标体系是不可能的,只能以“满意决策”作为决策的目标。

(3)指明实现这些指标的约束条件。确定价值准则的科学方法是环境分析,即了解各种背景材料,包括问题的来龙去脉,国内外、历史上同类问题的情况、现状等。

4. 拟订方案,寻找达到目标的各种可能途径

在拟订方案的方法中,多采用智囊技术,如:

(1)头脑风暴法。是以会议形式求取方案的办法。会议 6～10 人,会议主持者并不指明

会议的明确目的，而就某一方面的总议题要求与会专家无拘束地自由发表意见，不允许对别人意见发表批评。主持人也不发表意见，避免影响会议的自由空气，并在不怀偏见地倾听中有目的地吸取决策所需要的东西。这种方法在寻找新观念和创造性建议方面十分有效，运用此法比一般会议产生方案的比率可提高70%。

(2)哥顿法。与头脑风暴法相类似，是美国哥顿在1964年发明的。主要是通过会议让大家提方案，但是研究什么问题？目的是什么？只有主持人知道，其他参加会议的人都不知道，以免受约束。例如，要研制一种新的剪草机，会议主持人请大家就如何把东西切断和分离想出方案；要设计一种新型屋顶，讨论题是让大家设计如何把一个东西围起来。因此在会前主持人要为如何表达研究的问题做好充分的准备，在会议进行的适当时候再把主题公开。

(3)对演法。即不同方案由对立的小组去制定，然后各方面展开辩论，互攻其短，以充分暴露矛盾。或者预先演习一个方案，故意设置对立面去挑剔。通过这种对演，各种方案都能充分考虑各种可能发生的问题，从而使方案越来越完善。

5. 分析评估

即建立多方案的物理模型或数学模型，并求得各模型的解，对其结果进行评估。评估时要运用各种决策技术、可行性分析、系统分析等。

6. 方案选优

由领导去决断，权衡各方案的利弊，选其中之一。这里决策者要运用判断理论。决策者在进行决断时，要注意以下几个问题：

(1)处理专家和领导者的关系。专家是参谋，但不能代替领导决策，领导者永远是决策的主人，不能为专家所左右。

(2)当专家提供各种背景材料和方案时，领导者要用科学的思维方法作出判断。领导者要有系统的战略观点，根据起初确定的价值准则来审查方案。

(3)研究决策者的素质对决策后果的影响。根据决策心理学、决策者对待风险的态度一般分为三类：①怕担风险的决策者，对利益反应迟钝；对损失比较敏感；②敢冒险的决策者，对利益比较敏感，对损失反应迟钝；③中间型的决策，取中间态度。

7. 试验验证

方案确定后，必须进行局部试验，以验证其方案运行的可靠性，进行试点也必须科学地进行。

(1)地点的选择，不能随便，但也不能给实验点创造特殊的条件，让它得天独厚，以证明决策的正确。选点必须是在全局情况下具有某些典型性条件的地方。

(2)严格按照决策的方案实施。

(3)进行“盲试”。在不公开的情况下进行试点，以避免各种人为因素的干扰。如试点成功则可进入全面普遍实施，如果不行，就必须反馈回去，进行决策修正。

在试验阶段进行可靠性分析也很重要。可靠性是指在规定条件下和预定的时间内完成既定任务的可能性。一般用“概率”表示，其中失效率是相当重要的指标。为此必须了解失效的原因和规律。

根据可靠性理论，失效分三个阶段：早期失效、偶然失效和耗损失效。这就是有名的浴盆曲线，见图5-2。

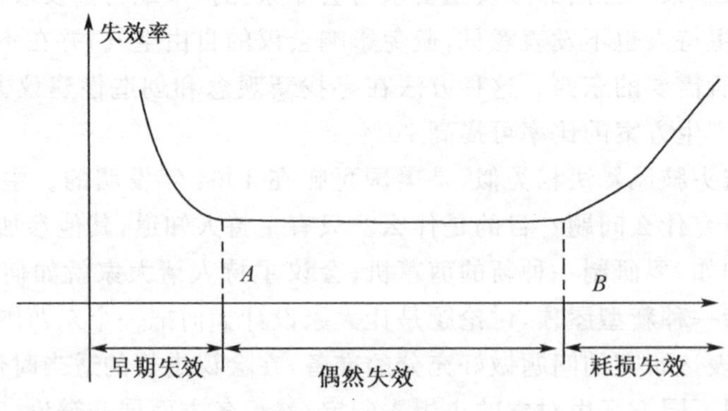

图 5-2 浴盆曲线

在软科学领域,失效规律也有相似的情况。以一项政策决策为例。在制定和试行一项新政策时,在执行中,一开始就会遇到早期失效,其原因是来自传统习惯的阻力,人们对政策不充分了解和政策本身还可能存在某些缺陷等,这时失效率较高,但这不一定意味着政策不合理。此时切忌轻易地作出重大改变。决策者要了解这一规律,否则轻易改变,就必然在早期阶段来回徘徊,无法前进。这时要对政策不断进行追踪检查,在作出必要的修正的同时坚持执行下去。待执行一段时间后政策就转入正常。

正常阶段称为偶然失效阶段,此时政策充分发挥着它的有效功能。有时可能出现局部的偶然偏差。

但执行相当一段时间后,由于主客观条件的变化、政策开始老化,这时失效率提高,这相当于进入耗损阶段,这时必须制定新的政策。

了解以上规律,对决策者处理试验阶段中的问题会很有帮助。

8. 普遍实施

这是决策实施的最终阶段,此时要强调反馈工作,要有一套追踪检查的办法,其要点是:①制定规章制度。②用规章制度来衡量执行情况。③随时纠正偏差。

三、决策的分类

(1)按决策要解决问题所涉及的范围大小来分,可分为宏观决策、中观决策和微观决策。

(2)根据决策目标的多少,可分为单目标决策和多目标决策。

(3)根据决策环境的未来情况,可分为确定型决策、风险决策和不定型决策。

(4)根据决策的层次可分为单级决策和多级决策。

(5)根据决策人的多少可分为个人决策和群体决策。

(6)从管理的层次上可分为战略决策、战术决策和业务决策。

(7)从决策问题的结构化程度上可分为结构化决策和非结构化决策等。

在运筹学的决策论部分是根据决策环境的未来情况来区分的。构成一个决策问题要具备四项基本条件。它们是:

(1)有明确的目标。

(2)有若干个自然状态,一般用非空集 $\Theta=(\theta_1,\theta_2,\cdots,\theta_m)$表示。

(3)有若干个决策方案,用非空集 $A=(a_1,a_2,\cdots,a_n)$表示。

(4)已知在各自然条件下,决策人采用某种方案的后果。后果可以是价值型的,用 $B(\theta,a)$表示;也可以是非价值型的。

确定型决策与风险型和不定型决策的主要差别是确定型决策只有一个确定的自然条件,而后两种决策则有两个以上的决策自然条件。而风险型决策与不定型决策的主要差别是前者已知各自然条件出现的概率。

确定型决策是在已知决策环境的条件下进行的。线性规划、动态规划、盈亏分析、企业作业计划等都是解决确定型决策的方法。本章不再讨论这些内容,主要介绍离散型决策方案的风险型和不定型决策的方法。

第二节 风险型决策

一、什么是风险型决策

风险型决策是指在未来不确定的因素和信息不完全的条件下进行的决策,它在生活中和企业决策中,特别是高层决策中是大量存在的。

【例 5-1】 某厂要确定下一期内产品的生产批量,根据以前的经验并通过市场调查和预测已知产品销路为好、一般、差三种情况的可能性分别为 0.3、0.5 和 0.2。产品采用大、中、小批量生产可能获得的效益也可以相应地计算出来,详见产品决策表 5-1。现在面临企业的决策问题是采用什么批量生产,这就是一个风险型决策问题。

表 5-1 产品批量决策表

自然条件状态 / 益损值(千元) / 概率 / 行动方案		θ_1(好)	θ_2(一般)	θ_3(差)
		$P(\theta_1)=0.3$	$P(\theta_2)=0.5$	$P(\theta_3)=0.2$
A_1	(大批量)	20	12	−12
A_2	(中批量)	16	10	−10
A_3	(小批量)	12	6	−8

解: 通过这个简单的例子可以看出,构成一个风险型决策问题的条件有 5 个:

(1)存在着决策人希望达到的目标(利益最大或损失最小)。

(2)存在着两个以上的行动方案供决策人选择。

(3)存在着两个以上的自然状态。

(4)可以计算不同行动方案在不同自然状态下的相应益损值。

(5)已知各种自然状态出现的概率。

二、风险型决策问题的基本特点

风险性决策问题的基本特点是后果的不确定性和后果的效用性。在这里后果是指决策人采取某种决策(行动)后出现的结果。

1. 后果的不确定性

在确定情况下,这种后果是确定的。如已知天下雨,决策带伞,那么就不会淋雨。如果不知天能否下雨,决策带伞,那么如果下雨则是好的决策,避免了雨淋;如果不下雨则多了麻烦,不是好的决策,即后果是不好的。因此,后果的不确定性是由自然状态的不确定性引起的。由于自然状态不能由决策人控制,而且决策人对自然状态也不能做准确的预测,不论决策人采取什么行动(决策),都可能产生不同的后果,因此决策人要承担一定的风险,故称其为风险型决策。

2. 后果的效用

后果的效用是指各种决策的后果对决策人实际所产生的效果。例如不带伞,下雨了,其后果是肯定被雨淋。但雨淋这个后果对不同的决策人有不同的效果,如对老年人、病人,雨淋,哪怕是小雨,也产生较严重的后果。而对青年人,遇上一点小雨也无所谓。而对于处于一种特殊感情状态的决策人,如失恋的人、遇到什么不顺心事的人,雨淋反而被认为是好事,是对痛苦的一种解脱。这就是说,同一后果对不同的决策人有不同的效用,或者说不同的决策人对冒风险有不同的态度。另外,即使在没有风险的情况下,不同的决策人对各种后果也有不同的偏好。

这是风险型决策问题的第二个特点。也就是说在风险型决策问题中,除效果的客观性一面外,还有效果的主观性一面。因此在进行决策时,先要确定各种后果的效用,以反映决策人的偏好,这样决策人才能从多种方案中(行动)选择他们偏爱的那种决策。

在下面的讨论中,我们先撇开效用不管,只讨论如何用益损值来进行决策,而后再讨论决策人对风险的态度对决策的影响。

三、解决风险决策问题的基本原则

解决风险型决策问题常用的决策原则有最大可能原则、渴望水平原则和期望值最大原则。

1. 最大可能原则(the most probable state principle)

根据概率论的知识,一个事件其概率越大,发生的可能性也大。如果按最大概率的自然状态进行决策,就把决策问题变成为确定型决策问题。

这种原则适用于在一组自然状态中某一状态出现的概率比其他状态出现的概率特别大,而其他状态下诸行动方案的益损值差别不很大的情况,否则就会造成较大的失策。

2. 渴望水平原则(aspiration level principle)

渴望水平是收益或损失的一个可以接受的标准。预先给出收益的一个渴望水平 A,对每一个行动,都求出其收益达到渴望水平 A 的概率。使这个概率最大的行动,就是渴望水平原则下的最优行动,即 $P[B(\theta,a)\geqslant A]$。

【例 5-2】 一个卖冰棒的人,以每支 0.35 元购进,零售每支 0.50 元,如当天卖不出去,就要溶化报废。根据以往经验每天售 0、100、200、300、400、500 支的可能性是 0.01、0.05、0.10、0.30、0.30、0.24。其收益矩阵见表 5-2。

表 5-2 例 5-2 收益矩阵 (单位:元)

θ	$P(\theta)$	(百支)0	1	2	3	4	5
		a_0	a_1	a_2	a_3	a_4	a_5
θ_0	0.01	0	−35	−70	−105	−140	−175
θ_1	0.05	0	15	−20	−55	−90	−125
θ_2	0.10	0	15	30	−5	−40	−75
θ_3	0.30	0	15	30	45	10	−25
θ_4	0.30	0	15	30	45	60	25
θ_5	0.24	0	15	30	45	60	75

假定冰棒销售者的渴望水平是每天盈利 30 元,那么最优行动是什么?

解:从表可知

$$P[B(\theta,a_0)\geqslant 30]=0,P[B(\theta,a_1)\geqslant 30]=0$$

$$P[B(\theta,a_2)\geqslant 30]=P(\theta_2)+P(\theta_3)+P(\theta_4)+P(\theta_5)$$

$$=0.1+0.3+0.3+0.24=0.94$$

$$P[B(\theta,a_3)\geqslant 30]=P(\theta_3)+P(\theta_4)+P(\theta_5)=0.84。$$

最后可得

a	a_0	a_1	a_2	a_3	a_4	a_5
$P[B(\theta,a)\geqslant 30]$	0	0	0.94	0.84	0.54	0.24

故 a_2 行动最好,即每天购进 200 支。

适用情况:在收益多少没有必要细致地区分,只要分为多或少两大类就可以的情况下,可以采用此法,例如产品合格、不合格的决策问题等。

3. 期望值最大原则

用期望值法进行决策是把每个行动方案的期望值求出来,加以比较,然后选择期望值最大(当目标是利润时)或期望值最小(当目标是损失时)的行动方案。

即

$$B(a)=E[B(\theta,a)]=\sum_{K}B(k,a)P_{\theta}(k) \tag{5-1}$$

式中,$B(a)$——行动 a 的益损期望值;

$P_{\theta}(k)$——自然状态是 k 的概率。

期望值原则适用于经常性经济活动的决策。

如例 5-1 中,期望的目标是获得更大利润,利用期望值法可以求得三个方案的期望值如下:

$E(A_1)=20\times 0.3+12\times 0.5+(-12)\times 0.2=9.6$(千元)

$E(A_2)=16\times 0.3+10\times 0.5+(-10)\times 0.2=7.8$(千元)

$E(A_3)=12\times 0.3+6\times 0.5+(-8)\times 0.2=5$(千元)

比较可知,$E(A_1)=9.6$ 千元最大,所以应采用行动 A_1,即大批生产。

从上面的例子可以看出，按期望值法得出的决策是采用行动 A_1，也就是大批生产，但这个决策并不是百分之百正确的。在实际上，只有当自然条件为 θ_1 时，才是正确的。当自然条件为 θ_2 时，则丧失了获得最大利润的机会，而当自然条件为 θ_3 时，则会亏本。所以利用期望值法进行决策是冒一定风险的，因此称为风险决策方法。

四、决策树法

在很多情况下，利用决策树来表示决策过程是很方便的。图 5-3 是上面决策问题的决策树。利用决策树进行决策的方法称为决策树法。

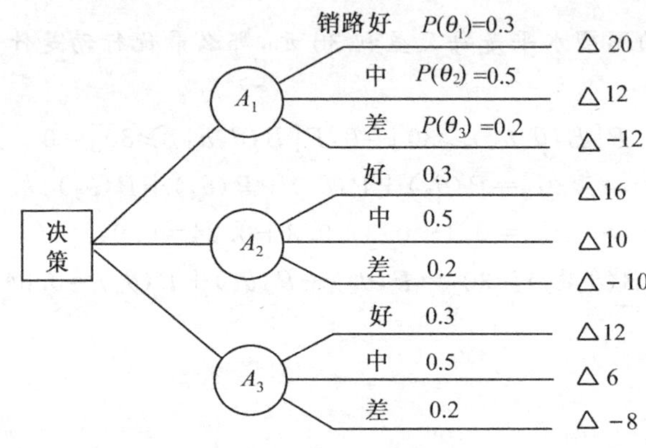

图 5-3 决策树

图中，□——表示决策点，从它引出的分支叫方案分支，分支数反映可能的行动方案数。

○——表示机会节点，从它引出的分支，叫事件分支或概率分支，每条分支上写明自然状态及其出现的概率，分支数反映可能的自然状态数。

△——表示结果节点（或称“末梢”），它旁边的数值是每个方案在相应的自然状态下的效益值。

在机会节点上方的数字是各机会或方案的期望值，在决策点，经过比较将期望值最大的一支保留，其他各支去掉，称为剪枝。最后决策点上方的数字就是最优方案的期望值。

在绘制决策树时，要注意以下几个问题：

（1）要确定决策分析的时间段。这个时间段应当保证能够计算出决策的结果。

（2）确定当前要做出的决策和所有可能的备选方案。要注意各备选方案之间是不相容的，而且在所选的时间段内能够评价其结果。

（3）确定所有的机会点，并列举直接影响决策后果的各种事件（自然状态）。要注意各事件之间是互不相容的，其中一个事件发生，其他事件就不可能发生，且各事件发生概率的总和为 1。

（4）确定在当前要做的决策之后还可能进行的决策，以及与任何插进来的事件相关的决策。把每一个即将要做的决策与当前要做的决策重复 3、4 两步，直到所有机会点和决策点都被确定后为止。

下面再举两个例子来说明利用决策树进行决策的方法。

【例 5-3】 为生产某种产品，设计了两个基建方案：一是建大厂，二是建小厂。大厂需要投资 300 万元，小厂需要投资 160 万元，两者的使用期都是 10 年。估计在此期间，产品销路好的可能性是 0.7，两个方案的年度益损值如表 5-3 所示。

表 5-3 （单位：万元）

自然状态	概 率	建 大 厂	建 小 厂
销 路 好	0.7	100	40
销 路 差	0.3	−20	10

解：(1)画决策树(图 5-4)。

(2)计算各点的益损期望值。

点 2：0.7×100×10 年＋0.3×(−20)×10 年−300(大厂投资)＝340(万元)

点 3：0.7×40×10 年＋0.3×10×10 年−160(小厂投资)＝150(万元)

两者比较，建大厂的方案是合理的。

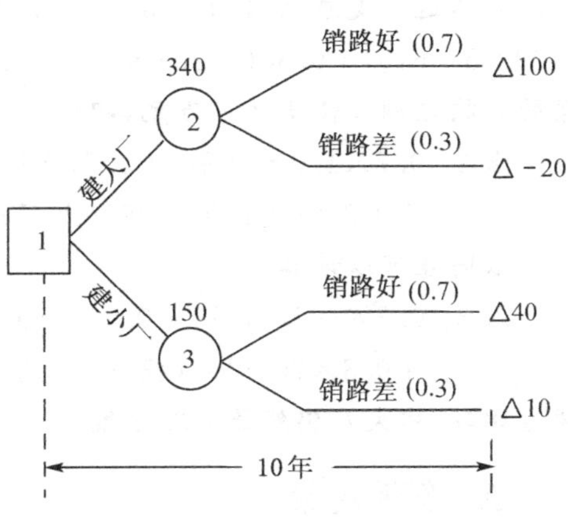

图 5-4 决策树

【例 5-4】 假定对例 5-3 分为前三年和后七年两期考虑。根据市场预测，前三年销路好的概率为 0.7，而如果前三年的销路好，则后七年销路好的概率为 0.9，如果前三年的销路差，则后七年的销路肯定差，在这种情况下，建大厂和建小厂哪个方案好？

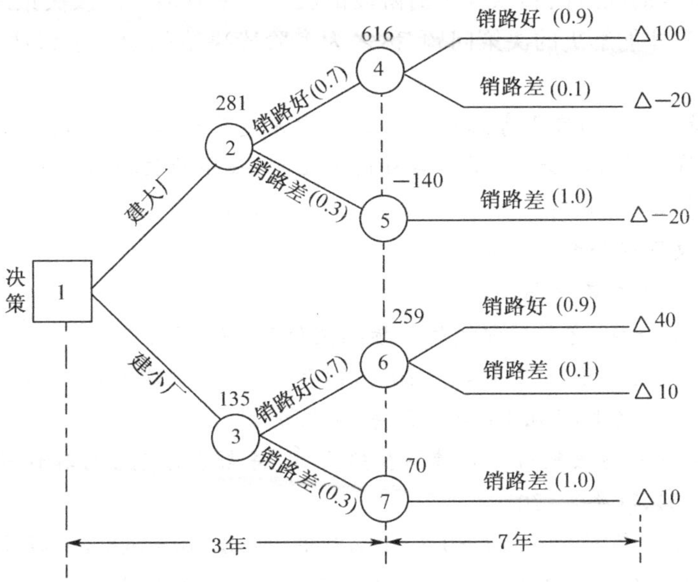

图 5-5 决策树

解:(1)画出决策图,如图 5-5 所示。

(2)计算各点的益损期望值。

点 4: 0.9×100×7(年)+0.1×(-20)×7(年)=616

点 5: 1.0×(-20)×7(年)=-140

点 6: 0.9×40×7(年)+0.1×10×7(年)=259

点 7: 1.0×10×7(年)=70

在计算点 2 和点 3 时,要注意将前三年的收益或亏损考虑进去。如点 2 的期望值:根据题意,前三年销路好时,收益为 100 万/年×3 年=300 万。而后七年的收益期望值是 616 万元,因此销路好的这一支的总收益是 0.7×(100×3+616);而在前三年销路差时,每年亏损 20 万元,所以三年总收益为(-20)×3=-60 万元,再加上后七年效益一直差,所以前三年销路差的这一支总收益为 0.3[(-20)×3+(-140)]。因此点 2 的收益期望值是 0.7×(100×3+616)+0.3[(-20)×3+(-140)]=581,再减去投资的 300 万,故建大厂这一方案的总收益期望值是 281 万元,即

点 2: 0.7×100×3(年)+0.7×616+0.3×(-20)×3(年)
    +0.3×(-140)-300(大厂投资)=281(万元)

依同理可以计算

点 3: 0.7×40×3(年)+0.7×259+0.3×10×3(年)
    +0.3×70-160(投资)=135(万元)

通过比较,建大厂仍然是合理方案。

五、多级决策

很多实际的决策问题,不只是要求做一次决策,而是要做多次决策。这些决策按先后次序分为阶段,后阶段的决策内容依赖于前阶段的决策结果及前一阶段决策后所出现的状态。这种需要几次决策才能解决的决策问题,称之为多阶段决策问题或多级决策。下面举两个多级决策的例子。

【例 5-5】 就例 5-4 而言再考虑一种情况。即先建设小工厂,如销路好,则三年以后考虑扩建。扩建投资需要 140 万元,扩建后可使用七年,每年的益损值与大厂相同。这个方案与建大厂方案比较,优劣如何?

解:(1)画出决策树如图 5-6 所示。

(2)计算各点的益损期望值。

点 2: 同图 5-5 一样,建大厂方案的益损期望值为 281 万元。

点 6: 0.9×100×7(年)+0.1×(-20)×7(年)-140(扩建投资)=476

点 7: 0.9×40×7(年)+0.1×10×7(年)=259

因 476>259,说明扩建方案较好。划掉不扩建方案,将点 6 的 476 转移到点 4。

点 5: 1.0×10×7(年)=70

点 3: 0.7×40×3(年)+0.7×476+0.3×10×3(年)+0.3×70-160(小厂投资)=287(万元)。

将点 2 与点 3 比较,287>281,所以三年以后扩建比建大厂优越。

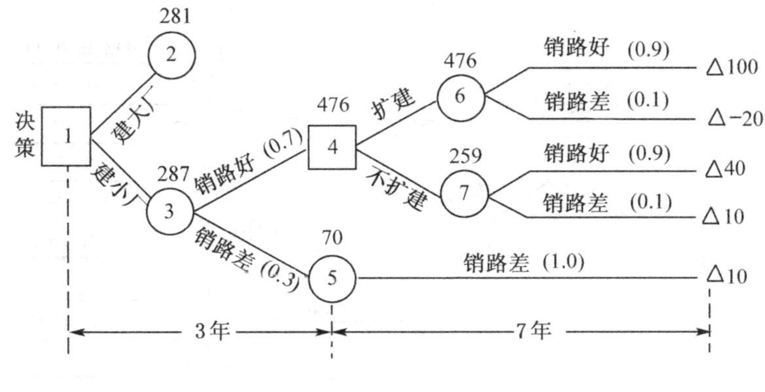

图 5-6 决策树

【例 5-6】 有一化工原料厂，由于某项工艺不太好，产品成本高。在价格保持中等水平的情况下无利可图，在价格低落时要亏本，只有在价格高时才盈利，且盈利也不多。现在工厂管理人员在编制五年计划时欲将该项工艺加以改革，用新工艺代替。取得新工艺有两种途径：一是自行研究，但成功的可能是 0.6；二是买专利，估计谈判成功的可能性是 0.8。不论研究成功或谈判成功，生产规模都有两种考虑方案：一是产量不变；二是产量增加。如果研究或谈判都失败，则仍采用原工艺进行生产，保持原产量。

根据市场预测，估计今后五年内这种产品跌价的可能性是 0.1，保持中等水平的可能性是 0.5，涨价可能性是 0.4。

决策问题：是购买外国专利，还是自行研制。

解：其决策表见表 5-4，决策树见图 5-7。

表 5-4 例 5-6 决策表

益损值 方案 / 价格状态(P_i)	按原工艺生产	买专利成功(0.8)		自行研究成功(0.6)	
		产量不变	增加产量	产量不变	增加产量
价格低落(0.1)	−100	−200	−300	−200	−300
中等(0.5)	0	50	50	0	−250
高涨(0.4)	100	150	250	200	600

计算各点益损期望值。

点 4：0.1×(−100)+0.5×0+0.4×100=30

点 8：0.1×(−200)+0.5×50+0.4×150=65

点 9：0.1×(−300)+0.5×50+0.4×250=95

点 10：0.1×(−200)+0.5×0+0.4×200=60

点 11：0.1×(−300)+0.5×(−250)+0.4×600=85

点 7：0.1×(−100)+0.5×0+0.4×100=30

在决策点 5，因 95>65，应去掉产量不变方案，将点 9 期望值移至点 5。

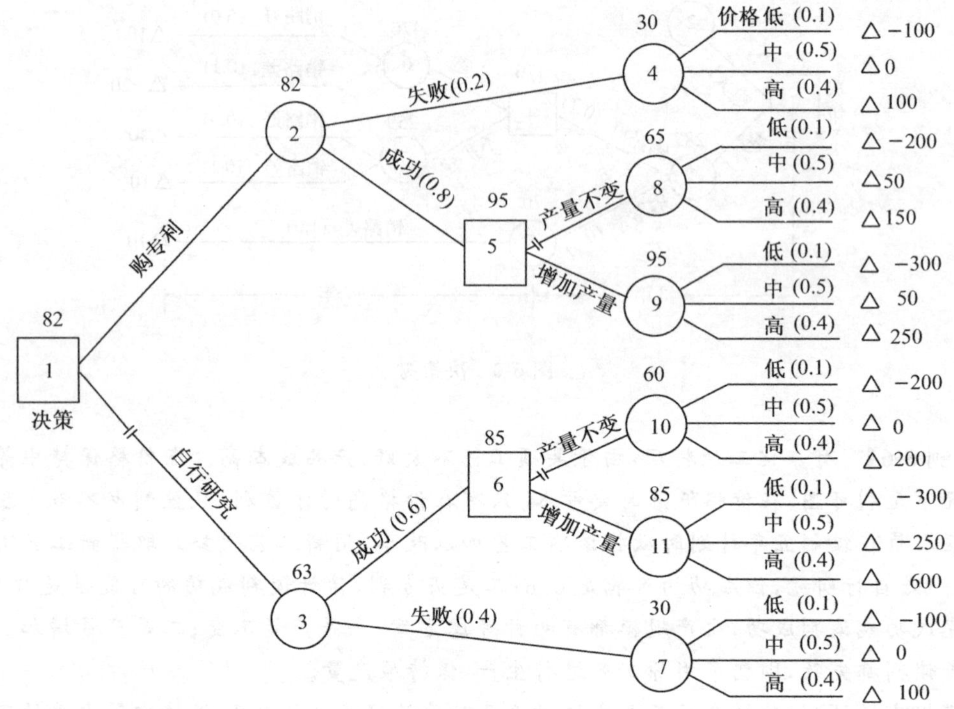

图 5-7 例 5-6 决策树

同理，把点 11 的期望值移至点 6。

点 2：0.2×30+0.8×95=82

点 3：0.6×85+0.4×30=63

决策：点 2 期望值大，所以合理决策是买专利。

从以上的分析可知，决策树法的实质仍然是期望值法，但它采用了树形图来表现一个决策的过程，因此比较直观，可以使决策人有步骤地考虑决策中的各种因素，同时也便于集体讨论与决策。特别对比较复杂的多级决策来说，更为清晰和便捷。

六、先验分布的确定方法及决策的灵敏度分析

1. 先验分布的确定方法

利用决策树(期望值)法进行风险型问题的决策，主要取决于先验信息(自然条件的概率分布)的准确程度。下面将介绍先验信息的确定方法。

(1)主观概率与先验分布。由决策人对事件所作出的主观估计的概率称为主观概率。主观概率是相对客观概率而言的。客观概率论者认为概率如同重量、容积、硬度一样，是被研究对象的一种物理属性，是现象本身的一种测度，它可以在相同条件下，从现象的重复性去得到这种测度。而主观概率论者则认为概率是人们对现象的知识的现况的一种测度，是根据人们对现象的知识和认识得到的。如投硬币出现正面的概率，客观概率论者是从多次投硬币的试验测出正面的概率；而主观概率论者则是建立在人们对投硬币这个物理现象的

认识的基础上：如果这个硬币，两面完全对称，则没有理由认为投硬币出现某个面朝上的机会比另一面多。

借助于先验信息所确定的主观概率的分布，称为先验分布。

(2)概率盘法(the probability wheel)。概率盘是一种协助决策人确定主观概率的辅助工具。它是由美国 Stanford 大学 Howard 教授提供的。它是一个圆盘，上有黑白两区。两个区大小可以任意扩大或缩小。盘的中心有一个活动指针，指针落在任一相等面积区内的概率是相同的。

用概率盘测定未知事件发生的概率的过程是这样的。它基于对被测人进行两种赌博式的询问：一种是针对某一未知事件发生概率的推测；另一种是对概率盘的指针落在黑色区域的推测。然后询问决策人，这两种推测中哪一种更可能发生。如果决策人认为其中一种推测比另一种推测更可能发生，则调整概率盘上黑色区域大小，再次询问决策人，直到决策人认为这两种推测有相等的可能性时为止。这时，从概率盘上求出黑色区域占总面积的比率，这个比率就是未知事件可能发生的概率。

例如，某公司的利润和原油价格有较大关系，现想预计今后五年中，原油价格涨、低、平稳的概率。假定现在的价格是 30 元/桶，且设五年内不会有石油禁运发生。为了获得这一主观概率，决策人询问一个石油经销商。

首先把概率盘上的黑白区域调整为相等，然后问被测人，是愿意打赌——“概率盘上的指针落在黑色区域”，还是打赌——“在五年内石油的价格低于 30 元”。

假定被测人认为概率盘上的指针落在黑色区的可能性大，(也就是说他愿意在概率盘上打赌)。那么决策人把黑色区缩小，比如缩到 1/4 面积，再询问被测人，在这种情况下，他愿意打哪一个赌——是概率盘上的指针落在黑色区域上的赌，还是认为五年内石油价格低于 30 元。

如果被测人仍认为指针落在黑色区(现为 1/4 圆盘面积)的可能性大。则再缩小黑色区，比如 1/8 圆盘面积，再问被测人。这一回被测人可能会说：“好了，我现在愿意在概率盘上赌博，也愿意赌石油价格在五年内会在 30 元以下，我觉得这两种赌博有相同的结果。”

这样我们就可认为石油价格低于 30 元的概率是 0.125(1/8 圆盘的面积)。上面的询问过程可用图 5-8 表示。

下一步再提出一个新的问题。

如石油价格是否会高于 32 元，进行与上面相同的询问。假定石油价格高于 32 元的推测与概率盘黑色区域占 1/2 的可能性相等，这时可认为价格高于 32 元的概率是 0.5。

那么价格在 30～32 元之间的可能性就是 1－0.5－0.125＝0.375。

当然还可以对这最后的结论进行检查，也就是将概率盘上的黑色区调整为整个面积的 0.375，然后问被测人，他是否认为指针落在黑色区域的可能性，与石油价格在 30～32 元的可能性相等。如果被测人认为是相等的，则试验中止，如认为是不等的，则要从头开始，重复以前的试验，以便找出不相吻合的原因。

如果测出的概率总和不等于 1，但很接近，这时可以把数据正常化(normalize)，即把每个预测值被总和除，得到概率值。

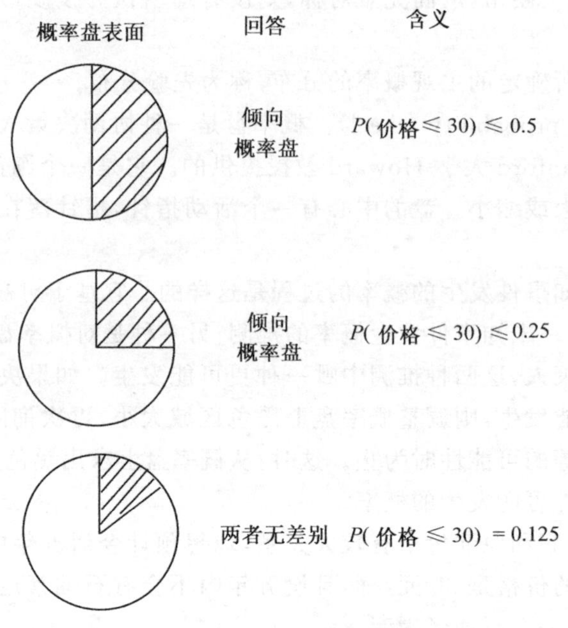

图 5-8 询问过程

2. 决策的灵敏度分析

通过预测或主观概率测定所得到的先验分布均不是很精确的，因此有必要研究一下先验概率的变化对最优方案的影响，以确定最优方案的稳定性。

例如在例 5-3 的例子中，原估计销路好的概率为 0.7，销路差的概率为 0.3，用期望值法决策的结果是建大厂，现研究自然条件概率的变化对决策结果的影响。

假定不考虑投资，从表 5-5 可以看出，当自然状态的概率分布变化到一定程度后，最优决策方案发生了变化。

表 5-5

自然状态概率分布		建大厂方案期望值	建小厂方案期望值	最优方案
销路好	销路差			
0.8	0.2	100×0.8+(−20)×0.2=76	40×0.8+10×0.2=34	建大厂
0.7	0.3	100×0.7+(−20)×0.3=64	40×0.7+10×0.3=31	建大厂
0.6	0.4	100×0.6+(−20)×0.4=52	40×0.6+10×0.4=28	建大厂
0.5	0.5	100×0.5+(−20)×0.5=40	40×0.5+10×0.5=25	建大厂
0.4	0.6	100×0.4+(−20)×0.6=28	40×0.4+10×0.6=22	建大厂
0.3	0.7	100×0.3+(−20)×0.7=16	40×0.3+10×0.7=19	建小厂

两个方案期望值相等的概率称为转折概率。在上例中设销路好的概率为 P，则销路差的概率为 $1-P$。当两个方案的期望值相等时，可得：

$$100P+(-20)(1-P)=40P+10(1-P)$$
$$90P=30$$

所以转折概率 $$P=\frac{30}{90}=0.33$$

即，当 $P>0.33$ 时选建大厂的方案；当 $P<0.33$ 时选建小厂的方案。

根据题设预计的销路好的概率为 $P_0=0.7$，令决策稳定性系数为

$$\frac{P_0-P}{P_0}=\frac{0.7-0.33}{0.7}=0.67$$

很显然，决策稳定系数越大越好，稳定系数大的决策对由于信息不准造成决策失误的风险具有一定的防范能力。

第三节 不确定型决策

一、构成不确定型决策的基本条件

不确定型决策与风险型决策的主要差别是：决策人无法估计各自然状态出现的概率，因此构成不确定型决策的条件只有四个。它们是：①存在着决策人希望达到的目标（利益最大或损失最小）；②存在着两个以上的行动方案，供决策人选择；③存在着两个以上的自然状态；④可以计算不同行动方案在不同自然状态下的相应益损值。

二、不确定型决策的基本准则

1. 乐观法

又称最大最大（max max）准则。采用这种方法的基本出发点是对未来的客观情况总是抱乐观态度。乐观法的基本步骤是：①找出各方案在不同自然状态下的最大益损值；②取各方案最大益损值中的最大者为决策方案。

【例 5-7】 某决策问题中有 5 个行动方案 $A_1,A_2,\cdots,A_5$，四种自然状态 $\theta_1,\theta_2,\theta_3,\theta_4$，但不知它们出现的概率为多少。各行动方案在不同自然状态下的益损值见表 5-6。

解：(1)找出各行动方案在各自然状态下的最大益损值。

A_1：$\max\{20,10,0,-10\}=20$

A_2：$\max\{10,6,4,1\}=10$

A_3：$\max\{30,25,10,-20\}=30$

A_4：$\max\{40,30,-5,-10\}=40$

A_5：$\max\{25,15,5,-5\}=25$

(2)找出各行动方案最大益损值中的最大者。

$$\max_A\{\max_\theta[B(A,\theta)]\}=\max\{20,10,30,40,25\}=40$$

所以决策方案是 A_4。

表 5-6 例 5-7 题的益损值 $B(A,\theta)$ 表 (单位:万元)

$A \backslash B \quad \theta$	θ_1	θ_2	θ_3	θ_4	$\max_{\theta}[B(A,\theta)]$
A_1	20	10	0	−10	20
A_2	10	6	4	1	10
A_3	30	25	10	−20	30
A_4	40	30	−5	−10	40*
A_5	25	15	5	−5	25
决策	$\max_{A}\{\max_{\theta}[B(A,\theta)]\}$				40

2. 悲观法

又称最大最小(max min)准则。采用这种方法的基本出发点是对未来的客观情况总是抱悲观态度,然后在最坏的情况下又争取最好的可能。这是一种保守的方法,它的基本步骤是:

(1)找出各行动方案在各自然状态下的最小益损值。仍以例 5-6 题来说明。

A_1:$\min\{20,10,0,-10\}=-10$

A_2:$\min\{10,6,4,1\}=1$

A_3:$\min\{30,25,10,-20\}=-20$

A_4:$\min\{40,30,-5,-10\}=-10$

A_5:$\min\{25,15,5,-5\}=-5$

(2)找出各行动方案最小益损值中的最大者。

$\max_{A}\{\min_{\theta}[B(A,\theta)]\}=\max\{-10,1,-20,-10,-5\}=1$

所以,决策方案为 A_2。

上述步骤在决策表上进行时见表 5-7。

表 5-7

$A \backslash B \quad \theta$	θ_1	θ_2	θ_3	θ_4	$\min_{\theta}[B(A,\theta)]$
A_1	20	10	0	−10	−10
A_2	10	6	4	1	1*
A_3	30	25	10	−20	−20
A_4	40	30	−5	−10	−10
A_5	25	15	5	−5	−5
决策	$\max_{A}\{\min_{\theta}[B(A,\theta)]\}$				1

3. 等概率法

采用这种方法的基本出发点是：既然无法估计各自然状态出现的概率，那么就认为各种自然状态出现的概率相等。如有 n 种自然状态，则每个自然状态出现的概率为 $1/n$，然后再用期望值法进行决策。对于例 5-7 来说：

$E(A_1)=20\times0.25+10\times0.25+0\times0.25+(-10)\times0.25=5$

$E(A_2)=10\times0.25+6\times0.25+4\times0.25+1\times0.25=5.25$

$E(A_3)=30\times0.25+25\times0.25+10\times0.25+(-20)\times0.25=11.25$

$E(A_4)=40\times0.25+30\times0.25+(-5)\times0.25+(-10)\times0.25=13.75^*$

$E(A_5)=25\times0.25+15\times0.25+5\times0.25+(-5)\times0.25=10$

决策方案是 A_4。

4. 后悔值法

又称最小最大原则。所谓后悔值是指由于决策者不知道实际上将发生哪一种自然状态，致使所做的决策不是最优的决策所带来的损失。例如，例 5-7 的情况，当自然状态为 θ_1 时，由表 5-6 可知，这时的最优决策是 A_4，可获利 40 万。但由于事先不知道会出现哪一种自然状态，决策者可能选择了行动 A_1，获利仅 20 万，少获利 20 万。因此决策者后悔了。差值 40 万－20 万＝20 万，即代表了决策者因误采用方案 A_1 的后悔程度。如果决策者选择了行动 A_4 就不会后悔了，所以在自然条件为 θ_1 情况下，决策人采用行动方案 A_4 的后悔值为 0。采用后悔值法进行决策的基本步骤是：

(1)建立后悔值矩阵。把决策表中每一个自然状态下的最大益损值与其他益损值相比所得到的差值矩阵就是相应的后悔值矩阵。表 5-8 就是例 5-7 决策表的后悔值矩阵。

表 5-8 例 5-7 的后悔值 $L(A,\theta)$ 矩阵

L \ θ \ A	θ_1	θ_2	θ_3	θ_4	$\max_{\theta}[L(A,\theta)]$
A_1	20	20	10	11	20
A_2	30	24	6	0	30
A_3	10	5	0	21	21
A_4	0	0	15	11	15^*
A_5	15	15	5	6	15^*
决策	$\min_{A}\{\max_{\theta}[L(A,\theta)]\}$				15

(2)找出各行动方案在各自然状态下的最大后悔值。

A_1：$\max\{20,20,10,11\}=20$

A_2：$\max\{30,24,6,0\}=30$

A_3：$\max\{10,5,0,21\}=21$

A_4：$\max\{0,0,15,11\}=15$

A_5：$\max\{15,15,5,6\}=15$

(3)找出各行动方案最大后悔值中的最小者。

$$\min_{A}\{\max_{\theta}[L(A,\theta)]\}=\min\{20,30,21,15,15\}=15$$

所以决策方案是 A_4 或 A_5。

第四节 效用理论

一、效用的基本概念

风险型决策问题除了其后果的不确定性外，还有后果的效用性，即不同的决策人对不同后果的态度和看法。这实际是反映决策人对不同的后果的偏好，或者从风险角度来说，反映了决策者对风险的态度。然而以货币益损值作为决策准则时，却不能反映决策人对待风险的态度。

例如，某人遇到了这样一个选择的机会，他可以无条件地获得 25 元，或者采用投硬币式的投机方式来确定他获得的多少：即如果投硬币正面在上，他可获得 150 元，但是，如果反面在上他不但得不到钱，还要付出 50 元。在这种情况下，该人是不冒任何风险地要那 25 元呢？还是冒着有 50%的可能付出 50 元去争取 150 元呢？大多数人可能都会选择第一方案，即不冒风险得到 25 元的方案，但也不排除有的人会选择投机的第二方案。如果这样的机会不止一次，而是 10 次，100 次或更多，那么从上面讲的期望值决策准则来说，他也可能会选择第二个方案，因为第二个方案的期望值是 $150\times1/2+(-50)\times1/2=50$ 元。但如果仅有一次机会，这样的决策就不太符合一般人的决策偏好了。这就是说，同一货币量在不同的场合对决策人会产生不同的价值含意。这种货币量对决策人产生的价值含义就称为货币量的效用值。很显然，一个偏好用冒风险的办法去获得同一货币量的人，他肯定是一个敢冒风险的决策人。那么如何在决策时反映决策人的这种偏好呢？这就是本节要介绍的效用理论问题。

二、效用曲线

为了测定每个人对待风险的态度，一般采用建立个人效用曲线的方法。这种个人效用曲线是采用下面的风险心理试验法得到的。

第一步，首先确定风险心理试验的测量范围，一般以具体的决策事件中决策人可能获得的最大利益作为效用值 1；可能的最大损失值作为效用值 0。例如某决策人面临着一项最大可能获利 20 万元，或最大损失 10 万元的决策项目。这时定 20 万元的效用值为 1；－10 万元的效用值为 0。

第二步，向决策人提出下面两个选择方案。

第一方案：以 50%的机会获得 20 万元，50%的机会损失 10 万元。

第二方案：以 100%的机会获得 5 万元(注：这 5 万元正是第一方案的期望值)。

对这两个方案，每一个被测对象都可以有自己的选择。假定该决策人选择第二方案，这说明第二方案的效用值大于第一方案，心理试验将继续下去。

第三步，向决策人提出将第二步的第二方案中的 100%机会获得 5 万元改为 2 万元，问决策人的选择有何改变。

假定该决策人认为有50%的机会损失10万元对他所处的现状来说是不能接受的，那么他仍然会选择100%的把握获得2万元的方案。这说明第二方案的效用值仍然大于第一方案。心理试验继续下去。

第四步，向决策人提出，如果他不选择第一方案，他必须付出1万元。这时该决策人可能很不情愿白花1万元，而愿意采用第一方案。这时说明让决策人无条件地付出1万元的效用比第一方案的效用值低。

这样的心理试验反复试验下去，直到最后可能达到这样的妥协：决策者觉得或者一分钱也不付，或者采用第一方案，两者对他是一样。这说明对于该决策者来说0的货币量与采用第一方案的效用是相同的。

因第一方案的效用值是1×0.5+0×0.5=0.5，故对该决策者来说，货币值0的效用值为0.5。

接着，可以在0～20万元之间和−10万元～0之间进行与上面相同的心理试验。例如在0～20万元之间的心理试验是关于效用值0.5×0.5+1×0.5=0.75的等价货币值的试验。其对应的投机方案是50%的机会获得0元，50%的机会获得20万元。为了下面叙述的方便，我们称其为投机第三方案。其心理试验程序可综合在表5-9中。

表5-9 效用值为0.75的心理试验程序

问　　题	决策人的反应	含意
1. 您愿意无条件地获得15万元，还是进行方案3的投机	无条件获得15万元	15万元的效用值大于0.75
2. 您愿意无条件获得10万元，还是进行方案3的投机	无条件获得10万元	10万元的效用值大于0.75
3. 您愿意无条件获得5万元，还是进行方案3的投机	进行方案3的投机	5万元的效用值小于0.75
4. 您愿意无条件获得7万元，还是进行方案3的投机	进行方案3的投机	7万元的效用值小于0.75
5. 您愿意无条件获得8～8.5万元，还是进行方案3的投机	两者差不多吧	8.25万元的效用值等于0.75

再继续进行下去就可以得到足够的试验数据，如假定在−10万元～0之间的心理测验得到的结果是−0.585万元。这说明−0.585万元的效用值是0×0.5+0.5×0.5=0.25。

按同样的方法，还可以在20万元～8.25万元，8.25万元～0，0～−0.585万元，−0.585万元～−10万元之间进行同样的心理试验，便可得到与效用值对应的货币量。

$$1\times0.5+0.75\times0.5=0.875$$

$$0.75\times0.5+0.5\times0.5=0.625$$

$$0.5\times0.5+0.25\times0.5=0.375$$

$$0.25\times0.5+0\times0.5=0.125$$

再继续进行下去就可以得到足够的试验数据画出如图5-9所示的效用曲线A。对另外一个决策者进行同样的心理试验，其结果可能不同，假定得到的效用曲线如图5-9中曲线B所示。

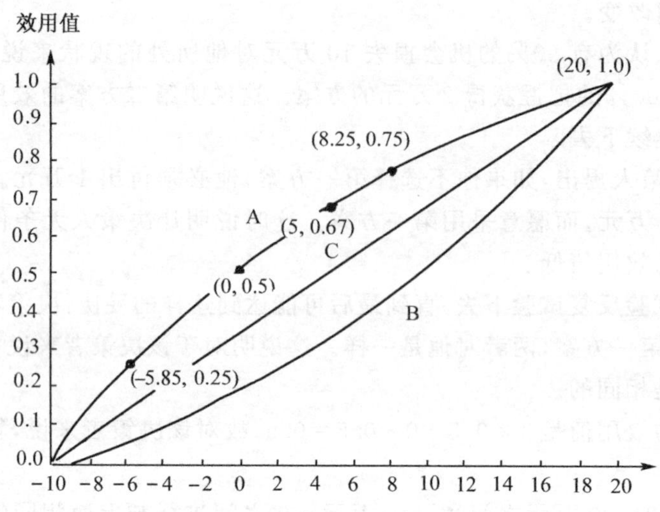

图 5-9　不同决策者的心理试验效用曲线

三、效用曲线在风险型决策中的应用

下面用一个简单的例子来说明效用曲线在决策中的应用。

例如，某决策人面临着下面大、中、小批量三种生产方案的选择问题。该产品投放市场可能有三种情况：畅销、一般、滞销。根据以前同类产品在市场上的销售情况，畅销的可能性是 0.2，一般为 0.3，滞销的可能性为 0.5，试问该如何决策。

其决策表如表 5-10 所示。

表 5-10　生产方案决策表　　　　(单位：万元)

	畅销(0.2)	一般(0.3)	滞销(0.5)
大批(A_1)	20	0	−10
中批(A_2)	8.25	2	−5
小批(A_3)	5	1	−1

按期望值法以益损值进行决策，可得

$E(A_1)=20\times0.2+0\times0.3+(-10)\times0.5=-1$(万元)

$E(A_2)=8.25\times0.2+2\times0.3+(-5)\times0.5=-0.25$(万元)

$E(A_3)=5\times0.2+1\times0.3+(-1)\times0.5=0.8$(万元)

应进行小批生产。

假定对该决策人进行风险心理试验得到的效用曲线如图 5-9 中的曲线 A 所示。将其决策表 5-10 中的货币量换成相应的效用值，得到以效用值进行决策的决策表 5-11。

表 5-11 决策人 A 用效用值进行生产方案决策表

	畅销(0.2)	一般(0.3)	滞销(0.5)
大批(A_1)	1.0	0.5	0
中批(A_2)	0.75	0.57	0.3
小批(A_3)	0.66	0.54	0.46

这时，$E(A_1)=1.0\times0.2+0.5\times0.3+0\times0.5=0.35$

$E(A_2)=0.75\times0.2+0.57\times0.3+0.3\times0.5=0.471$

$E(A_3)=0.66\times0.2+0.54\times0.3+0.46\times0.5=0.524$

应采取小批生产，这说明决策人 A 是小心谨慎的，是位保守型的决策人。

假定对该决策人进行风险心理试验得到的效用曲线如图 5-9 中的曲线 B 所示。将决策表中的货币量换成相应的效用值，得到决策表 5-12。

表 5-12 决策人 B 用效用值进行生产方案决策表

	畅销(0.2)	一般(0.3)	滞销(0.5)
大批(A_1)	1.0	0.175	0
中批(A_2)	0.46	0.23	0.08
小批(A_3)	0.325	0.2	0.15

这时，$E(A_1)=1.0\times0.2+0.175\times0.3+0\times0.5=0.252\,5$

$E(A_2)=0.46\times0.2+0.23\times0.3+0.08\times0.5=0.201$

$E(A_3)=0.325\times0.2+0.2\times0.3+0.15\times0.5=0.2$

对决策人 B 来说应选择大批量生产，很显然这是位敢冒风险的决策人。

不言而喻，具有图 5-8 中 C 曲线的决策人是个中间类型的决策者。

第五节 贝叶斯分析方法

一、决策前获得新情报的意义

如前所述，只要预先设定先验分布，那么就可以用期望值准则对所有的备选方案进行排序，确定能达到给定目标(最大赢利或最小损失)的最优方案。但是在一般情况下，给定准确的先验分布是一件很困难的事，因为在决策之前，很多先验信息，只能依靠决策人的主观估计，所以很难准确地反映客观真实情况。在这种情况下进行决策，决策人就会冒着很大的风险，因此决策人员一般都愿意花费一定的时间和资金去减少决策环境的不确定性，以便减少决策的风险性。减少不确定性的方法之一，是通过一定的试验收集有关自然状态的新的信息，以便改进对状态概率分布的估计，提高分析的准确度。一般来说对于不同的决策问题，有不同获得附加信息的方法。例如，在阴天出门是否带伞的问题中，如果决策人在出门之前先听广播电台的天气预报，得到了未来的天气情况的最新信息，便会提高他对天气情况预测的准确度。对于一个成败取决于市场需求量的新产品来说，决策人在决策是否进行开发和投产之前，先做一个市场需求量的调查，也是一种获得情报的“试验”。这就是在决策前获得新情报的意义。

当决策人决定获取补充信息之后，随之而来的便有两个问题：一是如何根据试验获得的情报修订先验分布；二是进行这样的试验是否值得。也就是说，既然这种试验要花一定的时间和资金，那么在试验之前就要进行分析确定一下，通过试验取得补充信息后使决策可能增加的效益能否抵消试验所需的成本。

第一个问题要研究的是通过试验获得后验分布的方法。这种方法是利用概率统计中的贝叶斯公式，故称其为贝叶斯分析方法。

第二个问题叫做后验预分析。例如，进行市场调查的“试验”中，进行这种试验，要花费一定的钱，也需要一定的时间，而且推迟了产品投放市场的时间。在这段时间内，很有可能其他竞争者把同样的产品投放市场，从而减少了潜在的产品需求量，这些都是进行试验所付出的代价。因此决策人有必要事先进行分析，确定情报的价值，研究一下进行这样的试验是否值得，这种分析称为后验预分析。

二、贝叶斯定理与贝叶斯分析方法

贝叶斯定理是关于先验分布和后验分布之间关系的定理。假定自然状态的先验分布是$\pi(\theta)$，通过观察与θ有关的随机变量H（补充情报值）的条件概率分布$f(H/\theta)$，则贝叶斯定理指出：由观察H所确定的后验分布是

$$\pi(\theta/H)=\frac{f(H/\theta)\pi(\theta)}{m(H)}$$

式中，$m(H)$是H的全概率，$m(H)=\sum_{all\theta}f(H/\theta)\pi(\theta)$。

【例 5-8】 某海域天气变化无常。该地区有一渔业公司，每天清早决定是否派渔船出海。如派渔船出海，遇晴天可获利 15 000 元，遇阴天亏损 5 000 元。据气象资料，该海域在当前季节晴天的概率为 0.8，阴天的概率为 0.2，为了更好地掌握天气情况，公司成立一个气象站，专门对海域的天气进行预测。

对(实际上)晴天，它预报的准确率为 0.95，对(实际的)阴雨天，预报的准确率为 0.9。某天，气象站预报为晴，那么是否应出海打鱼，如报阴雨天是否应出海打鱼。

解 按先验分布决策，见表 5-13，有

$$E(\alpha_1)=15\,000\times0.8-5\,000\times0.2=11\,000(\text{元})$$

$$E(\alpha_2)=0$$

故按先验分布进行决策，应该天天都派渔船出海打鱼。

现用H_1和H_2分别表示该气象站预报为晴和预报为雨这两个情报值。由于气象站的预报也不是完全确定的，例如根据过去的预报统计，当天气晴时，预报为晴的概率为 95%；预报为雨天的概率为 5%。当天气是雨天时，预报为雨天的概率为 90%，预报为晴天的概率为 10%。由此得到情报值的条件概率分布，见表 5-14。

表 5-13

α \ θ	$\theta_1(0.8)$	$\theta_2(0.2)$
出海 α_1	15 000	−5 000
不出海 α_2	0	0

表 5-14

H \ θ	$\theta_1(0.8)$	$\theta_2(0.2)$
预晴 H_1	0.95	0.10
预雨 H_2	0.05	0.90

其中：θ_1 表示自然条件为晴；θ_2 表示自然条件为雨。

当 H_1 发生时——预报晴天的全概率

$$m(H_1)=\sum_{j=1}^{2} f(H_1/\theta_j)=f(H_1/\theta_1)\pi(\theta_1)+f(H_1/\theta_2)\pi(\theta_2)$$
$$=0.95\times0.8+0.10\times0.2=0.76+0.02=0.78$$

所以有：

预报为晴天时，是晴天的后验概率　$\pi(\theta_1/H_1)=\dfrac{0.95\times0.8}{0.78}=0.974\ 4$

预报为晴天时，是雨天的后验概率　$\pi(\theta_2/H_1)=\dfrac{0.1\times0.2}{0.78}=0.025\ 6$

当 H_2 发生时——预报阴天的全概率为

$$m(H_2)=\sum_{j=1}^{2} f(H_2/\theta_j)=f(H_2/\theta_1)\pi(\theta_1)+f(H_2/\theta_2)\pi(\theta_2)$$
$$=0.05\times0.8+0.90\times0.2=0.04+0.18=0.22$$

所以有：

预报为雨天时，是晴天的后验概率　$\pi(\theta_1/H_2)=\dfrac{0.05\times0.8}{0.22}=0.181\ 8$

预报为雨天时，是雨天的后验概率　$\pi(\theta_2/H_2)=\dfrac{0.90\times0.2}{0.22}=0.818\ 2$

于是后验分布见表 5-15，其后验分布决策见表 5-16、表 5-17。

表 5-15

H	$m(H)$	$\pi(\theta_1/H)$	$\pi(\theta_2/H)$
H_1	0.78	0.974 4	0.025 6
H_2	0.22	0.181 8	0.818 2

表 5-16

α	$\theta_1(0.974\ 4)$	$\theta_2(0.025\ 6)$
α_1	15 000	−5 000
α_2	0	0

表 5-17

α	$\theta_1(0.181\ 8)$	$\theta_2(0.818\ 2)$
α_1	15 000	−5 000
α_2	0	0

当 H_1 发生时，即预报为晴天时，有

$$E(\alpha_1/H_1)=15\ 000\times0.974\ 4-5\ 000\times0.025\ 6$$
$$=14\ 487.2(\text{元})$$
$$E(\alpha_2/H_1)=0$$

这时最优行动为 α_1，应派渔船出海。

当 H_2 发生时，即预报为雨天时，有

$$E(\alpha_1/H_2)=15\ 000\times0.181\ 8-5\ 000\times0.818\ 2=-1\ 364(\text{元})$$
$$E(\alpha_2/H_2)=0$$

这时最优行动为α_2，即不出海打鱼。

三、补充情报价值与后验预分析

补充情报价值是获得某种不完全情报可以提高的收益值(与用先验分布所得的最优行动方案相比)。

在上面的例5-8中，如果气象站预报有雨，即当H_2发生时，则采取α_2，收益为0。如果气象站预报为晴天，则采取最优行动α_1，收益为14 487.2元。由于气象站提供H_1，H_2两种情报的概率分别是$P(H_1)=0.78$和$P(H_2)=0.22$。

故总收益为

$$0.78\times 14\ 487.2+0.22\times 0=11\ 300(元)$$

如果无气象站的补充信息而按先验分布决策采取最优行动为α_1；期望收益为11 000元，故获得补充情报后，总收益提高了

$$11\ 300-11\ 000=300(元)$$

这个总收益的增值即是气象站补充情报的价值。所以

补充情报的价值=有补充情报后按后验分布决策所获得的期望收益
　　　　　　　　-无补充情报按先验分布决策所获得的期望收益

当获得补充情报需要一定的费用时，就可以对是否购买补充情报进行决策了。很显然，当购买补充情报的费用大于和等于补充情报价值时应当采用不购买的决策。

当购买补充情报的费用小于补充情报的价值时，可以考虑购买。但这时还要考虑获得补充情报所花费的时间。如果时间太长，影响了获得高收益的可能性，也要慎重决策。

进行后验预分析的先决条件是要知道补充情报的价值。在一般情况下，当各种可能决策方案的后果(如益损值)相差很大时，或者各种可能的未来决策环境出现的概率是近似相等时，补充情报的价值相对比较高；而当决策方案之间的后果(如益损值)相差不大，或者未来某种决策环境出现的概率接近为1时，补充情报的价值就相对较小。决策者了解这些基本知识有助于他们在进行决策时参考，而无须进行烦琐的后验预分析。

第六章

对策论基础

第一节 概论

对策论又称博弈论，它是在竞争场合下，双方（或多方）如何针对对手采取策略的一种定量分析方法。在人类的活动中，这种竞争的场合是很多的，例如：军事上的战斗，政治上的较量，企业之间的市场竞争以及普通生活中的下棋、竞赛等。就连孩子们之间的游戏也是最简单的对策，如以手势进行的“锤头，剪刀，布”的游戏。在中国古代有个齐王赛马的故事，更是对策问题最典型的例子之一。这个例子说的是：战国时期，齐王有一天提出要与田忌赛马。田忌答应后，双方约定①各自出三匹马；②从上，中，下三个等级中各出一匹；③每匹马都必须参加比赛，而且只能参加一次；④每次比赛双方各出一匹马，一共比赛三次；⑤每次比赛后，负者要付给胜者千金。

当时的情况是，三种不同级别的马，齐王的马比田忌的同一级的马要强些，所以从总体上来看齐王是要胜的了。但是田忌的高一级的马比齐王低一级的马要好。因此田忌的一个谋士给他出了个主意：①每次比赛先让齐王出马；②让田忌以上马对齐王的中马，中马对其下马，下马对其上马。这样，总的比赛结果是田忌赢得一千金。

齐王		田忌
上	——	下
中	——	上
下	——	中

一、基本概念与名词

1. 局中人

局中人是指在对策中有权决定自己行动方案的参加者。局中人可以是个人，也可以是集体。在多人对策中，利益一致的伙伴关系被视为一个局中人。对局中人还有一个重要的假设：每个局中人都是有理智的，都不会发生疏忽大意的错误。

2. 策略与策略集

在一局对策中，每个局中人都有一个可行的完整的行动方案，此方案不是某一步的行动方案，而是按计划执行的一个确定的方案，如：在齐王赛马的例子中，用（上，中，下）表示的上马，中马，下马依次出场参赛的次序，这就是一个完整的行动方案，或称为局中人的一个策略。这样的策略可能还有很多,如(上,下,中);(中,上,下);(中,下,上)等。所有这些策略的总和称为局中人的策略集。

3. 局势

在一局对策中,每个局中人所出策略形成的策略组称为一个局势,一般用 S 表示。如:在齐王赛马的例子中,齐王出策略(上,中,下),田忌出策略(下,上,中),则这两个相对阵的策略构成的策略组称为这一局对策的局势。如果有 n 个局中人,则 n 个局中人的策略形成的策略组 $S=(S_1,S_2,\cdots,S_n)$就称为一个局势。

4. 赢得函数

当一个局势出现后,按事先的规定,可以计算局中人各自的得失。所以一局对策结束时,每个局中人的得失是全体局中人所取定的一组策略的函数,此函数即称为赢得函数。如:齐王赛马的例子中的一个局势,齐王的(上,中,下)对田忌的(下,上,中)。按题设,齐王先一胜,后两败,田忌则先一败,后两胜。故按规定,齐王应支付田忌一千金(即齐王的赢得为负值)。由此可见,每个局势都有一定的得失。这个得失是局势的函数,因此被称为局中人的赢得函数。

5. 零和对策

如果在任一“局势”中,全体局中人的“得失”相加总是等于零,这个对策就叫做“零和对策”。

6. 矩阵对策,指有限二人零和对策

矩阵对策的特点主要如下:①局中人只有两人;②每个局中人都有有限个可供选择的策略;③任一局势中,两个局中人的得失之和为零。

二、对策的分类

对策的种类很多,可以依据不同原则来进行分类。它主要可分为动态对策与静态对策两大类。在静态对策中又分为结盟对策和不结盟对策。结盟对策包括联合对策与不结盟合作对策。不结盟对策包括有限对策和无限对策。

在这些对策模型中,二人有限零和对策是一种比较简单的对策,也是到目前为止理论研究和求解方法方面都比较成熟的一类对策。这类对策的研究思路与理论是研究其他对策模型的基础,故本章中主要介绍二人有限零和对策的基本理论和方法。

第二节　矩阵对策的基本理论

一、矩阵对策的数学模型(以齐王赛马为例)

1. 齐王的策略共有 6 个

α_1(上,中,下);α_2(上,下,中);α_3(中,上,下);α_4(中,下,上);α_5(下,中,上);α_6(下,上,中);称为齐王的策略集合,记为 $S_1=\{\alpha_1,\alpha_2,\cdots,\alpha_6\}$。

2. 田忌的策略也是 6 个

β_1(上,中,下);β_2(上,下,中);β_3(中,上,下);β_4(中,下,上);β_5(下,中,上);β_6(下,上,中);称为田忌的策略集合,记为 $S_2=\{\beta_1,\beta_2,\cdots,\beta_6\}$。

α_i,β_i 称为纯策略。

3. 齐王的赢得见表 6-1

表 6-1　　（单位：千金）

齐王的赢得 α_i \ β_i	β_1	β_2	β_3	β_4	β_5	β_6
α_1	3	1	1	1	1	−1
α_2	1	3	1	1	−1	1
α_3	1	−1	3	1	1	1
α_4	−1	1	1	3	1	1
α_5	1	1	−1	1	3	1
α_6	1	1	1	−1	1	3

4. 对策的数学表示

如给定一个对策，局中人甲的纯策略集合为 S_1，局中人乙的纯策略集合为 S_2。局中人甲的赢得矩阵为 $A=(\alpha_{ij})$。这时，我们把这个对策记为 G：

$$G=\{\text{Ⅰ},\text{Ⅱ},S_1,S_2,A\} \text{ 或 } G=\{S_1,S_2,A\}$$

二、最优纯策略

下面举一个例子来说明最优纯策略的概念与求解最优纯策略的思路：

现有一矩阵对策$G=\{S_1,S_2,A\}$

$$S_1=\{\alpha_1,\alpha_2,\alpha_3,\alpha_4\},S_2=\{\beta_1,\beta_2,\beta_3\}$$

$$A=\begin{matrix} & \beta_1 & \beta_2 & \beta_3 \\ \alpha_1 & -6 & 1 & -8 \\ \alpha_2 & 3 & 2 & 4 \\ \alpha_3 & 9 & -1 & -10 \\ \alpha_4 & -3 & 0 & 6 \end{matrix}$$

求双方的最优策略和赢得。

我们先来讨论一下对策的双方在对策时的思维过程。

从 A 矩阵得知，甲方的最大赢得是 9，为此他必须选策略 α_3。而乙方会估计甲方出 α_3 的心理，故准备以 β_3 作为对策。这样使甲不但得不到 9，反而损失 10。甲也考虑乙有可能出 β_3 的心理状态，故想以 α_4 为对策，使乙不但得不到 10，反而失去 6……，如此下去，总不会得到一个满意结果。

如果双方都是有理性的，都不会冒很大的风险，必然都会以“从最坏处着想，尽量争取最好的结果”这一思想作为决策的指导方针。这正是在不定型决策中的最大最小原则。因此对甲来说，每一个策略的最坏结果是：−8，2，−10，−3。在这些最坏情况中，最好的结果 2，即无论局中人乙出什么策略，局中人甲只要出 α_2 参加对策，其结果就能保证收入不小于 2。

依同理，对局中人乙来讲，每一个策略的最坏情况是支付：9，2，6。而在这些的结果中，最好的结果也是 2（即支付 2）。也就是说，无论甲选哪个策略，只要乙选 β_2 参加对策就可以保证支付不大于 2。

这时我们可以看到，对局中人甲和乙两人来说，最坏情况下的最好结果的绝对值是相等的。这时我们称 α_2 为局中人甲的最优纯策略，β_2 为局中人乙的最优纯策略。(α_2,β_2)称为对策 $G=\{S_1,S_2,A\}$的最优局势。局中人甲在最优局势中的赢得称为 G 的值。

求最优纯策略的过程用数学公式表达如下：

◇ 对局中人甲来说，就是先对矩阵 A 每一组行元素取最小值：

$$\min\{-6,1,-8\}=-8$$
$$\min\{3,2,4\}=2$$
$$\min\{9,-1,-10\}=-10$$
$$\min\{-3,0,6\}=-3$$

再从这些最小值中取最大值：

$$\max\{-8,2,-10,-3\}=2$$

由此可知，局中人甲的最优策略是 α_2。

◇ 而对局中人乙来说，是先对矩阵 A 每一组列元素取最大值：

$$\max\{-6,3,9,-3\}=9$$
$$\max\{1,2,-1,0\}=2$$
$$\max\{-8,4,-10,6\}=6$$

再从这些最大值中取最小值：

$$\min\{9,2,6\}=2$$

由此可知，局中人乙的最优策略是 β_2。

以通式表示，对策 $G=\{S_1,S_2,A\}$，$S_1=\{\alpha_1,\alpha_2,\cdots,\alpha_m\}$，$S_2=\{\beta_1,\beta_2,\cdots,\beta_n\}$

$$A=\begin{pmatrix}\alpha_{11} & \alpha_{12} & \cdots & \alpha_{1n}\\ \alpha_{21} & \alpha_{22} & \cdots & \alpha_{2n}\\ \vdots & \vdots & & \vdots\\ \alpha_{m1} & \alpha_{m2} & \cdots & \alpha_{mn}\end{pmatrix}$$

对局中人甲的最优策略是：

$$\max_i(\min_j \alpha_{ij})$$

对局中人乙的最优策略是：

$$\min_j(\max_i \alpha_{ij})$$

定义 设有矩阵对策 G：$G=\{S_1,S_2,A\}$，如等式$\max_i\min_j \alpha_{ij}=\min_j\max_i \alpha_{ij}$成立，记其值为 V_G，则称 V_G 为对策 G 的值。

如果这个点为 α_{i^*}，β_{j^*}，则纯局势为$(\alpha_{i^*},\beta_{j^*})$，使$\min_j \alpha_{i^*j}=\max_i \alpha_{ij^*}$，则称$(\alpha_{i^*},\beta_{j^*})$为对策 G 的鞍点，也称它是对策 G 在纯策略中的解。α_{i^*} 与 β_{j^*} 分别称为局中人甲和乙的最优纯策略。

在上例中，$G=2$，α_2，β_2 为局中人甲和乙的最优纯策略，局势(α_2,β_2)为对策 G 的解。

定理 矩阵对策 $G=\{S_1,S_2,A\}$有解（在纯策略中）的充要条件是存在一个纯局势$(\alpha_{i^*},\beta_{i^*})$使得对一切 $i=1,2,\cdots,m$；$j=1,2,\cdots,n$，都有 $\alpha_{ij^*}\leqslant\alpha_{i^*j^*}\leqslant\alpha_{i^*j}$。（证明从略）

三、混合策略与混合扩充

1. 基本概念

在上面的最优纯策略中，能够有最优纯策略的决策问题中存在一个鞍点，也就是必须有

$$\max_i \min_j \alpha_{ij} = \min_j \max_i \alpha_{ij}$$

如果

$$\max_i \min_j \alpha_{ij} \neq \min_j \max_i \alpha_{ij}$$

那么，对策中双方没有最优纯策略，也就是没有在纯策略中的解，我们把这种对策称为无鞍点的对策。

比如：给定矩阵对策G：$G=\{S_1,S_2,A\}$，其中，

$$S_1=\{\alpha_1,\alpha_2\},\qquad S_2=\{\beta_1,\beta_2\},A=\begin{bmatrix}1 & 3\\ 4 & 2\end{bmatrix}$$

可知

$$\max_i \min_j \alpha_{ij}=2 \qquad \min_j \max_i \alpha_{ij}=3$$

所以

$$\max_i \min_j \alpha_{ij} \neq \min_j \max_i \alpha_{ij}$$

（在齐王赛马的例子中也是没有鞍点）

在这种情况下，局中人应如何选择纯策略参加对策呢？

这就需要估计选取各个策略可能性的大小来进行对策，或者说，用多大概率选取各个纯策略。

我们把每一个局中人用一定的概率选取纯策略来参加的对策称为混合策略。例如上面的例子：

假定：局中人甲以概率 x 选取纯策略α_1；

以概率$(1-x)$选取纯策略 α_2。

局中人乙以概率 y 选取纯策略β_1；

以概率$(1-y)$选取纯策略 β_2。

$$\begin{array}{cc} & \beta_1(y) \qquad \beta_2(1-y) \\ \begin{array}{c}\alpha_1(x)\\ \alpha_2(1-x)\end{array} & \begin{bmatrix}1 & & 3\\ 4 & & 2\end{bmatrix}\end{array}$$

于是对局中人甲来说，他的期望赢得便是

$$\begin{aligned}E(x,y)&=xy+3x(1-y)+4(1-x)y+2(1-x)(1-y)\\ &=xy+3x-3xy+4y-4xy+2(1-x-y+xy)\\ &=xy+3x-3xy+4y-4xy+2-2x-2y+2xy\\ &=x+2y-4xy+2\\ &=-4xy+x+2y-1/2+5/2\\ &=-4(x-1/2)(y-1/4)+5/2\end{aligned}$$

由此可见：当 $x=1/2$ 时，即局中人甲以 50%的概率选纯策略 α_1 参加对策，他的赢得期望至少是 5/2，但它不能保证超过 5/2，因为当局中人乙取 $y=1/4$ 时，会控制局中人甲不超过 5/2。因此 5/2 是局中人甲赢得的期望值。

同样，局中人乙只有取 $y=1/4$ 时，才能保证他的支出不多于 5/2。所以，局中人甲以概

率 1/2 选 α_1，以概率 1/2 选 α_2，局中人乙以概率 1/4 选 β_1，以概率 3/4 选 β_2，来参加对策，双方都会得到满意的结果。

因此，从上面的例子可以看出，每个局中人参加对策时，不是决定用哪一个纯策略，而是决定用多大概率选择每一个纯策略，以这样一种方式选取纯策略参加对策是双方的最优策略。

我们这时把纯策略集合对应的概率向量叫做混合策略。

$$X=(x_1,x_2,\cdots,x_m) \quad Y=(y_1,y_2,\cdots,y_n)$$

$$x_i\geqslant 0, i=1,2,\cdots,m \quad y_j\geqslant 0, j=1,2,\cdots,n$$

$$\sum_{i=1}^{m} x_i=1 \qquad \sum_{j=1}^{n} y_j=1$$

定义：$E(X,Y)=\sum_{i=1}^{m}\sum_{j=1}^{n}\alpha_{ij}x_i y_j$，称为局中人甲的赢得，而$(X,Y)$称为混合局势。

局中人甲所有混合策略的集合为 S_1^*：

$$S_1^*=\{X\}$$

（$x_1=(x_1,x_2,\cdots,x_m)$为局中人甲的一个混合策略，他可能有 $x_1,x_2,\cdots$，其集合为 S_1^*。）

局中人乙所有混合策略的集合为 S_2^*：

$$S_2^*=\{Y\}$$

定义：给定一个对策 $G=\{S_1,S_2,A\}$，则 $G^*=\{S_1^*,S_2^*,E\}$叫做 G 的混合扩充。

局中人甲采用混合策略 X 时，他只希望获得 $\min E(X,Y), Y\in S_2^*$，就是局中人乙所有的混合策略中使局中人甲获得最少，即：如甲出混合策略 x_1，乙就在其可能的混合策略中出一个策略以使甲获得最少。对于甲的另一混合策略 x_2 也如此。则甲就应选所有这些策略中使自己的赢得是最大的那个值。

因此，局中人甲应选取 $X\in S_1^*$，使 $\min E(X,Y), Y\in S_2^*$ 取最大，即局中人甲保证自己的赢得不少于 $\max\min E(X,Y)=V_1, X\in S_1^*, Y\in S_2^*$。同样，局中人乙的支出至多是 $\min\max E(X,Y)=V_2, X\in S_1^*, Y\in S_2^*$。

假设：$G^*=\{S_1^*,S_2^*,E\}$是 $G=\{S_1,S_2,A\}$的混合扩充，如果有一个混合局势(X^*, Y^*)使得

$$\min_{Y\in S_2^*} E(X^*,Y)=\max_{X\in S_1^*} E(X,Y^*)=V$$

则称 V 这个公共值为对策 G 的值。混合局势(x^*,y^*)称为 G 在混合策略下的解；而 X^* 与 Y^* 分别称为局中人甲和局中人乙的最优策略。

2. 矩阵对策的解法

下面我们讲一个对策的基本定理。

定理 1 任何一个给定的矩阵对策 G 一定有解（在混合扩充中的解）。

如果矩阵对策 G 的值是 V，则以下两组不等式的解就是局中人甲与乙的最优策略：

$$\sum_{i=1}^{m}\alpha_{ij}x_i\geqslant V \quad j=1,2,\cdots,n$$

$$x_i\geqslant 0 \qquad \sum_{i=1}^{m}x_i=1$$

（这相当于甲取为最优策略时，乙无论取什么样的混合策略，其赢得都不小于V）

$$\sum_{j=1}^{n}\alpha_{ij}y_j \leqslant V \quad i=1,2,\cdots,m$$

$$y_j \geqslant 0 \qquad \sum_{j=1}^{n}y_j=1$$

（证明从略）

下面主要介绍没有鞍点对策的特殊解法。

定理 2　如果(X^*,Y^*)是对策G的最优混合局势，则对某一个i或j来说：

(1)若$x_i^*\neq 0$，则$\sum_{j=1}^{n}\alpha_{ij}y_j^*=V$。

(2)若$y_j^*\neq 0$，则$\sum_{i=1}^{m}\alpha_{ij}x_i^*=V$。

(3)若$\sum_{j=1}^{n}\alpha_{ij}y_j^*<V$，则$x_i^*=0$。

(4)若$\sum_{i=1}^{m}\alpha_{ij}x_i^*>V$，则$y_j^*=0$。

（证明从略）

例如，给定一个矩阵对策$G=\{S_1,S_2,A\}$

$$A=\begin{matrix} & \beta_1 & \beta_2 & \beta_3 & \beta_4 & \beta_5 \\ \alpha_1 & 3 & 4 & 0 & 3 & 0 \\ \alpha_2 & 5 & 0 & 2 & 5 & 9 \\ \alpha_3 & 7 & 3 & 9 & 5 & 9 \\ \alpha_4 & 4 & 6 & 8 & 7 & 6 \\ \alpha_5 & 6 & 0 & 8 & 8 & 3 \end{matrix}$$

如果决策双方都很理智的话，在选取对策时总是选取对自己有利的策略，明显对自己不利的策略肯定不会选。所以上面：α_3肯定比α_2好，α_4肯定比α_1好，因此α_1和α_2可以去掉。

$$A=\begin{matrix} & \beta_1 & \beta_2 & \beta_3 & \beta_4 & \beta_5 \\ \alpha_3 & 7 & 3 & 9 & 5 & 9 \\ \alpha_4 & 4 & 6 & 8 & 7 & 6 \\ \alpha_5 & 6 & 0 & 8 & 8 & 3 \end{matrix}$$

对于乙来说，β_2肯定比β_3，β_4，β_5都有利，因此β_3，β_4和β_5都可以去掉，而剩下

$$A=\begin{matrix} & \beta_1 & \beta_2 \\ \alpha_3 & 7 & 3 \\ \alpha_4 & 4 & 6 \\ \alpha_5 & 6 & 0 \end{matrix}$$

从局中人甲来看，α_3肯定比α_5好，故最后只剩

$$A=\begin{matrix} & \beta_1 & \beta_2 \\ \alpha_3 & 7 & 3 \\ \alpha_4 & 4 & 6 \end{matrix}$$

这样我们就可以用下面的通用方法求解：

给定对策
$$G=\{S_1,S_2,A\}$$
$$A=\begin{pmatrix}\alpha_{11} & \alpha_{12}\\ \alpha_{21} & \alpha_{22}\end{pmatrix}$$

如 x_i，y_j 均不为 0，根据定理 2，可有：

$$\begin{cases}\alpha_{11}x_1+\alpha_{21}x_2=V\\ \alpha_{21}x_1+\alpha_{22}x_2=V\\ x_1+x_2=1\end{cases} \quad 和 \quad \begin{cases}\alpha_{11}y_1+\alpha_{21}y_2=V\\ \alpha_{21}y_1+\alpha_{22}y_2=V\\ y_1+y_2=1\end{cases}$$

当矩阵 A 不存在鞍点时，可以证明上面两组方程存在非负解 $X=(x_1,x_2)$ 和 $Y=(y_1,y_2)$。

$$x_1=\frac{\alpha_{22}-\alpha_{21}}{(\alpha_{11}+\alpha_{22})-(\alpha_{12}+\alpha_{21})}$$
$$x_2=\frac{\alpha_{11}-\alpha_{12}}{(\alpha_{11}+\alpha_{22})-(\alpha_{12}+\alpha_{21})}$$
$$y_1=\frac{\alpha_{22}-\alpha_{12}}{(\alpha_{11}+\alpha_{22})-(\alpha_{12}+\alpha_{21})}$$
$$y_2=\frac{\alpha_{11}-\alpha_{21}}{(\alpha_{11}+\alpha_{22})-(\alpha_{12}+\alpha_{21})}$$
$$V=\frac{\alpha_{11}\alpha_{22}-\alpha_{12}\alpha_{21}}{(\alpha_{11}+\alpha_{22})-(\alpha_{12}+\alpha_{21})}$$

对于上例，有下面两组方程

$$\begin{cases}7x_3+4x_4\geqslant V\\ 3x_3+6x_4\geqslant V\\ x_3+x_4=1\\ x_3,x_4\geqslant 0\end{cases} \quad 和 \quad \begin{cases}7y_1+3y_2\leqslant V\\ 4y_1+6y_2\leqslant V\\ y_1+y_2=1\\ y_1,y_2\geqslant 0\end{cases}$$

利用上面的公式，不难求出

$$x_3=1/3\quad x_4=2/3\quad y_1=1/2\quad y_2=1/2\quad V=5$$

故矩阵对策的一个解是

$$x=(0,0,1/3,2/3,0)^T$$
$$y=(1/2,1/2,0,0,0)^T$$
$$V=5$$

对于最简单的二人对策，且局中人每人只有两个纯策略时，矩阵对策的解可以利用上面的公式。当处理一般矩阵对策问题时，可以用方程组法和线性规划法。有兴趣的读者可参考书后列举的文献(李德等，1982；蓝伯雄等，1997)。

第七章

存 储 论

第一节 存储论的基本概念

无论在工业企业，还是商业企业，存储一定的成品、半成品、原材料或商品，是生产与经营的必备环节。如果不考虑经济效益，当然是存货“多多益善”，以免造成生产上的停工待料，或者商品经营中的供不应求；但是存货太多又会造成资金积压，占用库房，增加保管费用，以及存货太久所造成的产品变质与失效等损失。因此存货量为多少才最合适，便是一个现代企业管理中的一个重要问题。存储论就是解决这一实际问题的理论与方法。

一、存储问题的基本概念

工厂的存储基本过程是这样的：工厂为了生产要存储一定的原材料，生产时消耗这些原材料，使库存减少。当原材料减少到一定程度时，要补充原材料、增加库存量，否则库存为0，生产无法进行。商店也有类似的过程：任何商店都必须先进一些商品（存储），营业时卖掉一部分商品，使库存减少。当库存量减少到一定数量时，又得进货。因此存储问题主要涉及进货和需求两大过程。

1. 进货过程

任何企业的进货过程都是从订货开始的。当订货合同生效后，进货的方式有两种：一种是即时型的，即进货时间很短，从库存为0增加到规定库存量 Q 所需的时间可以忽略不计；另一种称为生产型的，一般指工厂某种在制品的进货过程。由于这种在制品是由工厂生产，而生产需要一定的时间，故库存的补充是需要一定时间的。

2. 需求过程

需求可分为确定性需求和随机性需求。一般来说，工厂生产的存储问题，需求多为确定型的，它又可分为间断式（如图 7-1(A)所示）或连续均匀式（如图 7-1(B)所示）两种。

对于商业行业来说，需求往往是随机的，也就是说，每单位时间（比如一天）的需求量是不确定的。在存储论中，为了建立数学模型的方便，一般只研究需求具有一定概率分布的情况。

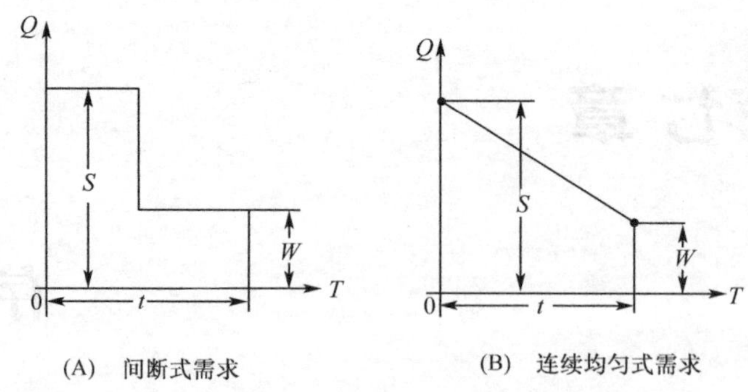

图 7-1

二、与存储有关的费用

1. 存储费

指货物从入库到出库这段时间内所发生的费用，如仓库设施的折旧、维修费、管理费，保管员的工资，存储过程货物变质或损坏所造成的损失等。一般用单位货物、保存单位时间的费用核算。在本书中用 C_1 表示。

2. 订货费

订货中发生两种费用。一项是订购费，它包括手续费、联系费(如差旅费、电话等通讯费)等。这项费用只与订货次数有关，而与每次的订货数量无关，它属于一次订货中的固定费用。第二项是货物本身的成本费用，如货物的价格和运费等，它与货物数量有直接关系，是订货中的变动费用。一般习惯用 C_3 代表订购费。假设一次订货量为 Q，货物成本单价为 K 元/单位，则订货费为 C_3+KQ。

对于生产型企业自身生产的产品、半成品的库存问题，其生产准备的费用(如更换工、夹、模具或调整机床所需要的工时，或者需要专门增添的专用设备等)相当于固定费用，而与产品生产直接相关的材料费，工时费等则相当于变动费用。

3. 缺货费

指库存为 0 时，因供不应求所造成的失去销售机会的损失，或者工厂因缺货造成停工待料，以及不能履行合同而罚款所造成的损失等。缺货费用 C_2 表示。

三、存储策略

在存储论中，把何时订货，每次订货量为多少的决策方案称为存储策略。常见的存储策略有三种：

(1)t_0 循环策略：每隔 t_0 时间进货一次，进货量为 Q。

(2)(s,S)策略：当库存量 x 大于小 s 时，即 $x>s$，不进货；当 $x\leqslant s$ 时，则进货，使库存量达到 S，即补充 $Q=S-x$。

(3)(t,s,S)策略：每经过 t 时间检查库存情况。当库存量 $x>s$ 时，不进货；当 $x\leqslant s$ 时，使库存量补充到 S。

第二节 确定型存储模型

一、经济批量模型(economical ordering quantity,EOQ)

假设:①不允许缺货;②当库存降低为0时,可以立即得到补充;③需求是连续均匀的,需求速度 R 为常数;④每次订货量不变,订货费用也不变;⑤单位存储费不变。

设每次订货量为 Q,需求速度为 R,订购费为 C_3,货物单价为 K,单位存储费为 C_1。现分别计算订货费、存储费和总费用(见图7-2)。

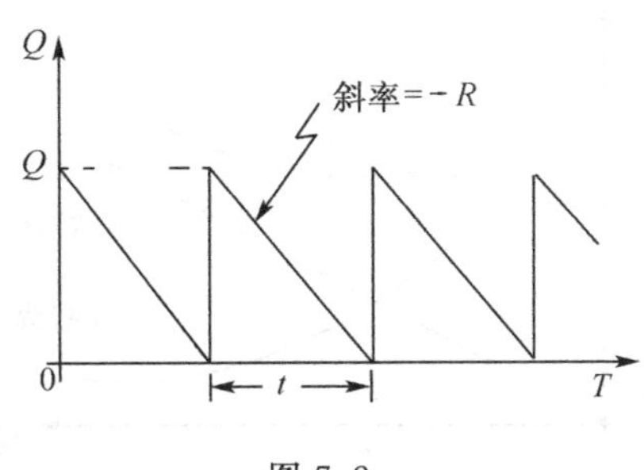

图 7-2

1. 订货费为 $\begin{cases} 0 & \text{如果 } Q=0 \\ C_3+KQ & \text{如果 } Q>0 \end{cases}$

2. 存储费

因为库存量是均匀下降的,其最大值为 Q,最小值为0,故平均库存量水平是 $\frac{Q+0}{2}=\frac{Q}{2}$。库存 t 时间的存储费为 $\frac{Q}{2}C_1t$。

3. 总费用

$$TC=\text{订货费}+\text{存储费}=C_3+KQ+\frac{Q}{2}C_1t$$

因为
$$t=\frac{Q}{R}$$

所以
$$TC=C_3+KQ+\frac{C_1Q^2}{2R}$$

单位时间的总费用

$$C=\frac{TC}{t}=\frac{C_3+KQ+\dfrac{C_1Q^2}{2R}}{Q/R}=\frac{RC_3}{Q}+RK+\frac{C_1Q}{2} \tag{7-1}$$

由式(7-1)可知,存储单位时间的总费用仅仅是 Q 的函数,为了求解 C 的极值,令 $\frac{\mathrm{d}C}{\mathrm{d}Q}=0$,即

$$\frac{\mathrm{d}C}{\mathrm{d}Q}=-\frac{RC_3}{Q^2}+\frac{C_1}{2}=0$$

所以
$$\frac{C_1}{2}=\frac{RC_3}{Q^2}$$

故
$$Q^*=\sqrt{\frac{2RC_3}{C_1}} \tag{7-2}$$

因 $Q=Rt$,所以

$$t=\frac{Q}{R}=\sqrt{\frac{2C_3}{C_1R}} \tag{7-3}$$

(7-2)式就是著名的经济批量公式或经济订购批量(economic lot size),(7-3)式是最佳订货周期。将(7-2)式代入(7-1)式就可以得到采用经济批量时的最小单位时间总费用:

$$C=\frac{RC_3}{Q}+RK+\frac{C_1Q}{2}=C_3R\sqrt{\frac{C_1}{2RC_3}}+RK+\frac{C_1}{2}\sqrt{\frac{2RC_3}{C_1}}$$

$$=C_3\sqrt{\frac{RC_1}{2C_3}}+RK+\frac{C_1R}{2}\sqrt{\frac{2C_3}{C_1R}}=\sqrt{2C_1C_3R}+RK$$

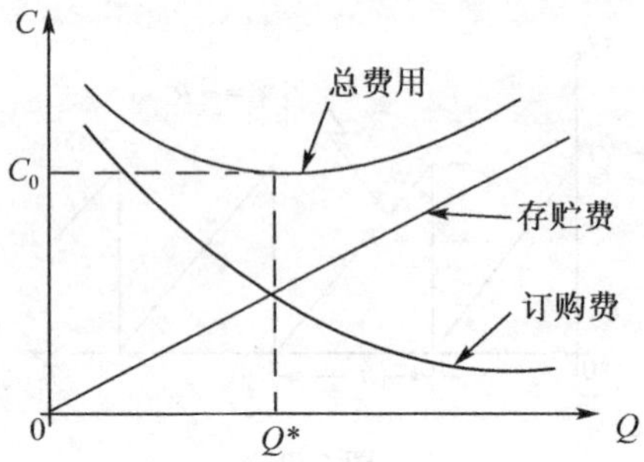

图 7-3

从上面的分析结果可知:

(1)当需求速度 R 一定时,经济批量 Q^* 与订购费成正比,而与存储费成反比。这是很容易理解的,因为当订购费很贵时,当然希望一次订货量尽量大些,以便减少总的订货次数、减少订货成本。但一次的订货量太大又会增加存货水平,增加了存货成本。当存储费高时,当然希望存货水平愈低愈好。所以最经济批量正是订货成本与存储成本两者折中取优的结果,见图 7-3。

(2)由于订购费用中的可变费用部分 RK 是个常数,它与最佳进货周期与批量无关,故在总费用的计算公式中可以略去,而不影响模型的求解。因此在后面建立的存储优化模型中不再计入这一项。这时最小总费用 C^* 可用公式表示为

$$C^*=\sqrt{2RC_1C_3}$$

它表示在单位时间内只与存储成本与订货成本相关的最小总费用。

【例 7-1】 某医院药房每年需某种药品 1 600 瓶,每次订购费为 5 元,每瓶药品每年保管费 0.1 元,药品单价 10 元,试求每次应订购多少瓶。

解:根据题设,已知 $R=1\ 600$,$C_1=0.1$,$C_3=5$,$K=10$。

所以经济批量 $Q^*=\sqrt{2C_3R/C_1}=\sqrt{2\times5\times1\ 600/0.1}=400$(瓶)。

我们可以用不同的订货量来计算年总费用进行比较(见表 7-1),其结论是相同的。

表 7-1

批量 Q	年存储费 $\frac{Q}{2}C_1$	年订购费 $\frac{R}{Q}C_3$	年总费用 C	备注
100	5.0	80.0	85.0	
200	10.0	40.0	50.0	
300	15.0	26.7	41.7	
400	20.0	20.0	40.0	Q^*
500	25.0	16.0	41.0	

二、不允许缺货、生产需一定时间的存储模型

本模型的假设条件,除了生产(或库存补充)需一定时间外,其他均与模型 1 相同。

设生产批量为 Q,生产速度为 P,需求速度为 R。则生产周期为 $T=Q/P$。在 T 周期内,库存量以 $(P-R)$ 的速度增加,而在 $[T,t]$ 时间内,以 R 速度下降(见图 7-4)。

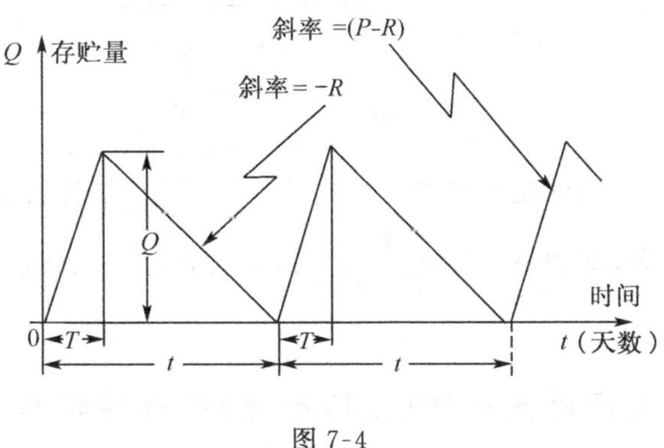

图 7-4

现计算订货费、存储费和总费用。

(1)订货费:在本模型中的订货费应由生产费用代替。它也由两部分组成:一部分称为生产准备费,即批量生产中的固定费用,另一部分是与生产产品数量有关的可变费用。其中生产固定费用相当于订购费仍用 C_3 表示,单位产品的可变费用用 K 表示,则订货费为

$$C_3+KQ$$

(2)存储费:在本模型中,产品的总量虽然是 Q,但因为在生产期间也存在固定的需求,故库存量的最大值是 $(P-R)T$,平均库存量水平是 $\frac{1}{2}(P-R)T$。存储 t 时间的存储费为 $\frac{1}{2}C_1t(P-R)T$。

(3)不计订货中的变动费用,其总费用:$TC=$订购费$+$存储费$=C_3+\frac{1}{2}C_1(P-R)Tt$。

单位时间的总费用:

$$C=\frac{C_3}{t}+\frac{1}{2}C_1(P-R)T \tag{7-4}$$

由 $Q=Rt$,所以有 $t=\frac{Q}{R}$。

由 $Q=PT$,所以有 $T=\frac{Q}{P}$。

代入(7-4)式可得

$$C=\frac{C_3R}{Q}+\frac{1}{2}C_1(P-R)\frac{Q}{P}$$

由 $\frac{\mathrm{d}C}{\mathrm{d}Q}=0$ 可得

$$-\frac{C_3R}{Q^2}+\frac{1}{2}C_1(P-R)\frac{1}{P}=0$$

所以

$$Q^*=\sqrt{\frac{2C_3RP}{C_1(P-R)}} \tag{7-5}$$

$$t^* = \frac{Q^*}{R} = \sqrt{\frac{2C_3P}{C_1R(P-R)}} \tag{7-6}$$

$$\min C^* = \sqrt{2C_1C_3R\,\frac{(P-R)}{P}} \tag{7-7}$$

$$T = \frac{Q}{P} = \sqrt{\frac{2C_3R}{C_1P(P-R)}}$$

式(7-5)、式(7-6)和式(7-7)就是本模型的最经济订货批量、最佳订货周期和最小费用。不难看出，当生产速度很大，即 $P\to\infty$ 时，$\frac{P}{P-R}\to 1$，这时式(7-5)、式(7-6)、式(7-7)就和经济批量模型Ⅰ完全一样了。

三、允许缺货、生产时间很短(立即补充)的存储模型

所谓允许缺货是指库存降低到零时，不马上订货，而是再等一段时间后再订货。这样做可以少付订购费，也可少支付存储费，但是同时企业要受到缺货所带来的损失。这种情况的存储模型如图 7-5 所示。

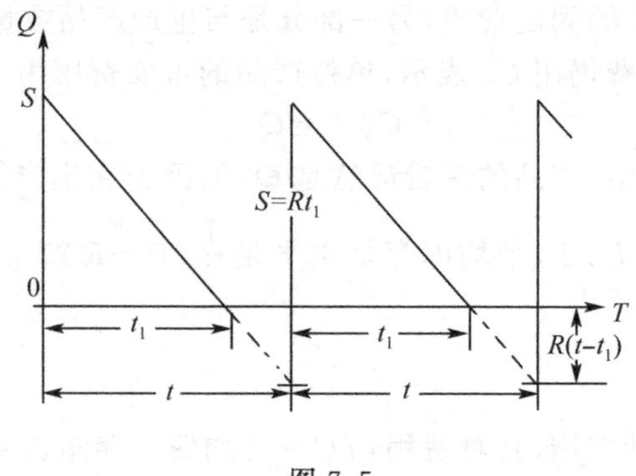

图 7-5

设进货批量为 S，需求速度为 R，存储费为 C_1，订购费为 C_3，缺货损失费为 C_2。

在这里应当指出的是缺货损失费 C_2 的单位是(元/单位货物·单位时间)。这意味着，在讨论缺货问题，考虑了缺货的时间效应。对于商家而言缺货本身会带来失去销售机会的损失，而缺货时间长，还会造成失去信誉，失去顾客的损失，所以缺货时间愈长，则缺货损失也愈大。因此缺货费 C_2 是单位时间内缺单位货物的损失。

下面分别计算本模型的订购费、存储费、缺货费和总费用。

(1)订购费：同前面两个模型，为 C_3(以后不再计订货的变动费用 KS)。

(2)存储费：平均存储量为 $\frac{S}{2}$，设 t_1 是库存降低到 0 的时间，则在 t_1 时间内的存储费为 $\frac{1}{2}C_1St_1$。

因 $t_1=\frac{S}{R}$，所以存储费为 $\frac{1}{2}C_1S\times\frac{S}{R}=\frac{1}{2}C_1\frac{S^2}{R}$。

(3)缺货费：设在缺货期间需求速度仍为 R，在 $t-t_1$ 时间内平均缺货量为 $\frac{1}{2}R(t-t_1)$。因此，在 $t-t_1$ 时间内的缺货损失是

$$\frac{1}{2}C_2R(t-t_1)\times(t-t_1)=\frac{1}{2}C_2R(t-t_1)^2=\frac{1}{2}C_2R(t^2-2tt_1+t_1{}^2)$$

因为 $t_1=\frac{S}{R}$，所以上式 $=\frac{1}{2}C_2R\left(t^2-2t\frac{S}{R}+\frac{S^2}{R^2}\right)=\frac{1}{2}C_2\frac{(Rt-S)^2}{R}$。

(4)总费用＝订购费＋存储费＋缺货费，所以

$$TC=C_3+\frac{1}{2}C_1\frac{S^2}{R}+\frac{1}{2}C_2\frac{(Rt-S)^2}{R}$$

单位时间的总费用

$$C(t,S)=\frac{1}{t}\left[C_1\frac{S^2}{2R}+C_2\frac{(Rt-S)^2}{2R}+C_3\right]$$

现求 $C(t,S)$ 函数的极值。因 $C(t,S)$ 是多元函数，故用多元函数求极值的方法。先求

$$\frac{\partial C}{\partial S}=\frac{1}{t}\left[C_1\frac{S}{R}-C_2\frac{Rt-S}{R}\right]$$

由 $\frac{\partial C}{\partial S}=0$ 可得

$$C_1S-C_2(Rt-S)=0$$

所以

$$S=\frac{C_2Rt}{C_1+C_2}$$

再由

$$\frac{\partial C}{\partial t}=-\frac{1}{t^2}\left[C_1\frac{S^2}{2R}+C_2\frac{(Rt-S)^2}{2R}+C_3\right]+\frac{1}{t}[C_2(Rt-S)]=0$$

可得

$$-\left[C_1\frac{S^2}{2R}+C_2\frac{(Rt-S)^2}{2R}+C_3\right]+tC_2(Rt-S)=0$$

将 $S=\frac{C_2Rt}{C_1+C_2}$ 代入上式可解得最佳进货周期

$$t^*=\sqrt{\frac{2C_3(C_1+C_2)}{C_1C_2R}} \tag{7-8}$$

$$S^*=\sqrt{\frac{2C_2C_3R}{C_1(C_1+C_2)}} \tag{7-9}$$

$$\min C^*=\sqrt{\frac{2C_1C_2C_3R}{C_1+C_2}} \tag{7-10}$$

很显然，当不允许缺货时，即 $C_2\to\infty$，$\frac{C_2}{C_1+C_2}\to 1$

$$t^*=\sqrt{\frac{2C_3}{C_1R}} \qquad S^*=\sqrt{\frac{2RC_3}{C_1}} \qquad C^*=\sqrt{2C_1C_3R}$$

与经济批量模型Ⅰ完全相同。

四、修正 EOQ 模型

在经济批量模型Ⅰ中是假设库存容量为无限的情况，现假定库存容量是有限的，其容量为

W。如果一次进货量 $Q>W$，则租借其他场地来存放多余的货物。这时，租借场地的存储费用要高于自己库房的存储费。在这种情况下存储策略肯定是：入库时先装满自己的库房，再考虑租用的库房；而出库时，则先使用租用库房中的货物。假设租借库房的存储费用为 C_W，其他同模型Ⅰ，即 C_1 为自己库房的存储费，C_3 为订购费，需求速度为 R。则当 $Q^*\leqslant W$ 时，

$$Q^*=\sqrt{\frac{2C_3R}{C_1}}$$

当 $Q^*>W$ 时，则要用下面的修正 EOQ 模型，其图示见图 7-6。

下面分别计算修正 EOQ 模型的订购费、存储费和总费用。

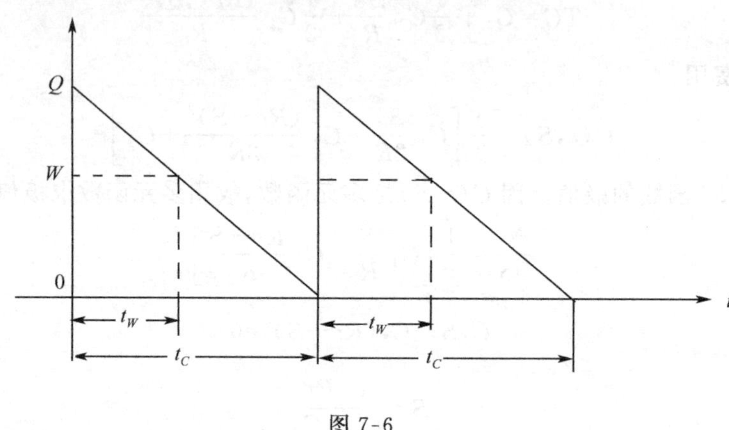

图 7-6

(1)订购费同前，为 C_3。

(2)存储费可分为两部分：第一部分是租用库房的存储费，第二部分是自己库房的存储费。假设 t_W 为在租用库房内存储的周期，很显然 $t_W=\dfrac{Q-W}{R}$，t_C 是批量为 Q 的货物总的存储时间，$t_C=\dfrac{Q}{R}$。在租借库房内存储货物量的平均水平是$\dfrac{Q-W}{2}$，因此租用库房的存储费为

$$C_W\times\frac{Q-W}{2}\times t_W=\frac{1}{2}C_W\ \frac{(Q-W)^2}{R}$$

现计算在自己库房的存储费，它包括两部分：一部分是当使用租用库房内的货物时，具有 W 数量的货物存储了 t_W 的时间，其存储费为 $W\times t_W C_1$。当租借库房内的货物用完，从 t_W 时开始使用自己库房内的货物，直到库存为 0 止。这一时期库存平均水平为$\dfrac{W}{2}$，存储了(t_C-t_W)时间，故在自己库房的存储费总数为

$$C_1\left[W\times t_W+\frac{W}{2}(t_C-t_W)\right]=C_1\left[W\times\frac{Q-W}{R}+\frac{W}{2}\left(\frac{Q}{R}-\frac{Q-W}{R}\right)\right]$$
$$=\frac{C_1(2WQ-W^2)}{2R}$$

(3)总费用 $TC=C_3+\dfrac{1}{2}C_W\ \dfrac{(Q-W)^2}{R}+\dfrac{1}{2}C_1\ \dfrac{(2WQ-W^2)}{R}$。

单位时间总费用

$$C=\frac{C_3}{t_C}+\frac{1}{2t_C}C_W\ \frac{(Q-W)^2}{R}+\frac{1}{2t_C}C_1\ \frac{(2WQ-W^2)}{R}$$

将 $t_C=\frac{Q}{R}$ 代入上式，得

$$\begin{aligned}C&=\frac{C_3R}{Q}+\frac{1}{2}C_W\ \frac{(Q-W)^2}{Q}+\frac{1}{2}C_1\ \frac{(2WQ-W^2)}{Q}\\&=\frac{C_3R}{Q}+\frac{C_W(Q-W)^2+C_1(2WQ-W^2)}{2Q}\\&=\frac{C_3R}{Q}+\frac{C_WQ}{2}-C_WW+\frac{C_WW^2}{2Q}+C_1W-\frac{C_1W^2}{2Q}\end{aligned}$$

由 $\frac{\mathrm{d}C}{\mathrm{d}Q}=0$ 得

$$-\frac{C_3R}{Q^2}+\frac{C_W}{2}-\frac{C_WW^2}{2Q^2}+\frac{C_1W^2}{2Q^2}=0$$

$$Q^*=\sqrt{\frac{2RC_3+W^2(C_W-C_1)}{C_W}} \tag{7-11}$$

可以看出，当 C_W 值很大，趋于∞时，

$$Q^*=\sqrt{W^2}=W$$

五、价格有折扣情况下的存储模型

在以上讨论的存储模型中，经济批量都与货物单价无关。但在现实的市场经济条件下，一般厂家都有商品的折扣政策：即当一次购货量超过一定数量时，商品价格降低，购货量愈大，商品价格愈低。在这种情况下，就有一个是按经济批量公式得到的最经济批量进行订购，还是考虑采取折扣价格的订货量的决策问题。下面借助一个实例来讲解在这种情况下的存储策略。

【例 7-2】 某医院药房每年需某种药品 1 600 瓶，每次订购费 5 元，每瓶药每年保管费 0.10 元，每瓶单价 10 元。制药厂提出的价格折扣条件是订购 800 瓶以上时，价格为 9.8 元/瓶。

解：(1)根据题意：$R=1\ 600$，$C_1=0.1$ 元，$C_3=5$ 元，故不考虑价格折扣情况下的经济批量是

$$Q_0=\sqrt{\frac{2C_3R}{C_1}}=\sqrt{2\times5\times1\ 600/0.1}=\sqrt{160\ 000}=400(\text{瓶})$$

(2)如果无折扣价政策，该医院应当每次订购 400 瓶。这时，每年需订购 4 次。现考虑有折扣政策的情况。按厂家给的折扣价，一次采购 800 瓶时，每瓶价格为 9.8 元，那么全年购 1 600 瓶可以节省 1 600×0.2=320 元，且每年只需采购 2 次，又可节省订购费 2×5=10 元，故每年总计可以节省 320+10=330 元。如果一次采购 800 瓶节省下的费用大于由于库存量增加而产生的存储费用，那么当然应当采用折扣政策。很显然，当年需求量 R，存储费

C_1 和订购费 C_3 都不变时，不同产品价格时的年总费用曲线形状是不变的，见图 7-7。因此采用折扣政策时，每次订货量应当采用该折扣区间的最低点(图 7-7 中的 B 点)。

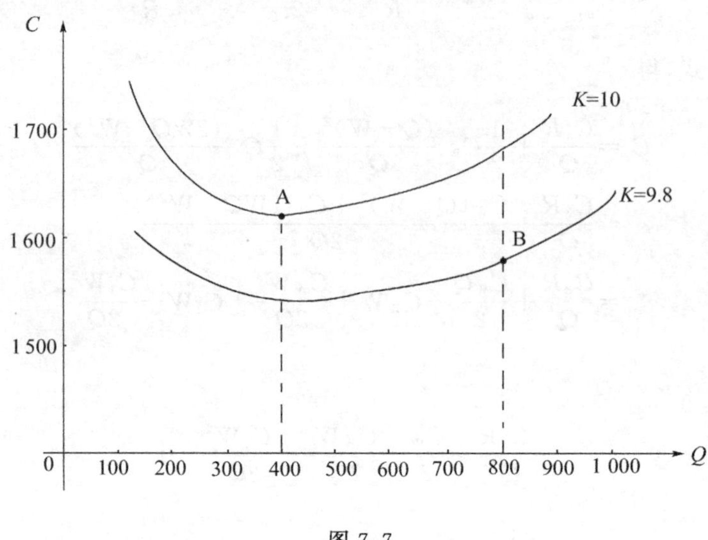

图 7-7

现计算本例采用经济批量 400 瓶/年和折扣政策批量 800 瓶/年时的全年总费用。

根据总费用公式 $C(Q)=\dfrac{RC_3}{Q}+RK+\dfrac{C_1Q}{2}$

$$C(400)=\frac{1\ 600\times 5}{400}+1\ 600\times 10+\frac{400\times 0.1}{2}=16\ 040(\text{元/年})$$

$$C(800)=\frac{1\ 600\times 5}{800}+1\ 600\times 9.8+\frac{800\times 0.1}{2}=15\ 730(\text{元/年})$$

结论：每次应订购 800 瓶。

【例 7-3】 在上面例 7-1 中，如果 $R=900$ 瓶/年，$C_1=2$ 元/瓶·年，$C_3=100$ 元/次，折扣政策是购 1～899 瓶为 10 元/瓶；购 900 瓶以上为 9.9 元/瓶，在这种情况下，医院应采用何种存储策略。

解：(1)求经济批量 $Q_0=\sqrt{2\times 100\times 900/2}=300$(瓶)。

(2)计算 $C(Q_0)$和 $C(900)$。

$$C(300)=\frac{900\times 100}{300}+900\times 10+\frac{300\times 2}{2}=9\ 600(\text{元/年})$$

$$C(900)=\frac{900\times 100}{900}+900\times 9.9+\frac{900\times 2}{2}=9\ 900(\text{元/年})$$

因此应当一次采购 300 瓶。

以上分析可以推广到有多区间折扣价的一般情况。设折扣区间有 n 个，且随一次订货量的增加，折扣价格单调下降。现令每一个折扣区间的起点购货量为 $Q_0<Q_1<Q_2\cdots<Q_{n-1}<Q_n$。即货品单价

$$K(Q)=\begin{cases} K_1 & 当\ Q_0 \leqslant Q < Q_1 \\ K_2 & 当\ Q_1 \leqslant Q < Q_2 \\ \vdots & \\ K_i & 当\ Q_{i-1} \leqslant Q < Q_i \\ \vdots & \\ K_n & 当\ Q_{n-1} \leqslant Q < Q_n \end{cases} \tag{7-12}$$

且有 $K_1>K_2>K_3\cdots>K_{n-1}>K_n$。

确定有折扣价情况下的存储策略的步骤如下：

(1)先利用经济批量公式 $Q^*=\sqrt{2C_3R/C_1}$，找到经济批量 Q^*。

(2)当 Q^* 处于折扣价的最高区间 $Q_{n-1}\leqslant Q^*<Q_n$ 时，则订货批量 $Q=Q^*$。

(3)当 Q^* 处于某一折扣价格区(含无折扣价格区)$Q_{k-1}\leqslant Q^*\leqslant Q_k$ 时，订货批量

$$Q=\min[C(Q^*),C(Q_k),C(Q_{k+1}),\cdots,C(Q_n)]$$

第三节 随机存储模型

一、随机存储模型的基本概念

前面讲的确定型存储模型指需求是确定的，以恒定的速度消耗库存产品，其存储的时间为0，或者以一定的速度存入，拖后时间是固定的。但在实际的存储问题中，很多情况下需求是不确定的，而是随机的。比如夏天卖冰棍的小贩，一天能卖出去多少是不确定的。进货太多，卖不完要有损失；进货太少，不够卖的，又失去了赚钱的机会，所以在这种随机需求情况下，进货量应当多少，就是一个随机存储问题。随机存储模型的主要特点是：需求是随机的，但其概率分布是已知的。下面以一种最简单的情况来说明解决随机存储问题的思路与方法。

二、报童问题

报童问题是需求为随机离散的，货物不能存储的随机存储问题的经典例题。

【报童问题】 报童一天售报的数量是一个随机变量。设每售1千张报可获利7元，如果当天未能卖出，每1千张要赔4元。根据以前的经验，每天售出报纸数量为 r 的概率如下：

r(千张)	0	1	2	3	4	5
$P(r)$	0.05	0.10	0.25	0.35	0.15	0.10

问报童每天应进多少报纸利润最大。

解：我们先以实际计算来研究一下如何求解这样的问题。假定该报童每天订购5千张，则

当市场需求为 0 时，获利 $-4\times5=-20$(元)

当市场需求为 1 千张时，获利 $1\times7-4\times4=-9$(元)

当市场需求为 2 千张时，获利 $2\times7-3\times4=2$(元)

当市场需求为 3 千张时，获利 $3\times7-2\times4=13$(元)

当市场需求为 4 千张时，获利 $4\times7-1\times4=24$(元)

当市场需求为 5 千张时，获利 $5\times7-0\times4=35$(元)

根据每天售出报纸数量的概率分布，可计算出报童订购 5 千张报时，每天获利的期望值。

$$
\begin{aligned}
E[C(5)]&=(-20)\times0.05+(-9)\times0.10+2\times0.25+13\times0.35\\
&\quad+24\times0.15+35\times0.10\\
&=10.25
\end{aligned}
$$

相同的算法可以计算出报童每天订购不同数量报纸时可以获利的期望值，见表 7-2。

表 7-2

获利 \ r(千) / 订货量(千) \ $P(r)$	0	1	2	3	4	5	利润的期望值
	0.05	0.10	0.25	0.35	0.15	0.10	
0	0	0	0	0	0	0	0
1	−4	7	7	7	7	7	6.45
2	−8	3	14	14	14	14	11.80
3	−12	−1	10	21	21	21	14.40*
4	−16	−5	6	17	28	28	13.15
5	−20	−9	2	13	24	35	10.25

从表 7-2 可知，报童每天订购 3 千张获利的期望值最大，为 14.40 元。

对于报童问题还可以用下面的方法去求解，其结果也是相同的。

假设订货量为 Q，当供过于求时，发生报纸卖不出去的滞销损失；当供不应求时，发生失去销售机会的缺货损失。把这两种损失加起来得到某一订货量的总损失，那么总损失期望值最小的订货量 Q^* 就是最佳订货量。例如，$Q=4$ 千张时：

当市场需求为 0 时，滞销损失为 $(-4)\times4=-16$ 元

当市场需求为 1 千张时，滞销损失为 $(-3)\times4=-12$ 元

当市场需求为 2 千张时，滞销损失为 $(-2)\times4=-8$ 元

当市场需求为 3 千张时，滞销损失为 $(-1)\times4=-4$ 元

当市场需求为 4 千张时，滞销损失为 0 元

当市场需求为 5 千张时，缺货损失为 $(-7)\times1=-7$ 元

总的损失期望值是 $(-16)\times0.05+(-12)\times0.10+(-8)\times0.25+(-4)\times0.35+0\times0.15+(-7)\times0.10=-6.1$ 元

按此算法，可以计算出不同订货量时，滞销和缺货损失的期望值，见表 7-3。

表 7-3

损失 \ r(千) / P(r) / 订货量 Q(千)	0 0.05	1 0.10	2 0.25	3 0.35	4 0.15	5 0.10	损失期望值
0	0	−7	−14	−21	−28	−35	−19.25
1	−4	0	−7	−14	−21	−28	−12.8
2	−8	−4	0	−7	−14	−21	−7.45
3	−12	−8	−4	0	−7	−14	−4.85*
4	−16	−12	−8	−4	0	−7	−6.1
5	−20	−16	−12	−8	−4	0	−9

从表 7-3 可知，报童每天订购 3 千张的损失期望值最小。因此应订货 3 千张，这与第一种计算方法所得到的结论相同。

三、需求是随机离散的一般存储模型

设产品需求量 r 是离散型随机变量，根据厂史资料统计，其概率分布为 $P(r)$。产品进货量 Q 也是离散变量。

设单位进货过量造成的滞销损失为 h，进货不足造成的缺货损失为 K。下面计算总损失的期望值。

(1) 当供大于求，即 $r<Q$ 时，滞销损失的期望值是

$$\sum_{r=0}^{Q} h(Q-r)P(r)$$

(2) 当供不应求，即 $r>Q$ 时，缺货损失的期望值是

$$\sum_{r=Q+1}^{\infty} K(r-Q)P(r)$$

(3) 总损失期望值

$$C(Q)=h\sum_{r=0}^{Q}(Q-r)P(r)+K\sum_{r=Q+1}^{\infty}(r-Q)P(r)$$

由于 Q 是离散的，现利用差分 $\Delta C(Q)=C(Q+1)-C(Q)$ 近似求极值的方法，其中

$$\begin{aligned}
C(Q+1)&=h\sum_{r=0}^{Q+1}(Q+1-r)P(r)+K\sum_{r=Q+2}^{\infty}(r-Q-1)P(r)\\
&=h\sum_{r=0}^{Q}(Q+1-r)P(r)+h[Q+1-(Q+1)]P(Q+1)\\
&\quad+K\sum_{r=Q+1}^{\infty}(r-Q-1)P(r)-K[Q+1-(Q+1)]P(Q+1)\\
&=h\sum_{r=0}^{Q}(Q-r)P(r)+h\sum_{r=0}^{Q}P(r)+K\sum_{r=Q+1}^{\infty}(r-Q)P(r)\\
&\quad-K\sum_{r=Q+1}^{\infty}P(r)\\
&=h\sum_{r=0}^{Q}(Q-r)P(r)+K\sum_{r=Q+1}^{\infty}(r-Q)P(r)
\end{aligned}$$

$$+h\sum_{r=0}^{Q}P(r)-K\sum_{r=Q+1}^{\infty}P(r)$$

$$=C(Q)+h\sum_{r=0}^{Q}P(r)-K\left[1-\sum_{r=0}^{Q}P(r)\right]$$

$$=C(Q)+(h+K)P(r\leqslant Q)-K$$

由 $\dfrac{\Delta C}{\Delta Q}=0$,所以

$$\Delta C=C(Q+1)-C(Q)=(h+K)P(r\leqslant Q)-K=0$$

$$P(r\leqslant Q)=\frac{K}{h+K} \tag{7-13}$$

对于上面的报童问题,$K=7,h=4$,所以$\dfrac{K}{h+K}=\dfrac{7}{7+4}=\dfrac{7}{11}\approx 0.64$

因为 $P(0)=0.05,P(1)=0.10,P(2)=0.25,P(3)=0.35$

$$\sum_{r=0}^{2}P(r)=0.40<0.64<\sum_{r=0}^{3}P(r)=0.75$$

因为 0.75 更接近 0.64,故取最佳进货量为每天 3 千张。

对于连续型的需求与进货变量也可以推导出相同的公式,在此不详细推导。

第八章

排　队　论

第一节　服务系统的基本概念

人们排队等待某种服务是一个很普遍的现象。在商店、旅馆、食堂、医院、售票处，甚至政府机关的办事部门都有排队问题。对这样的服务系统有两方面的要求：一方面要求提供优质的服务，尽量减少顾客排队等待的时间，另一方面又要有一定的经济效益。这是相互矛盾的两个方面。因为提供优质服务就意味着服务系统的服务员要多、工作效率要高，其结果是服务费用增加，造成经济效益变小；而减少服务费用，又必然造成服务效率的下降，增加顾客排队等待的时间(这意味着某种社会性的经济损失)，甚至失去顾客，减少服务系统赢利的机会。因此，如何设计和运行一个服务系统，使其对顾客来说达到满意的服务效果，而对服务机构来说又能取得最好的经济效益，就是一个很有实际意义的优化问题。排队论正是研究排队现象，解决排队服务系统优化问题的理论工具。

一、服务系统的构成

在一个服务系统中的基本运行过程是这样的：要求某种服务的顾客进入服务系统，当发现服务员都忙着时，就自动排队等待。服务员按某一规律选择队列中的顾客进行服务。服务完后，顾客离开服务系统(见图 8-1)。

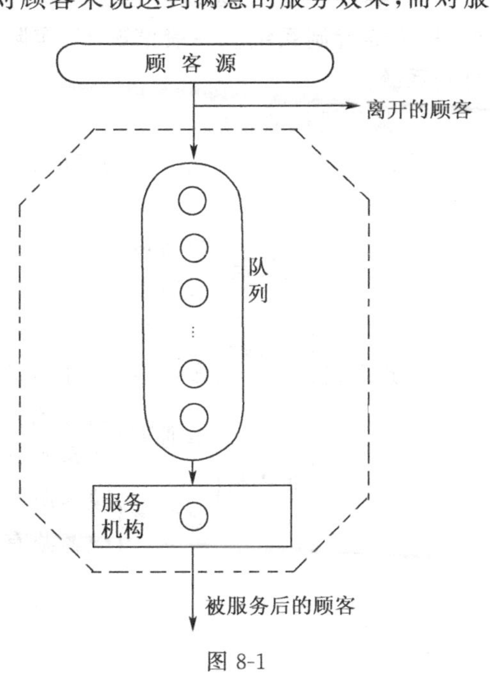

图 8-1

因此任何一个服务系统都由下面几部分组成。

(1)顾客。顾客指要求服务的人或物。在日常生活中，把去商店买东西的人，在售票处买票的人，在旅馆要求住宿的人等称为顾客。在排队论中,也把等待修理的机器、飞机场上等待起飞或降落的飞机等物品也称为顾客。因此顾客一词在排队论中是广义的,是指进入服务系统要求服务的人或物。

(2)服务机构(服务通道)。服务机构是指为顾客服务的人或物。如商店中的服务员,旅店中的接待员,售票处的售票员,修理机器的技工,飞机场的跑道等。顾客经过服务后就离开服务系统。

(3)队列。队列指服务系统内等待服务的顾客集合。

(4)服务规则。服务规则是指服务机构进行服务时选择顾客的规则。一般分为先到先服务(first come first served,FCFS),后到先服务(last come first served,LCFS),随机服务(random selection for service,RSS)和有优先权的服务(priority,PR)四种。

二、服务系统的主要分类

虽然服务系统仅由上面四个主要部分构成,但由于各组成部分的特点不同,造成服务系统的运行方式相差很大,下面根据这些特点讨论服务系统的主要分类:

1. 顾客的特点

(1)顾客源分无限和有限两种。无限的顾客源是指系统中顾客的数目不影响到达服务系统的速率。一般开放的服务系统都属于顾客源为无限的情况。有限的顾客源是指顾客到达服务系统的速率与系统中的顾客数有关。一个封闭的服务系统一般都属于顾客源有限的情况。例如工厂车间中的机器维修问题,等待修理的机器多了,正常工作的机器就减少了,这就影响了顾客源(正常工作的机器)产生有故障机器的速率。

(2)从顾客的特点来分,分为有耐心和无耐心两种。无耐心的顾客达到服务系统时,看到无空闲的服务员就立即离去。这样的服务系统无排队现象,称为损失制系统。当有耐心的顾客到达服务系统时愿意排队等待,直到被服务为止。这样的服务系统有排队现象,称为等待制系统。一般情况下,实际的服务系统都介于损失制和等待制之间,称为混合制系统。

2. 服务机构的特点

根据服务通道和排列方式的不同,服务机构分为单通道,多通道,系列服务等几种类型(见图 8-2)。

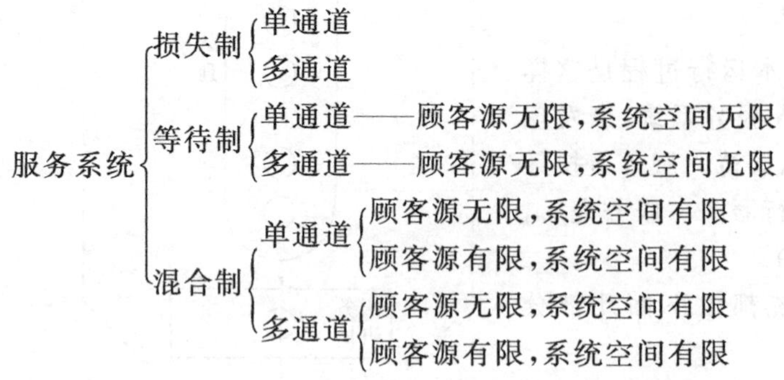

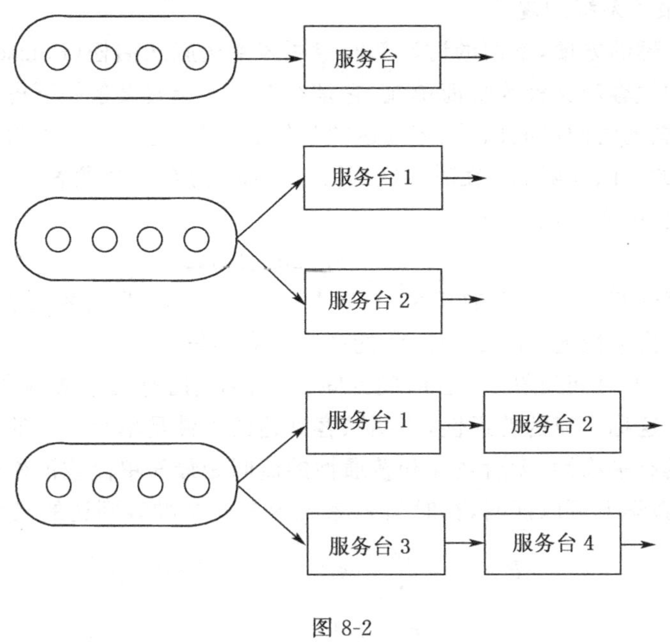

图 8-2

3. 系统空间分为有限和无限两种

系统空间是指服务系统容纳顾客的多少。当系统空间无限时，顾客的排队长度不受限制。在系统空间有限的情况下，当系统内的顾客数等于系统容量时，后来的顾客就会自动离去。这相当于混合制的情况。

根据以上特点，可以把服务系统分为下面几个主要类型：

三、服务系统的运行指标

研究服务系统的目的是通过系统的运行指标来估计服务的质量，以便确定系统参数的最优值。最常用的运行指标有六个，它们是：

(1)队长(L_s)：指系统中顾客数的数学期望值。

(2)排队长(L_q)：指系统内排队顾客数的数学期望值，很显然，$L_s = L_q +$ 正在被服务顾客数的期望值。

(3)逗留时间(W_s)：指一个顾客在系统中停留时间的数学期望值。

(4)等待时间(W_q)：指一个顾客在系统中排队等待时间的数学期望值，很显然，$W_s =$ [等待时间]+[服务时间]。

(5)忙期：指服务员忙于服务的时间。与此相反的指标是闲期，指服务员空闲的时间。

(6)系统损失率：即系统满员，顾客到达后马上离开的概率。

四、服务系统的决策变量

决定一个服务系统运行指标的变量有：顾客到达服务系统的平均速率 λ 和规律。服务机构的平均服务速率 μ 和规律以及服务通道的数目 c。

1. 顾客到达服务系统的规律

为了数学上处理的方便,下面的讨论都假定顾客到达服从泊松(Poisson)分布规律。这种服从泊松分布的顾客流又称为最简单流,它是在下面三个假设条件下得到的。

(1)在不相重叠的时间区间内,顾客到达的数量是相互独立的,这称为流的无后效性。

(2)对充分小的时间间隔 Δt,在时间区间$[t,t+\Delta t]$内有一个顾客到达的概率与时间 t 无关,而仅与区间长度成正比。即

$$P_1(t,t+\Delta t)=\lambda(\Delta t)+o(\Delta t)$$

式中,P_1 表示系统中有一个顾客的概率,λ 为事件流的强度,即顾客到达的平均速率。当 λ=常数时,该流称为平稳流。$o(\Delta t)$是 Δt 的高阶无穷小量。

(3)对于充分小的时间间隔 Δt,在时间区间$[t,t+\Delta t]$内有两个或两个以上顾客到达的概率可忽略不计。这称为流的普通性,表明顾客到达的事件是单个发生的。

定义 同时具有平稳性、无后效性和普通性的流叫做最简单流或泊松流。

对泊松流,从数学上可以证明,在时间 t,系统内有 n 个顾客到达的概率服从泊松分布

$$P_n(t)=\frac{(\lambda t)^n}{n!}\mathrm{e}^{-\lambda t} \qquad t>0 \tag{8-1}$$

$$n=0,1,2,\cdots$$

其数学期望 $\mu=\lambda t$,均方差 $\sigma=\lambda t$。

下面讨论当顾客流是泊松流时,两顾客相继到达的时间间隔 T 的概率分布。

设 T 的分布函数为 $F_T(t)=P\{T\leqslant t\}$,这个概率也就是在$(0,t)$区间内至少有一个顾客到达的概率。所以

$$F_T(t)=1-P_0(t)$$

由(8-1)式,$P_0(t)=\mathrm{e}^{-\lambda t}$,所以

$$F_T(t)=1-\mathrm{e}^{-\lambda t}$$

$$f_T(t)=\mathrm{d}F_T(t)/\mathrm{d}t=\lambda\mathrm{e}^{-\lambda t} \tag{8-2}$$

即两顾客到达时间间隔 T 服从负指数分布,其数学期望和方差分别是

$$E(T)=\frac{1}{\lambda} \qquad D[T]=\frac{1}{\lambda^2}$$

因此,两事件发生时间间隔服从负指数分布是泊松事件流的必然结果。

2. 服务时间 v 的分布规律

(1)负指数分布:在一般情况下,当服务机构只有一个服务项目时,对一个顾客的服务时间,也就是在忙期两顾客离开系统的时间间隔,服从参数为 μ 的负指数分布。其中 μ 是平均服务率。即单位时间内离开系统的顾客平均数。其分布函数和概率密度函数分别是:

$$F_v(t)=1-\mathrm{e}^{-\mu t}$$

$$f_v(t)=\mu\mathrm{e}^{-\mu t}$$

$$E(v)=\frac{1}{\mu},D[v]=\frac{1}{\mu^2}$$

因此,顾客离开系统的过程也是泊松过程。

(2)爱尔朗(Erlang)分布:当服务机构是由连续的 k 个服务项目构成,且每个项目的服

务时间都服从参数相同的负指数分布时，整个服务时间服从 k 阶爱尔朗分布。

例如到医院检查身体，医生要进行测量身高体重、听心脏、量血压、检验五官……等 k 项检查。假定每项检查的时间都服从相同参数 $k\mu$ 的负指数分布，那么一个医生检查一个人所用的总时间 $T=v_1+v_2+\cdots+v_k$ 服从 k 阶爱尔朗分布，其概率密度为

$$b_k(t)=\frac{\mu k(\mu kt)^{k-1}}{(k-1)!}e^{-\mu kt} \tag{8-3}$$

且 $$E(T)=\frac{1}{\mu} \qquad D[T]=\frac{1}{k\mu^2}$$

五、服务系统模型的符号表示法

为了使用上的方便，肯达(Kendal)在1953年归纳了一种服务系统的符号表示法。它用[$A/B/C$]表示一个服务系统的特性。其中，A 处填写顾客到达的规律；B 处填写服务时间的分布规律；C 处填写服务通道的数目。

填写的符号有：M——泊松过程或负指数分布(马尔可夫随机过程)；D——确定型；E_k——k 阶爱尔朗分布；GI——一般相互独立的随机分布；G——一般随机分布。

如[$M/M/1$]表示顾客到达过程是泊松过程，服务时间间隔服从负指数分布，单通道服务系统。

由于顾客源的性质及系统容量的大小对服务系统的运行特性有很大影响，因此在1966年A. M. 里氏(Lee)在肯达符号的基础上提出再增加三个符号，即[$A/B/C$]:[$d/e/f$]。其中，d 处填写服务系统的最大容量；e 处填写顾客总体的数量；f 处填写服务规则。

例如[$M/E_k/C$]:[$N/\infty/FCFS$]表示输入过程是泊松过程，服务时间服从 k 阶爱尔朗分布，有 C 个服务员，系统空间容量为 N 个顾客，顾客源是无限的，服务规则是先到先服务。

第二节 服务系统的基本数学模型——生灭过程

生灭过程是生物界用来研究诸如细菌的繁殖、人口的增长等现象的数学模型。由于在排队服务系统中，顾客的到达相当于“生”，顾客的离去相当于“灭”，顾客在系统中数量的增长正如社会系统中人口的增长一样，因此可以把服务系统用生灭过程这一数学模型来描写。在讨论生灭过程之前，首先介绍一下马尔可夫(Markov)随机过程的基本概念及其在排队论中的重要作用。

一、马尔可夫随机过程

生灭过程的一个主要特点是它的随机性。就以服务系统这一生灭过程为例，顾客到达服务系统的时间是随机的，有的时候顾客来得很密集，有的时候又很松散；对每个顾客进行服务所需要的时间也是不确定的，有的顾客需要时间长，有的可能很短。这两方面共同作用的结果是，服务系统内的顾客有时要排队，有时不要排队，排队的队列有时长，有时短。如果以服务系统内的顾客数 $N(t)$ 作为系统的状态，那么这个系统状态变化的规律是预先不能

确切知道的，或者说系统状态的变化是随机的。这样的过程称为随机过程。一般来说，对随机过程建立数学模型和求解都是很困难的。只有在某些条件下，才能建立结构简单、运行指标明显的数学模型，例如利用马尔可夫随机过程。

马尔可夫随机过程是指这样的随机过程：在任意时刻 t_0，系统过程未来时刻($t>t_0$)的状态的概率特征只取决于 t_0 时刻系统的状态，而不管系统 t_0 时刻的状态是何时得到的和怎样得到的，也就是说与系统在更早时刻($t<t_0$)所处的状态无关(见图 8-3)。这样就可以根据系统某一时刻的状态来预测系统未来的状态。

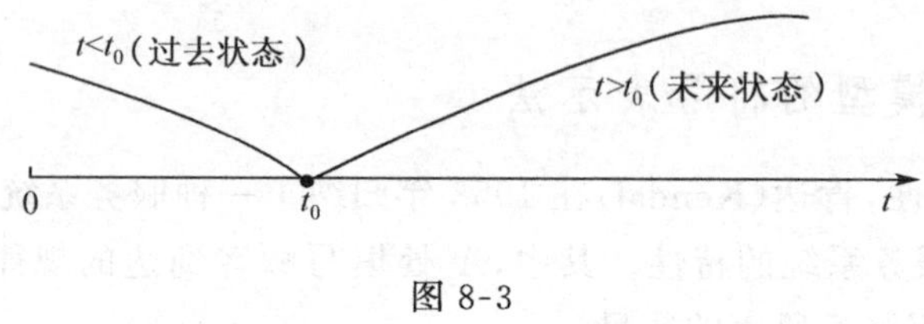

图 8-3

在这里应当指出，泊松过程具有马尔可夫过程的性质。这使得泊松流在排队论中具有特殊重要的地位。这一方面是因为在实际工作中，经常遇到的是这种最简单的泊松流，另一方面是因为这种泊松流的马尔可夫性质使得容易建立数学模型并求得解析解。当然在实际服务系统中也有很多不是泊松流的情况，但这时可以用实际流的密度代入泊松流中，所得结果有时也很近似。

鉴于上面的原因，在排队论中讨论的服务系统模型主要是以顾客到达服务系统和被服务后离开服务系统都是泊松流的情况。在讨论其他非泊松流的数学模型时，我们会加以指明。

二、生灭过程的假设条件

(1)顾客到达过程是平均到达率为 λ 的泊松过程。

(2)服务时间间隔服从平均服务率为 μ 的负指数分布。

(3)在一指定时间内只有一个顾客到来或者一个顾客离去。同时有两个或两个以上顾客到来或离去的概率极小，可以忽略不计。

三、生灭过程的状态转移图

在处理时间连续，间断状态变化的过程时，状态转移图是一个很有用的工具。在服务系统中，假定用系统中的顾客数 n 表示系统的状态，那么系统状态就是一个 $n=0,1,2,\cdots$ 的间断过程。顾客的到达或离去都将引起系统从一个状态向另一个状态转变。假定系统可以从状态 i 直接转变到状态 j，就用一条箭线表示这种状态转移的关系。在上面三个假设的条件下，一个服务系统的生灭过程状态转移图表示在图 8-4 上。圈中的数字表示系统可能的状态。状态间的箭线表示状态转移的方向。箭线旁的符号代表从某一状态转变到另一状态的速率，其中 λ_i 表示从状态 i 转变到状态 $i+1$ 时顾客到达的速率。而 μ_i 表示从状态 i 转变到 $i-1$ 时顾客离开系统的速率。

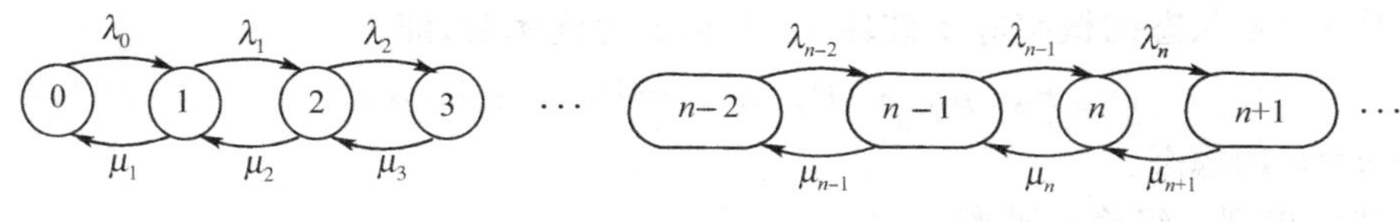

图 8-4

四、生灭过程的稳态方程

研究生灭过程时，可以通过建立微分方程求其瞬态解，再得到稳态解。但这样做很麻烦，而且在很多情况下也不必要。对于一个服务系统来说，重要的是了解系统达到稳态以后的运行参数和指标。这可以通过建立稳态的状态平衡方程直接得到。下面就研究如何通过状态转移图来建立系统的稳态平衡方程。

建立稳态状态平衡方程的基本原理是：系统的任意状态 $n(n=0,1,2,\cdots)$ 达到稳态的平衡条件是产生该状态的平均速率等于该状态转变成其他状态（或者说破坏该状态）的平均速率。现根据这个平衡条件来建立图 8-4 所示生灭过程的稳态状态平衡方程。

先研究第一个状态 $n=0$，即系统中没有顾客的状态。从状态转移图可以看出，产生 $n=0$ 状态的可能性是当系统状态 $n=1$ 时有一个顾客离去，这种情况发生的概率是 $P_1\mu_1$，其中 P_1 是系统状态为 $n=1$ 时的概率。而破坏 $n=0$ 状态的可能性是当系统状态为 0 时又来了一个顾客，这种情况发生的概率是 $P_0\lambda_0$。那么当这两个概率相等时，系统将保持 $n=0$ 的稳定状态，即 $P_1\mu_1=P_0\lambda_0$。

对于系统状态 $n=1$ 的情况，产生和破坏 $n=1$ 状态的可能性有下面四种情况（表 8-1）。

表 8-1

产生 $n=1$ 状态的情况及概率				破坏 $n=1$ 状态的情况及概率			
在时刻 t 顾客数	在区间 $(t,t+\Delta t)$		概 率	在时刻 t 顾客数	在区间 $(t,t+\Delta t)$		概 率
	到达	离去			到达	离去	
$n=0$	✓		$P_0\lambda_0$	$n=1$	✓		$P_1\lambda_1$
$n=2$		✓	$P_2\mu_2$	$n=1$		✓	$P_1\mu_1$

当产生 $n=1$ 状态的概率与破坏 $n=1$ 状态的概率相等时，即当

$$P_2\mu_2+P_0\lambda_0=P_1\lambda_1+P_1\mu_1$$

时，系统保持 $n=1$ 的稳定状态。

依此类推，对于系统状态 $n=k$，我们不难得到类似的情况（见表 8-2）。

表 8-2

产生 $n=k$ 状态的情况及概率				破坏 $n=1$ 状态的情况及概率			
在时刻 t 顾客数	在区间 $(t,t+\Delta t)$		概 率	在时刻 t 顾客数	在区间 $(t,t+\Delta t)$		概 率
	到达	离去			到达	离去	
$n=k-1$	✓		$P_{k-1}\mu_{k-1}$	$n=k$	✓		$P_k\lambda_k$
$n=k+1$		✓	$P_{k+1}\mu_{k+1}$	$n=k$		✓	$P_k\mu_k$

当产生 $n=k$ 状态的概率等于破坏 $n=k$ 状态的概率时，即

$$P_{k+1}\mu_{k+1}+P_{k-1}\lambda_{k-1}=P_k\lambda_k+P_k\mu_k$$

系统保持 $n=k$ 的稳态。

由此我们得到一组稳态平衡方程

$$P_1\mu_1=P_0\lambda_0 \tag{8-4}$$

$$P_2\mu_2+P_0\lambda_0=P_1\mu_1+P_1\lambda_1 \tag{8-5}$$

$$P_3\mu_3+P_1\lambda_1=P_2\mu_2+P_2\lambda_2 \tag{8-6}$$

$$\vdots$$

$$P_n\mu_n+P_{n-2}\lambda_{n-2}=P_{n-1}\mu_{n-1}+P_{n-1}\lambda_{n-1} \tag{8-7}$$

$$P_{n+1}\mu_{n+1}+P_{n-1}\lambda_{n-1}=P_n\mu_n+P_n\lambda_n \tag{8-8}$$

由式(8-4)得

$$P_1=\frac{\lambda_0}{\mu_1}P_0$$

将式(8-4)代入式(8-5)，可得

$$P_2\mu_2=P_1\lambda_1 \tag{8-9}$$

所以
$$P_2=\frac{\lambda_1}{\mu_2}P_1=\frac{\lambda_1\lambda_0}{\mu_2\mu_1}P_0$$

将式(8-9)代入式(8-6)，可得

$$P_3\mu_3=P_2\lambda_2$$

$$P_3=\frac{\lambda_2}{\mu_3}P_2=\frac{\lambda_2\lambda_1\lambda_0}{\mu_3\mu_2\mu_1}P_0$$

依此类推，最后可得

$$P_n\mu_n=P_{n-1}\lambda_{n-1}$$

$$P_n=\frac{\lambda_{n-1}}{\mu_n}P_{n-1}=\frac{\lambda_{n-1}\lambda_{n-2}\cdots\lambda_0}{\mu_n\mu_{n-1}\cdots\mu_1}P_0 \tag{8-10}$$

设
$$C_n=\frac{\lambda_{n-1}\lambda_{n-2}\cdots\lambda_0}{\mu_n\mu_{n-1}\cdots\mu_1} \tag{8-11}$$

则
$$P_n=C_nP_0$$

因
$$\sum_{n=0}^{\infty}P_n=1$$

即
$$P_0+\sum_{n=1}^{\infty}C_nP_0=1$$

所以
$$\left[1+\sum_{n=1}^{\infty}C_n\right]P_0=1$$

所以
$$P_0=\left[1+\sum_{n=1}^{\infty}C_n\right]^{-1} \tag{8-12}$$

系统中顾客数的数学期望值

$$L_s=\sum_{n=0}^{\infty}nP_n \tag{8-13}$$

如果系统中有 C 个服务员，那么当系统中有 $C+1$ 个顾客时开始出现排队现象，因此系统中排队顾客的数学期望值

$$L_q=\sum_{n=C+1}^{\infty}(n-C)P_n \tag{8-14}$$

将上面公式归纳起来得到：

$$(1)C_n=\frac{\lambda_{n-1}\lambda_{n-2}\cdots\lambda_0}{\mu_n\mu_{n-1}\cdots\mu_1}$$

$$(2)\ P_0=\left[1+\sum_{n=1}^{\infty}C_n\right]^{-1}$$

$$(3)P_n=C_nP_0$$

$$(4)L_s=\sum_{n=0}^{\infty}nP_n$$

$$(5)L_q=\sum_{n=C}^{\infty}(n-C)P_n$$

由这些公式可知，在给定的假设条件下，只要已知顾客到达系统的速率 λ_i 和顾客离开系统的速率 μ_i，就可以求出一般服务系统的主要运行指标。

五、李太勒公式

在一般情况下，计算 L_s 和 L_q 比较容易，但计算系统中任一个顾客停留时间的数学期望值 W_s，或者排队等待的时间期望值 W_q 就比较困难。因为计算 W_s 或 W_q 要求预先知道顾客在系统中停留时间 T 的概率密度函数，这是比较麻烦的工作。

李太勒(Little)证明了对于任何服务系统，无论顾客到达流和服务时间服从何种概率分布，也不论何种服务规则，顾客在系统内和在队列内的平均停留时间分别可用下列公式求出

$$W_s=\frac{L_s}{\lambda_e} \tag{8-15}$$

$$W_q=\frac{L_q}{\lambda_e} \tag{8-16}$$

其中，λ_e 为顾客有效到达率

$$\lambda_e=\sum_{n=0}^{\infty}P_n\lambda_n \tag{8-17}$$

因为对每个顾客的平均服务时间是 $1/\mu$，所以

$$W_s=W_q+\frac{1}{\mu} \tag{8-18}$$

两边均乘以 λ_e，则有

$$L_s=L_q+\frac{\lambda_e}{\mu} \tag{8-19}$$

下面将利用生灭过程的一般公式和李太勒公式来分析和求解几种主要服务系统的各项运行指标。

第三节 单通道服务系统

单通道服务系统$[M/M/1]$表示服务机构中只有一个服务员，因此对系统中 $n>0$ 的任何状态，服务速率 $\mu=$常数。根据系统空间和顾客源是无限或有限的条件又分为下面三种情况。

一、顾客源和系统空间都是无限的单通道服务系统 $[M/M/1]:[\infty/\infty/FCFS]$

这是最简单的服务系统的模型。无限的顾客源意味着顾客到达服务系统的速率不受系统状态的影响，即 $\lambda_n=\lambda=$常数。无限的系统空间表示系统状态 $n=0,1,2,\cdots$。这样服务系统的状态转移图见图 8-5。

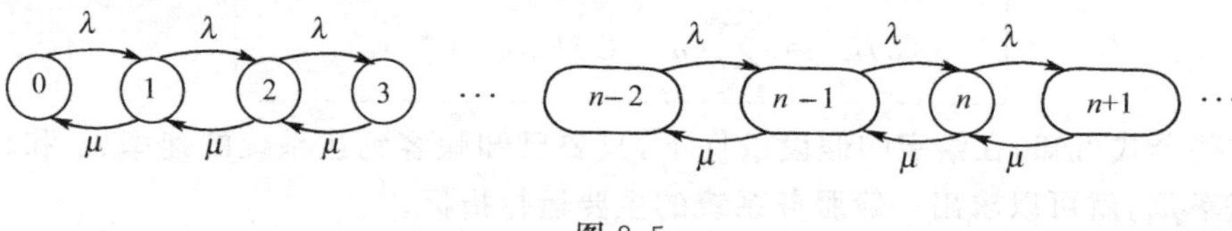

图 8-5

在这样的系统中 λ 和 μ 的比值具有重要的意义，它表示一个服务系统的服务强度或服务效率，在排队论中用 ρ 表示，即 $\rho=\lambda/\mu$。显然，当 $\rho>1$ 时，表示顾客到达系统的平均数大于顾客离开系统的平均数，这时系统内的队列将无限增长，这是不允许的。因此，为保证队列长度是有限的，假定 $\rho<1$。

利用前面一般生灭过程的方程式和李太勒公式，很容易得到这种最简单服务系统的各项运行指标。

(1)
$$C_n=\frac{\lambda_{n-1}\lambda_{n-2}\cdots\lambda_0}{\mu_n\mu_{n-1}\cdots\mu_1}=\frac{\lambda^n}{\mu^n}=\rho^n \tag{8-20}$$

(2) $P_0=\left[1+\sum\limits_{n=1}^{\infty}C_n\right]^{-1}=\left[1+\sum\limits_{n=1}^{\infty}\rho^n\right]^{-1}=[1+\rho+\rho^2+\cdots+\rho^n+\cdots]^{-1}$

当 $\rho<1$ 时

$$\lim_{n\to\infty}[1+\rho+\rho^2+\cdots+\rho^n]=\frac{1}{1-\rho}$$

所以
$$P_0=\left(\frac{1}{1-\rho}\right)^{-1}=1-\rho \tag{8-21}$$

P_0 表示系统内没有顾客的概率。这时服务人员处于空闲状态。因此在$[M/M/1]:[\infty/\infty/FCFS]$中，$(1-\rho)$表示服务员空闲时的概率，而 ρ 则表示服务员繁忙时的概率。

(3)
$$P_n=C_nP_0=\rho^n(1-\rho) \tag{8-22}$$

(4)
$$L_s=\sum_{n=0}^{\infty}nP_n=\sum_{n=0}^{\infty}n\rho^n(1-\rho)=(1-\rho)\sum_{n=0}^{\infty}n\rho^n$$
$$=(1-\rho)(\rho+2\rho^2+3\rho^3+\cdots)$$

$$=(\rho+2\rho^2+3\rho^3+\cdots)-(\rho^2+2\rho^3+3\rho^4+\cdots)=\rho+\rho^2+\rho^3+\cdots$$

$$=\rho(1+\rho+\rho^2+\cdots)=\frac{\rho}{1-\rho} \tag{8-23}$$

(5) $$L_q=\sum_{n=1}^{\infty}(n-1)P_n=\sum_{n=1}^{\infty}nP_n-\sum_{n=1}^{\infty}P_n=\sum_{n=1}^{\infty}nP_n-\sum_{n=1}^{\infty}P_n$$

$$=L_s-(P_1+P_2+\cdots)=L_s-(1-P_0) \tag{8-24}$$

因为 $$P_0=1-\rho$$

所以 $$L_q=L_s-\rho=\frac{\rho^2}{1-\rho}=\frac{\rho\lambda}{\mu-\lambda} \tag{8-25}$$

这个公式表明系统内的平均顾客数与队列内的平均顾客数相差 ρ 个顾客。很显然，ρ 表示正在被服务的顾客平均数。这可以从下面的推理得到：

当服务员忙时有一个顾客正在被服务。当服务员闲时没有顾客被服务。因为服务员忙时的概率为 ρ，所以正在被服务的顾客平均值是

$$1\times\rho+0\times(1-\rho)=\rho$$

(6) $$W_s=\frac{L_s}{\lambda_e}=\frac{L_s}{\lambda}=\frac{\rho}{\lambda(1-\rho)}=\frac{1}{\mu-\lambda} \tag{8-26}$$

(7) $$W_q=\frac{L_q}{\lambda_e}=\frac{L_q}{\lambda}=\frac{L_s-\rho}{\lambda}=W_s-\frac{1}{\mu}=\frac{\rho}{\mu-\lambda} \tag{8-27}$$

W_s 和 W_q 也可以利用顾客在系统和队列中逗留时间的概率分布函数求出。在[$M/M/1$]服务系统中，顾客在系统中逗留的时间 W_s 服从参数为($\mu-\lambda$)的负指数分布，即

$$f(t)=(\mu-\lambda)e^{-(\mu-\lambda)t} \tag{8-28}$$

利用这个公式可以求出顾客在系统中逗留某一时间的概率。

【例 8-1】 某县城有一个火车售票处，设有一个售票窗口。顾客到达为泊松过程，平均到达率 $\lambda=0.3$ 人/分。服务时间服从负指数分布，平均服务率 $\mu=0.4$ 人/分。试求该服务系统的各项指标。

解：$\lambda=0.3$ 人/分，$\mu=0.4$ 人/分，$\rho=\lambda/\mu=0.75$。

(1)服务系统空闲的概率。

$$P_0=1-\rho=1-0.75=0.25$$

(2)系统中有 1 个、2 个、…n 个顾客的概率。

由 $$P_n=C_nP_0=\rho^nP_0。$$

所以 $$P_1=0.75P_0=0.1875$$

$$P_2=(0.75)^2P_0=0.1406$$

$$\vdots$$

(3)系统中顾客数的平均值。

$$L_s=\frac{\lambda}{\mu-\lambda}=\frac{0.3}{0.4-0.3}=3(\text{人})$$

(4)系统中排队等待的顾客平均值。

$$L_q=\frac{\rho\lambda}{\mu-\lambda}=\rho L_s=0.75\times3=2.25(\text{人})$$

(5)顾客在系统中的逗留时间平均值。

$$W_s=\frac{L_s}{\lambda}=\frac{3}{0.3}=10(\text{分钟})$$

(6)顾客在队列中等待时间的平均值。

$$W_q=\frac{L_q}{\lambda}=\frac{2.25}{\lambda}=\frac{2.25}{0.3}=7.5(\text{分钟})$$

(7)顾客在系统中等待15分钟以上的概率。

由 $$f(t)=(\mu-\lambda)\mathrm{e}^{-(\mu-\lambda)t}$$

得 $$F(t)=1-\mathrm{e}^{-(\mu-\lambda)t}$$

所以 $$P(t>15)=1-P(t<15)=1-F(15)=1-[1-\mathrm{e}^{-(\mu-\lambda)\cdot 15}]$$

$$=1-[1-\mathrm{e}^{-(0.4-0.3)\cdot 15}]=\mathrm{e}^{-1.5}=0.22$$

二、系统容量有限制的情况$[M/M/1]:[N/\infty/FCFS]$

在很多情况下服务系统的容量是有限制的,例如理发店或旅馆中供顾客等待的座位是一定的。当顾客到达有空座位时,就坐下参加排队。如果顾客到达发现无空座位时便自动离去。这时系统的容量就影响服务系统运行的指标。假定系统中最多可容纳 N 个顾客。它的状态转移图如图 8-6 所示。这时当系统中的顾客数 $n<N$ 时,顾客到达的速率 $\lambda_n=\lambda=$常数,而当 $n\geqslant N$ 时,顾客到达后因系统满员而自动离去,即 $\lambda_n=0$。所以

$$\lambda_n=\begin{cases}\lambda & \text{当 } n=0,1,2,\cdots,N-1\\ 0 & \text{当 } n\geqslant N\end{cases}$$

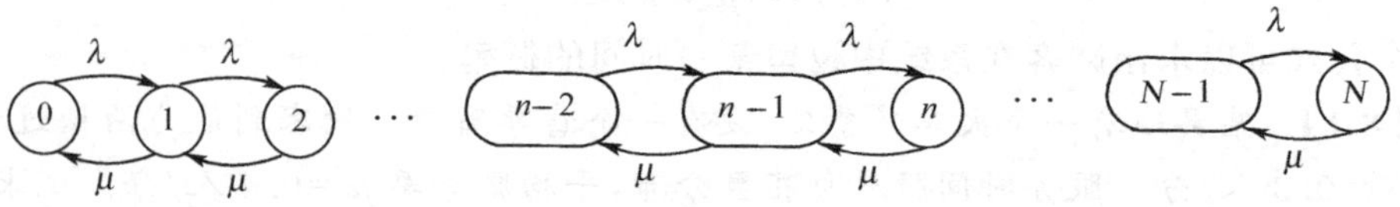

图 8-6

利用一般生灭过程方程式和李太勒公式可以求出这个系统的各项指标如下:

(1) $$C_n=\begin{cases}\left(\dfrac{\lambda}{\mu}\right)^n=\rho^n & n=1,2,\cdots,N\\ 0 & n>N\end{cases} \tag{8-29}$$

(2) $$P_0=\left[1+\sum_{n=1}^{\infty}C_n\right]^{-1}=\left[1+\sum_{n=1}^{N}\rho^n\right]^{-1}=[1+\rho+\rho^2+\cdots+\rho^N]^{-1}$$

$$=\left(\frac{1-\rho^{N+1}}{1-\rho}\right)^{-1}=\frac{1-\rho}{1-\rho^{N+1}} \qquad \text{当 } \rho\neq 1$$

$$P_0=\frac{1}{1+N} \qquad \text{当 } \rho=1$$

(3) $$P_n=\begin{cases}\dfrac{1-\rho}{1-\rho^{N+1}}\rho^n & n=0,1,2,\cdots,N\\ 0 & n>N\end{cases} \tag{8-30}$$

(4) $L_s=\sum_{n=0}^{N}nP_n=\sum_{n=0}^{N}\frac{1-\rho}{1-\rho^{N+1}}\rho^n\times n=\frac{1-\rho}{1-\rho^{N+1}}\sum_{n=0}^{N}n\rho^n$

$$=\frac{1-\rho}{1-\rho^{N+1}}\rho\times\sum_{n=0}^{N}n\rho^{n-1}=\frac{1-\rho}{1-\rho^{N+1}}\rho\times\frac{\mathrm{d}}{\mathrm{d}\rho}\sum_{n=0}^{N}\rho^n$$

$$=\frac{1-\rho}{1-\rho^{N+1}}\rho\times\frac{\mathrm{d}}{\mathrm{d}\rho}\left(\frac{1-\rho^{N+1}}{1-\rho}\right)=\frac{\rho}{1-\rho}-\frac{(N+1)\rho^{N+1}}{1-\rho^{N+1}} \tag{8-31}$$

(5) $L_q=\sum_{n=1}^{N}(n-1)P_n=\sum_{n=1}^{N}nP_n-\sum_{n=1}^{N}P_n$

$$=L_s-(P_1+P_2+\cdots+P_N)$$

$$=L_s-(1-P_0) \tag{8-32}$$

根据李太勒公式

$$L_q=L_s-\frac{\lambda_e}{\mu}$$

因为
$$\lambda_e=\sum_{n=0}^{N-1}\lambda P_n+0\times P_N=\lambda(1-P_N)$$

所以
$$L_q=L_s-\frac{\lambda(1-P_N)}{\mu} \tag{8-33}$$

由公式(8-32)和公式(8-33)可得:

$$1-P_0=\frac{\lambda}{\mu}(1-P_N)$$

$$1-P_N=\frac{\mu}{\lambda}(1-P_0) \tag{8-34}$$

(6) $W_s=\frac{L_s}{\lambda_e}=\frac{L_s}{\lambda(1-P_N)}=\frac{L_s}{\mu(1-P_0)}$ (8-35)

(7) $W_q=W_s-\frac{1}{\mu}=\frac{L_s}{\mu(1-P_0)}-\frac{1}{\mu}$ (8-36)

【例 8-2】 某单位理发馆有一个理发师,有六张椅子接待人们排队等待理发。当六张椅子都坐满时,后到的旅客就离开。顾客到达为泊松流,平均到达率为 3 人/小时。理发平均需时 15 分钟,服从负指数分布。试求该理发服务系统的运行指标。

解:该服务系统为系统容量有限的情况:

$$\lambda=3\text{ 人/小时},\mu=4\text{ 人/小时},N=7,\rho=\frac{3}{4}$$

(1)某一顾客到达就能理发的概率。这相当于服务系统闲时的概率,即

$$P_0=\frac{1-\rho}{1-\rho^{N+1}}=\frac{1-3/4}{1-(3/4)^8}=0.2778$$

(2)需要等待的顾客的平均值。

由
$$L_s=\frac{\rho}{1-\rho}-\frac{(N+1)\rho^{N+1}}{1-\rho^{N+1}}=\frac{3/4}{1-3/4}-\frac{8(3/4)^8}{1-(3/4)^8}=2.11(\text{人})$$

所以
$$L_q=L_s-(1-P_0)=1.39(\text{人})$$

(3)顾客有效到达率。

$$\lambda_s=\lambda(1-P_N)=\mu(1-P_0)=4(1-0.2778)=2.89(\text{人/小时})$$

(4)一顾客在理发馆内的平均逗留时间。

$$W_s=\frac{L_s}{\lambda_e}=\frac{2.11}{2.89}=0.73(\text{小时})=43.8(\text{分钟})$$

(5)理发馆的损失率。理发馆的损失率相当于系统满员的概率,即

$$P_7=\left(\frac{\lambda}{\mu}\right)^7\left(\frac{1-\lambda/\mu}{1-(\lambda/\mu)^8}\right)=\left(\frac{3}{4}\right)^7\left(\frac{1-3/4}{1-(3/4)^8}\right)=3.7\%$$

三、顾客源有限的情况[M/M/1]:[m/m/FCFS]

顾客源有限情况的典型例子是工厂车间内的机器等待维修模型,所以又俗称“机修模型”。这时出了故障的机器相当于顾客,机修人员相当于服务员。假设某车间有 m 台机器,每一台机器的平均故障率是 λ,那么当 m 台机器都在工作时,机器的总故障率,或者说机器到达机修车间的平均速率就是 $m\lambda$。当有 n 台机器坏了等待修理时,由于工作的机器少了,所以总的故障率也相应减少为 $(m-n)\lambda$。因此在一个封闭系统内顾客源是有限的,这时顾客到达服务系统的速率与系统内的顾客数有关。另外还要注意到有限的顾客源也意味着系统容量是有限的。因为在这样的封闭系统中,顾客总数不会超过顾客源的总数。图 8-7 是这种“机修模型”的状态转移图。

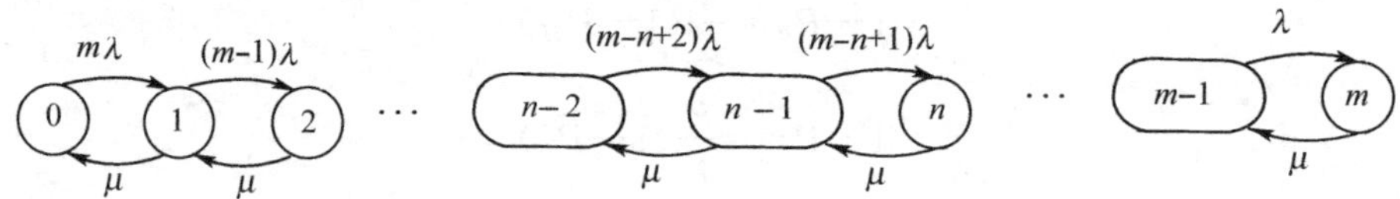

图 8-7

显然
$$\lambda_n=\begin{cases}(m-n)\lambda & n<m\\ 0 & n\geqslant m\end{cases}$$

下面计算这种排队模型的各项指标:

(1)求 C_n。

当 $n<m$ 时

$$C_n=\frac{\lambda_{n-1}\lambda_{n-2}\cdots\lambda_0}{\mu_n\mu_{n-1}\cdots\mu_1}=\frac{m(m-1)(m-2)\cdots(m-n+1)\lambda^n}{\mu^n}$$
$$=\frac{m!}{(m-n)!}\rho^n$$

当 $n\geqslant m$ 时,$C_n=0$,所以

$$C_n=\begin{cases}\dfrac{m!}{(m-n)!}\rho^n & n<m\\ 0 & n\geqslant m\end{cases}\tag{8-37}$$

(2)
$$P_0=\left[1+\sum_{n=1}^{m}C_n\right]^{-1}=\left[1+\sum_{n=1}^{m}\frac{m!}{(m-n)!}\rho^n\right]^{-1}\tag{8-38}$$

(3)求 P_n。

当 $n<m$ 时

$$P_n=C_nP_0=\rho^n\frac{m!}{(m-n)!}P_0=\rho^n\frac{m!}{(m-n)!}\left[1+\sum_{n=1}^{m}\rho^n\frac{m!}{(m-n)!}\right]^{-1}$$

当 $n\geqslant m$ 时，$P_n=0$，所以

$$P_n=\begin{cases}\rho^n\dfrac{m!}{(m-n)!}\left[1+\displaystyle\sum_{n=1}^{m}\rho^n\frac{m!}{(m-n)!}\right]^{-1} & n<m\\ 0 & n\geqslant m\end{cases}\tag{8-39}$$

(4)求 L_s 和 L_q。

由公式(8-19)

$$L_s=L_q+\frac{\lambda_e}{\mu}$$

式中，

$$\lambda_e=\sum_{n=0}^{m}\lambda_nP_n=\sum_{n=0}^{m}(m-n)\lambda P_n=\sum_{n=0}^{m}m\lambda P_n-\sum_{n=0}^{m}n\lambda P_n$$
$$=m\lambda\sum_{n=0}^{m}P_n-\lambda\sum_{n=0}^{m}nP_n$$

因为

$$\sum_{n=0}^{m}P_n=1\quad\sum_{n=0}^{m}nP_n=L_s$$

所以

$$\lambda_e=m\lambda-\lambda L_s=\lambda(m-L_s)\tag{8-40}$$

将式(8-40)代入式(8-19)可得

$$L_s=L_q+\frac{\lambda}{\mu}(m-L_s)\tag{8-41}$$

又由公式(8-32)，在系统容量有限的情况，$L_s=L_q+(1-P_0)$，所以

$$L_q+(1-P_0)=L_q+\frac{\lambda}{\mu}(m-L_s)$$

解这个方程得

$$L_s=m-\frac{\mu}{\lambda}(1-P_0)\tag{8-42}$$

$$L_q=L_s-(1-P_0)=m-\frac{(\lambda+\mu)(1-P_0)}{\lambda}\tag{8-43}$$

(5)求 W_s 和 W_q。

$$W_s=\frac{L_s}{\lambda_e}=\frac{m-\dfrac{\mu}{\lambda}(1-P_0)}{\lambda(m-L_s)}$$

将式(8-42)代入可得

$$\left.\begin{aligned}W_s&=\frac{m}{\mu(1-P_0)}-\frac{1}{\lambda}\\ W_q&=W_s-\frac{1}{\mu}\end{aligned}\right\}\tag{8-44}$$

【例 8-3】 一个工人看管三台机床。每台机床每运转 1 小时平均出两次故障，工人排除故障每次平均需 10 分钟。试求工人忙时的概率，工人每小时修理机床的平均数，出故障机床的平均数和机床因出故障而损失的能力。

解：根据题意，此题为顾客源有限的情况。$m=3$，$\lambda=2$ 台/时，$\mu=6$ 台/时，$\rho=2/6=1/3$。

(1)工人闲时的概率。

$$P_0=\left[\sum_{n=0}^{m}\frac{m!}{(m-n)!}\left(\frac{\lambda}{\mu}\right)^n\right]^{-1}$$

$$=\left[1+3\times\frac{1}{3}+3\times2\times\frac{1}{3^2}+3\times2\times1\times\frac{1}{3^3}\right]^{-1}$$

$$=0.346$$

所以工人忙时的概率

$$P_{忙}=1-P_0=0.654$$

(2)工人每小时修理机床的平均数。

$$A=\mu\times P_{忙}=6\times0.654=3.94(台)$$

(3)出故障机床的平均数。

$$L_s=m-\frac{\mu}{\lambda}(1-P_0)=m-\frac{1-P_0}{\rho}=3-3\times0.654=1.04(台)$$

(4)机床因故障而损失的能力。即求有故障机床的平均数占总机床数的比例。

$$B=\frac{L_s}{m}=\frac{1.04}{3}=0.347$$

四、单通道服务系统小结(见表 8-3)

表 8-3

参数	$[M/M/1]:[\infty/\infty/FCFS]$	$[M/M/1]:[N/\infty/FCFS]$	$[M/M/1]:[m/m/FCFS]$
λ_n	λ	$\lambda \quad n\leqslant N-1$ $0 \quad n\geqslant N$	$(m-n)\lambda \quad n<m$ $0 \quad n\geqslant m$
P_0	$1-\rho$	$\rho^N\frac{1-\rho}{1-\rho^{N+1}} \quad n\leqslant N$	$\left[1+\sum_{n=1}^{m}\rho^n\frac{m!}{(m-n)!}\right]^{-1}$
P_n	$\rho^n(1-\rho)$	$\rho^N\frac{1-\rho}{1-\rho^{N+1}} \quad n\leqslant N$	$\rho^n\frac{m!}{(m-n)!}P_0 \quad n\leqslant N$
L_s	$\frac{\rho}{1-\rho}$	$\frac{\rho}{1-\rho}-\frac{(N+1)\rho^{N+1}}{1-\rho^{N+1}}$	$m-\frac{\mu}{\lambda}(1-P_0)$
L_q	$\frac{\rho^2}{1-\rho}$	$L_s-(1-P_0)$	$m-\frac{(\lambda+\mu)(1-P_0)}{\lambda}$

续表

参数	$[M/M/1]:[\infty/\infty/FCFS]$	$[M/M/1]:[N/\infty/FCFS]$	$[M/M/1]:[m/m/FCFS]$
λ_e	λ	$\lambda(1-P_N)$	$\lambda(m-L_s)$
W_s	$\frac{1}{\mu-\lambda}$	$\frac{L_s}{\lambda(1-P_N)}$	$\frac{L_s}{\lambda(m-L_s)}$
W_q	$\frac{\lambda}{\mu(\mu-\lambda)}$	$\frac{L_q}{\lambda(1-P_N)}$	$\frac{L_q}{\lambda(m-L_s)}$

第四节 多通道服务系统

服务机构的服务台数多于 1 个时称为多通道服务系统。根据顾客源和系统空间的特点，它也有和单通道服务系统相类似的三种类型。顾客到达各类系统的速率与单通道情况一样。但是在多通道服务系统中，由于服务台不止一个，所以当系统中的顾客数少于服务台数时，服务速率就和系统中的顾客数有关。这是和单通道服务系统不同的地方。下面分析一下在多通道服务系统中服务速率变化的情况。

假定每个服务台的服务速率是相同的，等于 μ。很显然，当系统中的顾客数大于或等于服务台数 c 时，全部服务台都在进行服务，所以整个系统的服务速率是 $c\mu$＝常数。但当系统中的顾客数 n 少于服务台数时，总的服务速率等于 $n\mu$，即

$$\mu_n=\begin{cases}n\mu & 0\leqslant n\leqslant c\\ c\mu & n\geqslant c\end{cases}$$

下面分别研究不同类型多通道服务系统的运行指标。

一、$[M/M/C]:[\infty/\infty/FCFS]$系统

假定系统中有 C 个服务台，顾客源和系统空间都是无限的，它的状态转移图见图 8-8。

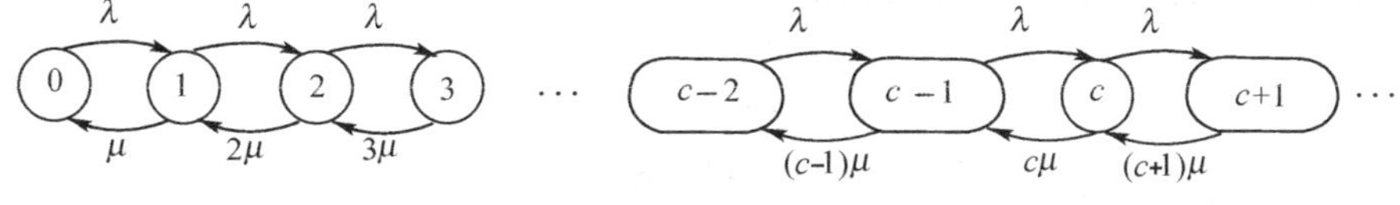

图 8-8

它的各项运行指标如下：

(1)求 C_n。

由
$$C_n=\frac{\lambda_{n-1}\lambda_{n-2}\cdots\lambda_0}{\mu_n\mu_{n-1}\cdots\mu_1}$$

当 $1\leqslant n\leqslant C$ 时，$\mu_n=n\mu$

所以
$$C_n=\frac{\lambda^n}{n\mu\cdot(n-1)\mu\cdots\mu}=\frac{\lambda^n}{n!\ \mu^n}$$

当 $n \geqslant C$ 时，$\mu_n = c\mu$，所以 C_n 式中的分母连乘积由两部分组成，前一部分是 $n \leqslant C$ 时服务速率的连乘积 $C!\ \mu^C$，后一部分是 $n > C$ 时服务速率的连乘积 $C^{n-C} \cdot \mu^{n-C}$，所以

$$C_n = \frac{\lambda^n}{C!\ \mu^C \cdot \mu^{n-C} \cdot C^{n-C}} = \frac{\lambda^n}{C!\ \mu^n \cdot C^{n-C}}$$

将两种情况总结在一起

$$C_n = \begin{cases} \dfrac{\lambda^n}{\mu^n n!} & 1 \leqslant n \leqslant C \\ \dfrac{\lambda^n}{\mu^n C!\ C^{n-C}} & C \leqslant n < \infty \end{cases} \tag{8-45}$$

(2)求 P_0。

$$P_0 = \left[1 + \sum_{n=1}^{\infty} C_n\right]^{-1} = \left[1 + \sum_{n=1}^{C-1} \frac{(\lambda/\mu)^n}{n!} + \sum_{n=C}^{\infty} \frac{(\lambda/\mu)^n}{C!\ C^{n-C}}\right]^{-1}$$

$$= \left[1 + \sum_{n=1}^{C-1} \frac{(\lambda/\mu)^n}{n!} + \frac{(\lambda/\mu)^C}{C!} \sum_{n=C}^{\infty} \left(\frac{\lambda}{C\mu}\right)^{n-C}\right]^{-1}$$

令 $\rho = \lambda / C\mu$，且假定 $\rho < 1$

因为
$$\sum_{n=C}^{\infty} \left(\frac{\lambda}{C\mu}\right)^{n-C} = 1 + \rho + \rho^2 + \cdots = \frac{1}{1-\rho}$$

所以

$$P_0 = \left[1 + \sum_{n=1}^{C-1} \frac{(\lambda/\mu)^n}{n!} + \frac{(\lambda/\mu)^C}{C!} \cdot \frac{1}{1-\rho}\right]^{-1} \tag{8-46}$$

(3)求 P_n。

$$P_n = C_n P_0 = \begin{cases} \dfrac{(\lambda/\mu)^n}{n!} P_0 & 0 \leqslant n \leqslant C \\ \dfrac{(\lambda/\mu)^n}{C!\ C^{n-C}} P_0 & C \leqslant n < \infty \end{cases} \tag{8-47}$$

(4)求 L_s 和 L_q。

在 $[M/M/C]$ 情况，确定 L_q 比 L_s 要容易，所以先求 L_q。因为系统中的顾客数小于和等于服务台数 C 时将不出现排队现象，故

$$L_q = \sum_{n=C+1}^{\infty} (n-C) P_n$$

令
$$n - C = K$$

则
$$L_q = \sum_{K=1}^{\infty} K P_{K+C}$$

由式(8-47)

$$P_{K+C} = \frac{(\lambda/\mu)^{K+C}}{C!\ C^K} P_0$$

所以
$$L_q = \sum_{K=1}^{\infty} K \cdot \frac{(\lambda/\mu)^{K+C}}{C!\ C^K} P_0 = \frac{(\lambda/\mu)^C}{C!} P_0 \sum_{K=1}^{\infty} K\rho^K$$

因
$$\sum_{K=1}^{\infty} K\rho^K = \rho + 2\rho^2 + 3\rho^3 + \cdots = \rho(1 + 2\rho + 3\rho^2 + 4\rho^3 + \cdots)$$

$$=\rho(1+\rho+\rho+\rho^2+\rho^2+\rho^2+\rho^3+\rho^3+\rho^3+\rho^3+\cdots)$$

$$=\rho(1+\rho+\rho^2+\rho^3+\cdots+\rho+\rho^2+\rho^3+\cdots+\rho^2+\rho^3+\cdots+\rho^3+\rho^4+\cdots)$$

$$=\rho\left(\frac{1}{1-\rho}+\frac{\rho}{1-\rho}+\frac{\rho^2}{1-\rho}+\cdots\right)$$

$$=\frac{\rho}{1-\rho}(1+\rho+\rho^2+\cdots)=\frac{\rho}{(1-\rho)^2}$$

所以
$$L_q=\frac{(\lambda/\mu)^C\cdot\rho}{C!\ (1-\rho)^2}P_0=\frac{(C\rho)^C\rho}{C!\ (1-\rho)^2}P_0 \tag{8-48}$$

$$L_s=L_q+\frac{\lambda_e}{\mu}=L_q+\frac{\lambda}{\mu}=L_q+C\rho \tag{8-49}$$

(5)
$$W_s=\frac{L_s}{\lambda},W_q=\frac{L_q}{\lambda} \tag{8-50}$$

【例 8-4】 在例 8-1 的情况,如果该县城若干年后人口增加,购票顾客到达售票处的速率增加一倍,即 $\lambda=0.6$ 人/分,售票员的服务速率仍为 $\mu=0.4$ 人/分。为解决可能出现的排队过长现象,准备增加售票窗口。方案有两个:一个是在县城内另设一个售票处,设立一个窗口;另一个方案是在原售票处增加一个窗口。试问哪一种方案好。

解:采用第一方案时,相当于 2 个[M/M/1]系统,假定顾客到达每个售票处的人数是相等的,那么顾客到达的速率 $\lambda=0.6/2=0.3$ 人/分。与例 8-1 情况相同。又因售票员的服务速率也相同,故两个售票处的运行指标与原来一个售票处的运行指标完全一样。

采用第二方案时相当于一个[M/M/2]系统,$\lambda=0.6$ 人/分,$\mu=0.4$ 人/分,$\rho=\lambda/c\mu=0.75<1$,于是可以求出:

(1)售票处空闲的概率。

$$P_0=\left[1+\sum_{n=1}^{C-1}\frac{(\lambda/\mu)^n}{n!}+\frac{(\lambda/\mu)^C}{C!}\frac{1}{1-\rho}\right]^{-1}$$

$$=\left[1+\frac{\lambda}{\mu}+\frac{(\lambda/\mu)^2}{2!}\cdot\frac{1}{1-\rho}\right]^{-1}$$

$$=\left[1+1.5+\frac{(1.5)^2}{2(1-0.75)}\right]^{-1}=\frac{1}{7}=0.142\,9$$

(2)售票处内等待买票的顾客平均值。

$$L_q=\frac{(C\rho)^C\rho}{C!\ (1-\rho)^2}P_0=\frac{(2\times0.75)^2\times0.75}{2\times(0.25)^2}\times0.142\,9=1.929(\text{人})$$

(3)售票处内顾客数的平均值。

$$L_s=L_q+C\rho=1.929+2\times0.75=3.429$$

(4)顾客在售票处逗留的平均时间。

$$W_s=\frac{L_s}{\lambda}=\frac{3.429}{0.6}=5.715(\text{分})$$

(5)顾客在队列中的平均等待时间。

$$W_q=\frac{L_q}{\lambda}=\frac{1.929}{0.6}=3.215(\text{分})$$

两种方案的运行指标对比见表 8-4。

表 8-4

运行指标 \ 系统	2 个[M/M/1]	1 个[M/M/2]
服务台空闲的概率	0.25	0.142 9
L_s	6 人(两处之和)	3.429 人
L_q	4.5 人(两处之和)	1.929 人
W_s	10 分	5.715 分
W_q	7.5 分	3.215 分

对比以上指标可以看出,1 个[M/M/2]系统要比 2 个[M/M/1]系统的服务效率要高。依此类推,1 个[M/M/3]系统要比 3 个[M/M/1]系统的服务效率更高。这就是说一个排队队列共享多个服务台时,服务台的利用率就高。共享服务台的数目愈多,服务效率也愈高。这一点是我们在设计服务系统时应当注意的一个重要特点。

二、[M/M/C]:[N/∞/FCFS]系统

前节讨论过单通道系统容量有限的情况。在多通道情况下,除了系统中顾客数达到 N 时,顾客到达率为 0 之外,还要考虑服务速率的变化。即

$$\lambda_n=\begin{cases}\lambda & n<N\\ 0 & n\geqslant N\end{cases}$$

$$\mu_n=\begin{cases}n\mu & n\leqslant C\\ C\mu & n\geqslant C\end{cases}$$

图 8-9 是多通道,系统容量有限制服务系统的状态转移图。

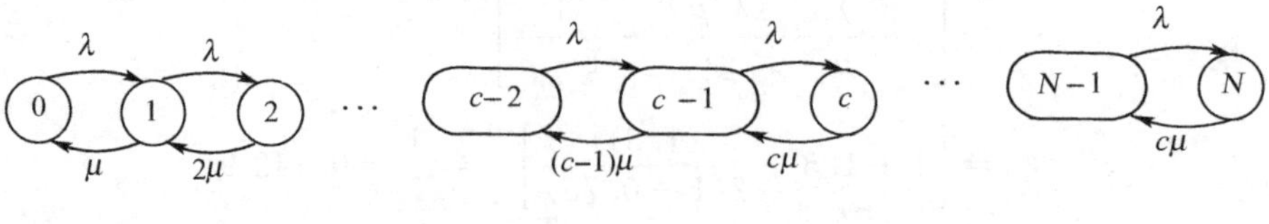

图 8-9

它的各项指标如下:

(1) $$C_n=\begin{cases}\dfrac{(\lambda/\mu)^n}{n!} & n\leqslant C\\ \dfrac{(\lambda/\mu)^n}{C!\ C^{n-C}} & C\leqslant n\leqslant N\\ 0 & n>N\end{cases}\tag{8-51}$$

(2) $$P_n=\begin{cases}\dfrac{(\lambda/\mu)^n}{n!}P_0=\dfrac{(C\rho)^n}{n!}P_0 & n\leqslant C\\ \dfrac{(\lambda/\mu)^n}{C!\ C^{n-C}}P_0=\dfrac{C^C}{C!}\rho^n P_0 & C\leqslant n<N\\ 0 & n>N\end{cases} \tag{8-52}$$

(3) $$P_0=\left[1+\sum_{n=1}^{C}\frac{(C\rho)^n}{n!}+\frac{C^C}{C!}\cdot\frac{\rho(\rho^C-\rho^N)}{1-\rho}\right]^{-1}\quad \rho\neq 1 \tag{8-53}$$

(4) $$L_q=\frac{P_0\rho(C\rho)^C}{C!\ (1-\rho)^2}[1-\rho^{N-C}-(N-C)\rho^{N-C}(1-\rho)] \tag{8-54}$$

(5) $$L_s=L_q+C\rho(1-P_N) \tag{8-55}$$

(6) $$W_q=\frac{L_q}{\lambda(1-P_N)} \tag{8-56}$$

(7) $$W_s=\frac{L_s}{\lambda(1-P_N)} \tag{8-57}$$

当 $N=C$ 时，顾客到达服务系统发现服务台都忙着时就离去，也就是说没有顾客排队，这属于即时制的情况。这时

$$P_0=\left[1+\sum_{n=1}^{C}\frac{(C\rho)^n}{n!}\right]^{-1} \tag{8-58}$$

$$P_n=\frac{(C\rho)^n}{n!}P_0\quad n\leqslant C \tag{8-59}$$

$$L_s=C\rho(1-P_C)$$

$$L_q=0\quad W_q=0\quad W_s=\frac{1}{\mu}$$

三、[M/M/C]:[m/m/FCFS]系统

多通道服务系统的机修模型也和单通道情况相类似，顾客到达率是正常工作的机器台数与每台机器故障率的乘积。其状态转移图如图 8-10 所示。

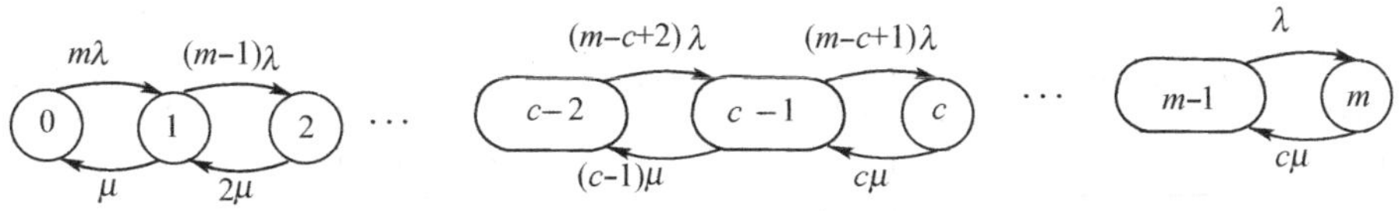

图 8-10

这时

$$\lambda_n=\begin{cases}(m-n)\lambda & n\leqslant m\\ 0 & n\geqslant m\end{cases}$$

$$\mu_n=\begin{cases}n\mu & n\leqslant C\\ C\mu & n\geqslant C\end{cases}$$

系统的各项指标如下：

$$(1)\quad C_n=\begin{cases}\left(\dfrac{\lambda}{\mu}\right)^n\dfrac{m!}{(m-n)!\,n!} & n<C\\ (C\rho)^n\dfrac{m!}{(m-n)!\,C!\,C^{n-C}} & C<n<m\end{cases}\tag{8-60}$$

$$(2)\quad P_0=\left[\sum_{n=0}^{C}(C\rho)^n\frac{m!}{(m-n)!\,n!}+\frac{C^C}{C!}\sum_{n=C+1}^{m}\frac{\rho^n}{(m-n)!}\right]^{-1}\tag{8-61}$$

$$(3)\quad P_n=\begin{cases}\dfrac{m!}{(m-n)!\,n!}\left(\dfrac{\lambda}{\mu}\right)^nP_0 & 0<n\leqslant C\\ \dfrac{m!}{(m-n)!\,C!\,C^{n-C}}\left(\dfrac{\lambda}{\mu}\right)^nP_0 & C<n\leqslant m\end{cases}\tag{8-62}$$

$$(4)\quad L_s=\sum_{n=0}^{m}nP_n=\sum_{n=0}^{C-1}nP_n+L_q+C\left(1-\sum_{n=0}^{C-1}P_n\right)\tag{8-63}$$

$$(5)\quad L_q=\sum_{n=C}^{m}(n-C)P_n\tag{8-64}$$

现将多通道服务系统的三种模型公式总结在表 8-5 中。

表 8-5

指标＼系统	$[M/M/C]:[\infty/\infty/FCFS]$	$[M/M/C]:[N/\infty/FCFS]$	$[M/M/C]:[m/m/FCFS]$
λ_n	λ	$\lambda \quad n\leqslant N-1$ $0 \quad n\geqslant N$	$(m-n)\lambda \quad n\leqslant m$ $0 \quad n\geqslant m$
μ_n	$n\mu \quad n\leqslant C$ $C\mu \quad n\geqslant C$	$n\mu \quad n\leqslant C$ $C\mu \quad n\geqslant C$	$n\mu \quad n\leqslant C$ $C\mu \quad n\geqslant C$
P_0	$\left[1+\sum_{n=1}^{C-1}\frac{(\lambda/\mu)^n}{n!}+\frac{(\lambda/\mu)^C}{C!}\times\frac{1}{1-\rho}\right]^{-1}$	$\left[1+\sum_{n=1}^{C}\frac{(C\rho)^n}{n!}+\frac{C^C}{C!}\times\frac{\rho(\rho^C-\rho^N)}{1-\rho}\right]^{-1}$	$\left[\sum_{n=0}^{C}\frac{m!}{(m-n)!\,n!}(C\rho)^n+\frac{C^C}{C!}\sum_{n=C+1}^{m}\frac{\rho^n}{(m-n)!}\right]^{-1}$
P_n	$\frac{(\lambda/\mu)^n}{n!}P_0 \quad 0\leqslant n\leqslant C$ $\frac{(\lambda/\mu)^n}{C!\,C^{n-C}}P_0 \quad n\geqslant C$	$\frac{(C\rho)^n}{n!}P_0 \quad n\leqslant C$ $\frac{C^C}{C!}\rho^nP_0 \quad C\leqslant n\leqslant N$	$\frac{m!}{(m-n)!\,n!}\left(\frac{\lambda}{\mu}\right)^nP_0$ $0<n\leqslant C$ $\frac{m!}{(m-n)!\,C!\,C^{n-C}}\left(\frac{\lambda}{\mu}\right)^nP_0$ $C<n\leqslant m$
L_s	$L_q+\frac{\lambda}{\mu}$	$L_q+C\rho(1-P_N)$	$\sum_{n=0}^{m}nP_n$
L_q	$\frac{(C\rho)^C\rho}{C!\,(1-\rho)^2}P_0$	$\frac{P_0\rho(C\rho)^C}{C!\,(1-\rho)^2}[1-\rho^{N-1}-(N-C)\rho^{N-C}(1-\rho)]$	$\sum_{n=C}^{m}(n-C)P_n$
λ_e	λ	$\lambda(1-P_N)$	$\lambda(m-L_s)$
W_s	$\frac{L_q}{\lambda}+\frac{1}{\mu}$	$\frac{L_s}{\lambda(1-P_N)}$	$\frac{L_s}{\lambda_e}$
W_q	$\frac{L_q}{\lambda}$	$\frac{L_q}{\lambda(1-P_N)}$	$\frac{L_q}{\lambda_e}$

第五节 其他类型的服务系统

在上面讨论的六个模型中，顾客到达服务系统和被服务后离开服务系统都是泊松过程，服务规则假定是先到先服务。但在实际的服务系统中，有时会遇到其他类型的服务时间分布规律和服务规则。现研究它们对系统运行指标的影响。

一、服务规则对系统运行指标的影响

除了先到先服务的规则之外，还有后到先服务、随机服务和有优先权的服务规则。一般来说，不同的服务规则仅对不同的顾客本身产生不同的影响，但对整个系统的运行指标不会改变。假定甲、乙、丙、丁四位顾客先后进入服务系统。由于服务规则的不同，甲、乙、丙、丁这四位顾客每个人在系统中停留的时间可能会有较大的差别。但是对服务系统来说，无论是甲还是乙、丙、丁都是顾客，因此系统的总体平均指标是不受影响的。所以上面讨论的六个模型也完全适于其他服务规则的情况。

二、一般服务时间[$M/G/1$]模型

在上节讨论的六个模型中，服务时间是服从参数为 μ 的负指数分布。在实际的服务系统中还经常遇到服务时间服从其他概率分布的情况。例如用机器进行服务的系统，服务时间就是定常的；当某项服务是由若干个子服务项目构成时，总服务时间就服从爱尔朗分布或其他类型的分布。凡是服务时间服从任意分布的情况，统称为一般服务时间。

扑拉切克-欣钦（Pollaczek-Khintchine）证明了，在顾客到达服务系统是泊松流的情况下，不论服务时间服从何种概率分布，也不论采用哪种服务规则，只要已知服务时间的均值和方差，就可以按下面公式求出服务系统中顾客数的平均值。

$$L_s=\frac{\lambda}{\mu}+\frac{\lambda^2[D(T)+1/\mu^2]}{2(1-\lambda/\mu)} \tag{8-65}$$

或

$$L_s=\rho+\frac{\rho^2+\lambda^2D(T)}{2(1-\rho)} \tag{8-66}$$

式中，$D(T)$是 T 的方差。

这两个公式通常也叫 P-K 公式。在实用中还经常遇到下面这种形式：

由
$$\frac{\rho^2+\lambda^2D(T)}{2(1-\rho)}=\frac{\rho^2\left[1+\frac{\lambda^2}{\rho^2}D(T)\right]}{2(1-\rho)}=\frac{\rho^2[1+\mu^2D(T)]}{2(1-\rho)}=\frac{\rho^2\left[1+\frac{D(T)}{T^2}\right]}{2(1-\rho)}$$

因服务时间 T 的标准偏差是$\sigma(T)=\sqrt{D(T)}$，令

$$v_{服}=\frac{\sigma(T)}{T}$$

可得

$$L_s = \rho + \frac{\rho^2[1+v_{服}^2]}{2(1-\rho)} \tag{8-67}$$

$$L_q = L_s - \rho = \frac{\rho^2[1+v_{服}^2]}{2(1-\rho)} \tag{8-68}$$

式中，$v_{服}$ 称为服务时间的偏离系数。

下面讨论一般服务时间中的两种特殊情况。

(1)定常服务时间[$M/D/1$]模型。在这种情况下，$T=1/\mu$，$D(T)=0$，所以

$$L_s = \rho + \frac{\rho^2}{2(1-\rho)} = \frac{\lambda}{\mu} + \frac{\lambda^2}{2\mu(\mu-\lambda)} \tag{8-69}$$

$$L_q = L_s - \rho = \frac{\rho^2}{2(1-\rho)} = \frac{\lambda^2}{2\mu(\mu-\lambda)} \tag{8-70}$$

(2)爱尔朗服务时间[$M/E_K/1$]模型。如果某项服务工作由 K 个子工作构成，每一项子工作的时间 t_i 服从相同参数 $K\mu$ 的负指数分布，于是每项子工作的平均完成时间是 $1/K\mu$。这时，总的服务时间 $T=t_1+t_2+\cdots+t_K$ 服从 K 阶爱尔朗分布，其 $E[T]=1/\mu$，$D(T)=1/K\mu^2$。

利用 P-K 公式得

$$L_s = \frac{\lambda}{\mu} + \frac{\lambda^2\left[\frac{1}{K\mu^2}+\frac{1}{\mu^2}\right]}{2\left[1-\frac{\lambda}{\mu}\right]} = \rho + \frac{\frac{1}{K}\rho^2+\rho^2}{2(1-\rho)} = \rho + \frac{(K+1)\rho^2}{2K(1-\rho)} \tag{8-71}$$

$$L_q = L_s - \rho = \frac{(K+1)\rho^2}{2K(1-\rho)} \tag{8-72}$$

第六节 服务系统的优化问题

任何一个服务系统都有服务费用和排队损失两个方面的问题。服务费用主要是建立服务机构和雇用服务人员有关的费用，一般来说它比较容易计算。排队损失是指顾客排队造成的损失。对赢利的服务系统而言，是指顾客因排队太长而离去，失去生意而造成的损失，对非赢利系统来说是指顾客在队列中等待浪费的时间所造成的社会损失。在正常情况下，服务费用增加，服务水平就高，顾客等待时间就短，排队损失就少。反过来，减少服务费用，服务水平降低，顾客等待时间就长，排队损失就大。因此，对整个服务系统来说，就有一个使这两方面的损失之和最少的优化问题。做这项优化工作的困难在于如何用费用来衡量排队损失，以便能够和服务费用进行比较。这就是排队损失的价格化

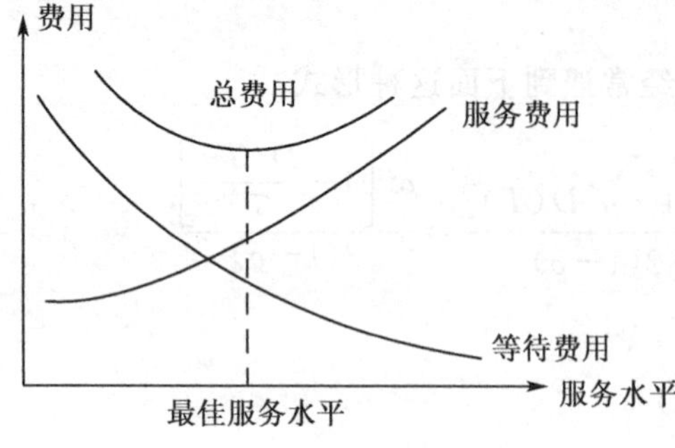

图 8-11

问题。对于开放式服务系统,做这项工作比较困难,因为影响排队损失的因素很多,很难把顾客排队等待时间和费用以一种固定的关系联系起来。但是对于一些封闭型服务系统,例如车间工具间或机器维修间等服务设施,则有可能找到这种等待时间的价格化函数关系。例如工人在工具间排队,或者机器等待修理,在这段时间里工人或者机器都不能生产,这样造成损失一般是可以量化的,于是就可以把等待时间价格化。在这种情况下服务系统的优化问题就是寻求使系统总费用最少的服务水平(见图 8-11),即

$$\min E(TC)=\min[E(SC)+E(WC)]$$

其中,$E(TC)$代表总费用的数学期望值;$E(SC)$代表服务费用的数学期望值;$E(WC)$代表等待费用的数学期望值。

下面讨论两个简单的优化情况。

一、$[M/M/1]:[\infty/\infty/G]$系统中服务速率 μ 的优化问题

在一般情况下,为提高服务速率都要增加服务费用。假定 μ 值与服务费用呈线性关系,即 $SC=C_s\mu$。式中 C_s 代表 μ 值增加一个单位所需增加的费用。假定已知等待费用函数为

$$WC=C_W L_s$$

式中,C_W 为每个顾客在系统中停留单位时间损失的费用。

所以总费用

$$Z=C_s\mu+C_W L_s$$

对于$[M/M/1]:[\infty/\infty/G]$系统

$$L_s=\frac{\lambda}{\mu-\lambda}$$

所以

$$Z=C_s\mu+C_W\frac{\lambda}{\mu-\lambda}$$

由

$$\frac{\mathrm{d}Z}{\mathrm{d}\mu}=0$$

可得

$$C_s-C_W\lambda\frac{1}{(\mu-\lambda)^2}=0$$

所以

$$\mu^*=\lambda+\sqrt{\frac{C_W}{C_s}\lambda} \tag{8-73}$$

当 μ 为离散变量时,例如它的取值可能是 $\mu_1,\mu_2,\cdots,\mu_i,\cdots,\mu_m$ 共 m 个数值,且 $\mu_1<\mu_2<\cdots<\mu_i<\cdots<\mu_m$。先把 μ 当做连续变量处理,按公式(8-73)求出最优的 μ^* 值。如果 μ^* 值就是 μ_i 序列中的一个值,那么 μ^* 就是最优解。如果 μ^* 不是 μ_i 序列中的值,那么就和 μ^* 邻近的两个 μ_i 值进行比较,取 $Z(\mu_i)$较小者作为最优解。例如,$\mu_K<\mu^*<\mu_{K+1}$,则最优解 μ^* 应满足 $Z(\mu^*)=\min[Z(\mu_K),Z(\mu_{K+1})]$。

二、$[M/M/C]$模型中的最佳服务台数

在$[M/M/C]$模型中,服务系统单位时间总费用的期望值可用下式表示:

$$Z=C_s'C+C_WL_s$$

式中，C_s'表示一个服务台的单位时间成本；C_W 表示一个顾客在系统中停留单位时间的费用。

因为 L_s 也是服务台数 C 的函数，所以 $Z=f(C)$，且是一个不连续的函数($C=1,2,\cdots$)。现采用边际分析法求出使函数 Z 最小的 C^*值。

根据 $Z(C^*)$是最小值的特点，下列两个不等式应当成立

$$Z(C^*)\leqslant Z(C^*-1)$$

和

$$Z(C^*)\leqslant Z(C^*+1)$$

即

$$C_s'C^*+C_WL_s(C^*)\leqslant C_s'(C^*-1)+C_WL_s(C^*-1)$$

$$C_s'C^*+C_WL_s(C^*)\leqslant C_s'(C^*+1)+C_WL_s(C^*+1)$$

经简化可得

$$C_s'\leqslant C_W[L_s(C^*-1)-L_s(C^*)]$$

和

$$C_WL_s(C^*)-C_WL_s(C^*+1)\leqslant C_s'$$

最后可得

$$L_s(C^*)-L_s(C^*+1)\leqslant\frac{C_s'}{C_W}\leqslant L_s(C^*-1)-L_s(C^*) \tag{8-74}$$

依次求出 $C=1,2,\cdots$时的 L_s 值，并求出相邻两值之差，找到 C_s'/C_W 值所在的区间，就可以求出 C^*值。

第七节 服务系统实例分析

一、银行服务系统设计决策问题

【例 8-5】 某市准备在市中心设立一家银行。已知顾客的到达服从泊松分布，顾客平均到达率为 0.33 人/分。银行出纳员的服务时间服从 $\mu=0.42$ 人/分的负指数分布。由于顾客等待损失很难估计，所以设计时要求系统中的顾客平均数不得超过六人，每个顾客的平均等待时间不超过五分钟。银行设计人员经过初步考虑提出下面三种设计方案：

(1)建立有一个出纳员的银行系统；

(2)建立有两个出纳员的银行系统；

(3)建立有一个出纳员，但配备有计算机辅助服务的银行系统。服务时间是定常的，$\mu=0.5$人/分。

经过估算，雇用一个出纳员的年薪是 7 000 元，建立一个出纳台的设施费是 1 175 元/年。如果采用计算机辅助服务系统，购置计算机的设备费是 5 000 元/年。又假定该银行每年工作 1 040 小时。试进行设计决策。

解：(1)计算三种方案的运行指标。

①$C=1$ 的情况。利用单通道服务系统的公式(8-23)～公式(8-27)，可以得到如下结果：

$$\rho=\frac{\lambda}{\mu}=\frac{0.33}{0.42}=0.79$$

$$L_s=\frac{\lambda}{\mu-\lambda}=\frac{0.33}{0.42-0.33}=3.67(\text{人})$$

$$L_q=\rho L_s=0.79\times 3.67=2.90(\text{人})$$

$$W_s=\frac{1}{\mu-\lambda}=\frac{1}{0.42-0.33}=11.11(\text{分})$$

$$W_q=\rho W_s=0.78\times 11.11=8.78(\text{分})$$

繁忙时概率 $B=1-P_0=\rho=0.79$

空闲时概率 $I=1-B=0.21$

②$C=2$ 的情况。利用公式(8-46)～公式(8-50)可得如下结果：

$$\rho=\frac{\lambda}{2\mu}=\frac{0.33}{2\times 0.42}=0.39$$

$$P_0=\left[1+\left(\frac{\lambda}{\mu}\right)+\frac{1}{2}\left(\frac{\lambda}{\mu}\right)^2\left(\frac{1}{1-\rho}\right)\right]^{-1}$$

$$=\left[1+\left(\frac{0.33}{0.42}\right)+\frac{1}{2}\left(\frac{0.33}{0.42}\right)^2\left(\frac{1}{1-0.39}\right)\right]^{-1}=0.44$$

$$L_q=\frac{P_0(\lambda/\mu)^2\rho}{2!\ (1-\rho)^2}=\frac{0.44(0.78)^2(0.39)}{2(10.39)^2}=0.14(\text{人})$$

$$W_q=\frac{L_q}{\lambda}=\frac{0.14}{0.33}=0.42(\text{分})$$

$$W_s=W_q+\frac{1}{\mu}=0.42+\frac{1}{0.42}=2.8(\text{分})$$

$$L_s=\lambda W_s=0.33\times 2.8=0.92(\text{人})$$

空闲时概率 $I=P_0+P_1=P_0\left(1+\dfrac{\lambda}{\mu}\right)=0.44(1+0.79)=0.79$

③$C=1$ 和计算机辅助系统。根据题意它属于定常服务时间的情况，$\mu=0.5$ 人/分，$\rho=\lambda/\mu=0.33/0.50=0.66$。利用公式(8-71)和(8-72)可得如下结果：

$$L_q=\frac{\rho^2}{2(1-\rho)}=\frac{(0.66)^2}{2(1-0.66)}=0.64(\text{人})$$

$$W_q=\frac{L_q}{\lambda}=\frac{0.64}{0.33}=1.94(\text{分})$$

$$W_s=W_q+\frac{1}{\mu}=1.94+\frac{1}{0.5}=3.94(\text{分})$$

$$L_s=\lambda W_s=0.33\times 3.94=1.30(\text{人})$$

$$I=1-\rho=0.34$$

(2)计算结果分析与讨论。

三种设计方案的计算结果综合在表 8-6 中，现作如下分析与讨论。

表 8-6

方案	L_s	L_q	W_s	W_q	I	年费用			费用/小时
						出纳员	设备	总计	
$C=1$	3.67	2.90	11.11	8.78	0.21	7 000	1 175	8 175	7.86
$C=2$	0.92	0.14	2.80	0.42	0.79	14 000	2 350	16 350	15.72
$C=1$+计算机	1.30	0.64	3.94	1.94	0.34	7 000	6 175	13 175	12.67

①如果仅把年费用作为方案评价的准则，显然应当采用 $C=1$ 的第一方案。但是采用这个方案时，顾客平均等待时间为 8.78 分，超过了要求值。因此不能采用。比较表 8-6 中三种方案的费用和等待时间，可知第三方案是满足设计要求的理想方案。

②如果经营者不能肯定银行开业后的顾客到达率是 0.33 人/分，还有可能$\lambda=0.25$人/分（悲观估计）和 $\lambda=0.40$ 人/分（乐观估计）。并且根据分析，银行开业后 $\lambda=0.25$ 人/分的可能性是 0.1，$\lambda=0.33$ 人/分的可能性是 0.5，$\lambda=0.4$ 人/分的可能性是 0.4。同时，为了估计顾客排队等待的损失，假定顾客等待 1 小时要损失 4 元，即 $C_W=4$ 元/时。那么每小时的等待损失期望值是 $E(WC)=C_W\times L_s$。在上述条件下，应当采取哪种设计方案呢？

首先要根据不同的 λ 值计算不同方案的总费用。计算方法同前，计算结果见表 8-7。

表 8-7

方案 \ P \ λ	0.25	0.33	0.40
	0.1	0.5	0.4
$C=1$	$1.47C_W+7.86=13.74$	$3.67C_W+7.86=22.51$	$20C_W+7.86=87.86$
$C=2$	$0.65C_W+15.72=18.32$	$0.92C_W+15.72=19.40$	$1.23C_W+15.72=20.64$
$C=1$+计算机	$0.75C_W+12.67=15.67$	$1.30C_W+12.67=17.87$	$2.4C_W+12.67=22.27$

再利用决策论中的期望值法进行决策，结果见表 8-8。

表 8-8

方案	期望值
$C=1$	0.1(13.74)+0.5(22.54)+0.4(87.86)=47.79
$C=2$	0.1(18.32)+0.5(19.40)+0.4(20.64)=19.78
$C=1$+计算机	0.1(15.67)+0.5(17.87)+0.4(22.27)=19.41

结果表明采用配备计算机辅助设施和一个出纳员的第三方案总费用最少。从期望值也可以看出，有两个出纳员的第二方案也不失为一个较好的设计方案。

二、人事雇用决策

【例 8-6】 某生产计算机零件的小公司有 10 台生产零件的机器。由于这些机器经常出故障，所以公司只雇 8 名操作工人，留下 2 台机器作为后备。这样，只要出故障的机器不多于 2 台的话，就有 8 台机器工作，保证产量的需要。

假设任何一台机器出故障的时间间隔呈负指数分布、平均值是 20 天。修理一台机器的时间也服从负指数分布，平均时间为两天。雇用一个修理工人的工资是 70 元/天。如果一台机器坏了不工作，给公司带来的损失是 100 元/天。试分析该公司雇用几个修理工人合适。

解：这是一个有限顾客源的排队模型：

$$N=10,\quad \lambda=\frac{1}{20}\text{台/日},\quad \mu-\frac{1}{2}\text{台/日},\quad \rho=\frac{\lambda}{\mu}=\frac{1}{10}$$

首先建立等待费用函数。设 n 是出故障的机器数，等待费用：

$$g(n)=\begin{cases}0 & n=0,1,2\\ 100(n-2) & n=3,4,\cdots,10\end{cases}$$

(1)雇用一个修理工，$C=1$ 的情况。

① 建立状态转移图(见图 8-12)。

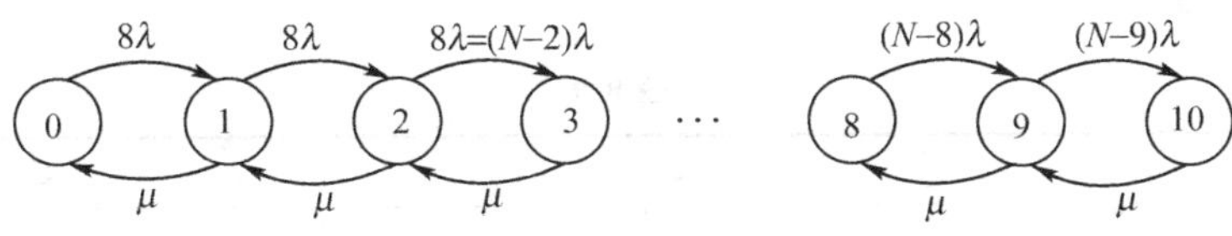

图 8-12

② 确定 λ_n,μ_n。

$$\lambda_n=\begin{cases}8\lambda & n=0,1,2\\ (N-n)\lambda & 2\leqslant n\leqslant 10\\ 0 & n\geqslant 10\end{cases}$$

$$\mu_n=\mu=\text{常数},\quad N=10$$

③ 求 C_n。利用公式(8-9)：

当 $n=1,2$ 时

$$C_n=\left(\frac{8\lambda}{\mu}\right)^n=(8\rho)^n$$

当 $2<n\leqslant 10$

$$C_n=8\times 8\times(N-2)\cdots(N-n+1)\rho^n=\frac{64(N-2)!}{(N-n)!}\rho^n$$

当 $n>10, C_n=0$

则

$$C_n=\begin{cases}(8\rho)^n & n=1,2\\ \dfrac{64(N-2)!}{(N-2)!}\rho^n & 2<n\leqslant 10\\ 0 & n>10\end{cases}$$

④求 P_0,P_n。由式(8-10)：

$$P_0=\left[1+\sum_{n=1}^{\infty}C_n\right]^{-1}$$

$$=\left[1+8\rho+64\rho^2+\frac{64\times8!}{7!}\rho^3+\frac{64\times8!}{6!}\rho^4\right.$$

$$\left.+\frac{64\times8!}{5!}\rho^5+\cdots+\frac{64\times8!}{0!}\rho^{10}\right]^{-1}$$

$$=[1+0.8+0.64+0.512+0.358+0.215+0.107+\cdots]^{-1}$$

$$=0.272$$

由 $$P_n=C_nP_0$$

所以 $$P_1=8\rho P_0=0.8P_0=0.217$$

$$P_2=64\rho^2P_0=0.64P_0=0.174$$

$$P_3=64\rho^3\times8P_0=0.512P_0=0.139$$

$$\vdots$$

计算结果见表 8-9。

表 8-9

n	$g(n)$	$C=1$		$C=2$	
		P_n	$g(n)P_n$	P_n	$g(n)P_n$
0	0	0.272	0	0.433	0
1	0	0.217	0	0.346	0
2	0	0.174	0	0.139	0
3	100	0.139	14	0.055	6
4	200	0.097	19	0.019	4
5	300	0.058	17	0.006	2
6	400	0.029	12	0.001	0
7	500	0.012	6	3×10^{-4}	0
8	600	0.003	2	4×10^{-5}	0
9	700	7×10^{-4}	0	4×10^{-6}	0
10	800	7×10^{-5}	0	2×10^{-7}	0
$E(WC)$		70 元/日		12 元/日	

⑤求机器排队等待修理造成的损失平均值。

$$E(WC)=\sum_{n=0}^{10}g(n)P_n$$

$$=100P_3+200P_4+300P_5+\cdots+800P_{10}=70(\text{元/日})$$

(2)雇用两个修理工,$C=2$ 的情况。

①建立状态转移图(见图 8-13)。

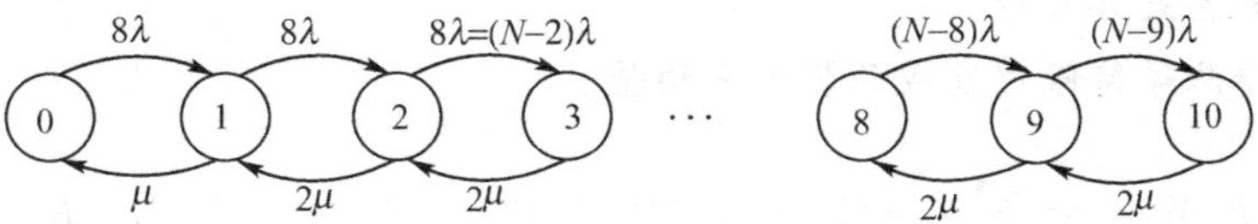

图 8-13

②确定 λ_n, μ_n。

$$\lambda_n = \begin{cases} 8\lambda & n=0,1,2 \\ (N-n) & 2<n\leqslant 10 \\ 0 & n>10 \end{cases}$$

$$\mu_n = \begin{cases} \mu & n=1 \\ 2\mu & 2\leqslant n\leqslant 10 \end{cases}$$

③求 C_n。

当 $n=1, C_n=8\rho$

当 $n=2, C_n=\dfrac{(8\rho)^2}{\mu\times 2\mu}=32\rho^2$

当 $n=3, C_n=\dfrac{8\times 8\times (N-2)\lambda^3}{\mu\times 2\mu\times 2\mu}$

当 $n>3, C_n=\dfrac{8\times 8\times (N-2)!\ \lambda^n}{(N-n)!\ 2!\ \mu^{n-2}}$

④求 P_0, P_n。

$$P_0 = \left[1+\sum_{n=1}^{\infty} C_n\right]^{-1}$$

$$=\left[1+0.8+0.32+\frac{8\times 8\times 8!}{7!\ \times 2\times 2\times 1}\times(0.1)^3+\frac{8\times 8\times 8!}{6!\ \times 2\times 1\times 2^2}\times(0.1)^4+\frac{8\times 8\times 8!}{5!\ \times 2\times 1\times 2^3}\times(0.1)^5+\cdots\right]^{-1}$$

$$=0.433$$

由 $$P_n = C_n P_0$$

所以 $$P_1 = C_1 P_0 = 0.8\times 0.433 = 0.346$$

$$P_2 = C_2 P_0 = 32\times\left(\frac{1}{10}\right)^2\times 0.433 = 0.139$$

⋮

计算结果列在表 8-9 中。

⑤求机器排队等待修理造成的损失平均值。

$$E(WC)=\sum_{n=0}^{10}g(n)P_n=100P_3+200P_4+\cdots=12(\text{元}/\text{日})$$

由上面计算 $C=1$ 和 $C=2$ 的结果可知，当 $C\geqslant 3$ 时，排队等待损失将趋于 0。

(3)决策。

将上面的计算结果综合在表 8-10 中。

表 8-10

C	$C\times C_s$	$E(WC)$	$E(TC)$
1	70	70	140 元/日
2	140	12	152 元/日
⩾3	⩾210	0	⩾210 元/日

已知雇用一个修理工人的费用是 $C_s=70$ 元/日，总费用

$$E(TC)=C\times C_s+E(WC)$$

目标函数是 $\min E(TC)=\min[C\times C_s+E(WC)]$

将 $E(TC)$ 的计算结果综合在表 8-10 中。从表中可以看出，雇用一个工人的总费用最少，故决策只雇一个修理工。

参考文献

顾昌耀.1990.管理决策分析实用方法.北京:航空工业出版社

关根智明.1983.计划评审法与关键路线法.李静译.北京:机械工业出版社

胡运权.1985.运筹学习题集.北京:清华大学出版社

胡运权.2003.运筹学教程(第二版).北京:清华大学出版社

黄洁纲.1984.存储论原理及其应用.上海:上海科学技术文献出版社

哈拉里 F.1986.运筹学.北京:机械工业出版社

哈拉里 F.1983.图论.李慰萱译.上海:上海科技出版社

蓝伯雄,程佳惠,陈秉正.1997.管理数学(下)——运筹学.北京:清华大学出版社

李德,钱颂迪.1982.运筹学.北京:清华大学出版社

李卓立.1983.决策与经济计划最优化.北京:清华大学出版社

林同曾.1986.运筹学.北京:机械工业出版社

陆风山.1984.排队论及其应用.长沙:湖南科学技术出版社

马仲蕃.1981.数学规划讲义.北京:中国人民大学出版社

孟立生.1986.运筹学讲义.上海:上海工业大学出版社

宁宣熙.1989.线性规划在管理中的应用.北京:航空工业出版社

宁宣熙,雷卫中.1987.计划网络图的计算机辅助设计和绘制方法.航空学报.第 8 卷.第 8 期

宁宣熙,马自丰.1991.微机辅助网络计划技术.南京:东南大学出版社

宁宣熙.1989.求解费用最小流的复合标号法.南京航空航天大学学报.第 21 卷.第 4 期

钱志坚,陈开明.1985.管理数学.北京:经济管理出版社

邱菀华.1989.常用管理数学方法及应用程序.北京:航空工业出版社

冉毅群.1981.管理现代化研究和实用教材.长沙:湖南人民出版社

S.M.李,宣家骥,1986.决策分析的目标规划.芦开译.北京:清华大学出版社

陶谦坎,汪应洛.2000.运筹学与系统分析.北京:机械工业出版社

严志渊.1984.管理科学基础.上海:上海科学技术文献出版社

张宝珊,宁宣熙.1989.实用系统工程.北京:航空工业出版社

张皓亮.1985.现代管理十八法.南京:江苏人民出版社

Buffa E S,Dyer J S. 1981. Management Science/Operations Research. Second Edition. New York:John Wiley and Sons

Forsythe G.1974.Graph Theory with Applications to Enineering and Computer Science. New York:Prentice-Hall

Hillier,Liebermam.1980.Introduction to Operations Research. San Franc:Holden-Day

Krajewski L J, Thompson H E.1981.Management Science. New York:John Wiley and Sons

Phillips D T,Ravindran A,Solberg J J.1976.Operations Research:Principles and Practice. New York:Wiley

Wentzel E S.1980.Operation Research. Moscow:Mir Publishers